中国地质调查成果 CGS 2020-015
“全国地质调查项目组织实施费(项目编号:DD20160365)”项目资助

中南地区

地质调查项目成果汇编(2018年度)

ZHONGNAN DIQU DIZHI DIAOCHA XIANGMU CHENGGUO HUIBIAN

万勇泉　李　珉　王江立　等主编

中国地质大学出版社
ZHONGGUO DIZHI DAXUE CHUBANSHE

图书在版编目(CIP)数据

中南地区地质调查项目成果汇编.2018年度/万勇泉等主编.—武汉：中国地质大学出版社，2020.7

ISBN 978-7-5625-4779-2

Ⅰ.①中…

Ⅱ.①万…

Ⅲ.①区域地质调查-调查报告-中南地区-2018

Ⅳ.①P562.6

中国版本图书馆CIP数据核字(2020)第087953号

中南地区地质调查项目成果汇编(2018年度) 万勇泉　李　珉　王江立　**等主编**

责任编辑:周　豪　　选题策划:周　豪　张晓红　　责任校对:徐蕾蕾

出版发行:中国地质大学出版社(武汉市洪山区鲁磨路388号)　　邮政编码:430074

电　　话:(027)67883511　　传　　真:(027)67883580　　E-mail:cbb @ cug.edu.cn

经　　销:全国新华书店　　http://cugp.cug.edu.cn

开本:880毫米×1230毫米 1/16　　字数:341千字　　印张:11.25

版次:2020年7月第1版　　印次:2020年7月第1次印刷

印刷:湖北新华印务有限公司

ISBN 978-7-5625-4779-2　　定价:128.00元

目　录

绪　言

2018 年度，中国地质调查局武汉地质调查中心接收中南地区地质调查项目承担单位提交的地质调查项目成果报告共 100 项，分别由 57 家地质调查项目承担单位完成，具体数据如表 0－1 所示。

表 0－1　各承担单位完成成果统计表

序号	提交单位	完成数量/份
1	中国地质科学院矿产资源研究所	6
2	中国地质科学院岩溶地质研究所	5
3	广东省地质调查院	5
4	中国地质调查局武汉地质调查中心	5
5	中国冶金地质总局广西地质勘查院	4
6	海南省地质调查院	4
7	湖北省地质环境总站	4
8	湖北省地质调查院	4
9	中国地质大学(武汉)	4
10	江西省地质调查研究院	3
11	广东省有色金属地质局	3
12	国家地质实验测试中心	3
13	中国地质调查局水文地质环境地质调查中心	2
14	广东省佛山地质局	2
15	湖北省地质局第六地质大队	2
16	湖南省煤炭地质勘查院	2
17	湖南省湘南地质勘察院	2
18	中国地质调查局南京地质调查中心	1
19	广西二一五地质队有限公司	1
20	重庆市地质矿产勘查开发局 208 水文地质工程地质队	1
21	贵州省地质环境监测院	1
22	中国地质科学院地质研究所	1
23	贵州省地质矿产勘查开发局 114 地质大队	1
24	中国科学院地质与地球物理研究所	1

续表 0-1

序号	提交单位	完成数量/份
25	桂林理工大学	1
26	有色金属矿产地质调查中心	1
27	广东省有色地质勘查院	1
28	中国地质环境监测院	1
29	安徽省地质调查院、安徽省地质勘查局三一一地质队	1
30	北京探矿工程研究所	1
31	海南省资源环境调查院	1
32	中国地质调查局天津地质调查中心	1
33	合肥工业大学	1
34	中国人民武装警察部队黄金第九支队	1
35	北京大学	1
36	南京大学	1
37	湖北省地质局第八地质大队	1
38	云南省地质工程勘察总公司	1
39	广东省有色地质勘查院	1
40	重庆市地质调查院	1
41	中国地质科学院地质力学研究所	1
42	江西省地质调查研究院	1
43	北京矿产地质研究院、湖南省湘南地质勘察院	1
44	湖南省地质矿产勘查开发局四一六队	1
45	中国地质科学院岩溶研究所	1
46	安徽省地质调查院	1
47	广西壮族自治区地质矿产开发局	1
48	广东省地质局第四地质大队	1
49	广东省地球物理探矿大队	1
50	湖南省有色地质勘查局二总队	1
51	中国科学院古脊椎动物与古人类研究所	1
52	江苏省地质调查研究院	1
53	广东省地质局	1
54	广西二一五地质队有限公司	1
55	广西壮族自治区水文地质工程地质队	1
56	辽宁省第十地质大队	1
57	湖南省地质矿产勘查开发局四一八队	1
合计		100

2018 年第一季度完成成果提交的项目有 5 项，第二季度完成成果提交的项目有 17 项，第三季度完成成果提交的项目有 30 项，第四季度完成成果提交的项目有 48 项(图 0-1)。

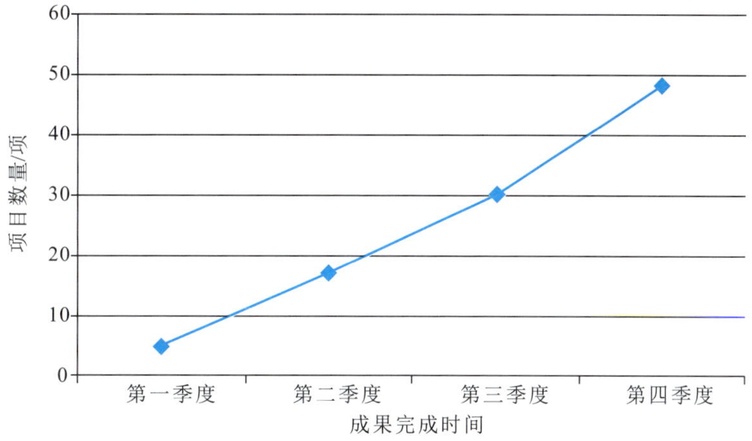

图 0-1　成果提交完成时间的统计

100 项工作项目成果中的平均工作周期为 2.63 年，最长为 6 年，最短为 1 年。工作周期为 1 年的有 10 项，工作周期为 2 年的有 33 项，工作周期为 3 年的有 46 项，工作周期为 4 年及以上的有 11 项(图 0-2)。

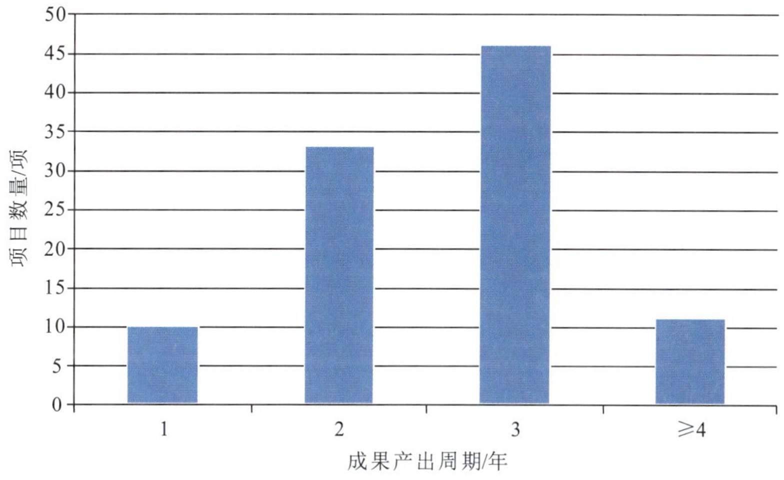

图 0-2　成果产出周期统计

从成果报告编写完成至成果报告提交的这段时间为成果提交延时。在 2018 年，提交的 100 项工作项目成果中，按时完成提交的有 15 项，剩下的 85 项平均延迟提交时间为 11.22 个月，提交延时最长的为 34 个月，最短的为 4 个月。其中，延时 1～12 个月的有 58 项，13～24 个月的有 22 项，25～36 个月有 5 项(图 0-3)。

将 2018 年 100 份工作项目成果按基础地质类、矿产地质类、水工环地质类、技术方法类、综合研究类、境外地质类分成了六大类。其中，基础地质类 5 项，包括 1∶5 万的区域地质调查和 1∶5 万的区域地质矿产调查；矿产地质类 45 项，包括固体矿产和能源矿产的调查和评价等方面；水工环地质类 23 项，包括环境地质、地质灾害、水文地质、工程地质的调查、评价和开发等方面；技术方法类 12 项，主要是遥感、物探等方面；综合研究类 11 项，包括地质志、远安动物群、南方洞穴等方面；境外地质类 4 项(图 0-4)。

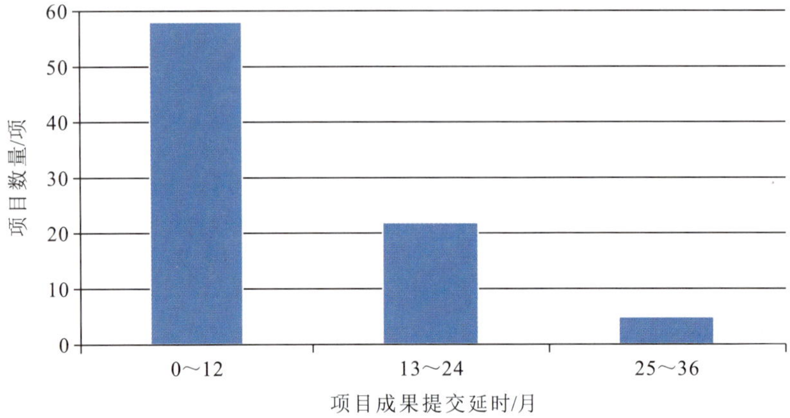

图 0-3　成果提交延时统计

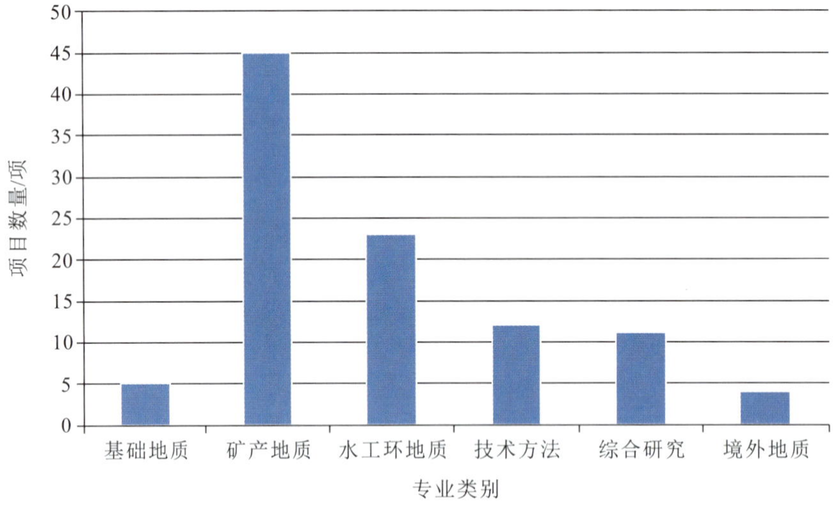

图 0-4　成果按专业分类统计

100 份成果报告的正文总共有 23 600 页，平均每份报告正文有 236 页，最多的有 2343 页，最少的有 54 页。报告页数在 99 页及以下的有 18 份，报告页数在 100～199 页的有 30 份，200～299 页的有 30 份，300～399 页的有 17 份，在 400 页以上的有 5 份(图 0-5)。

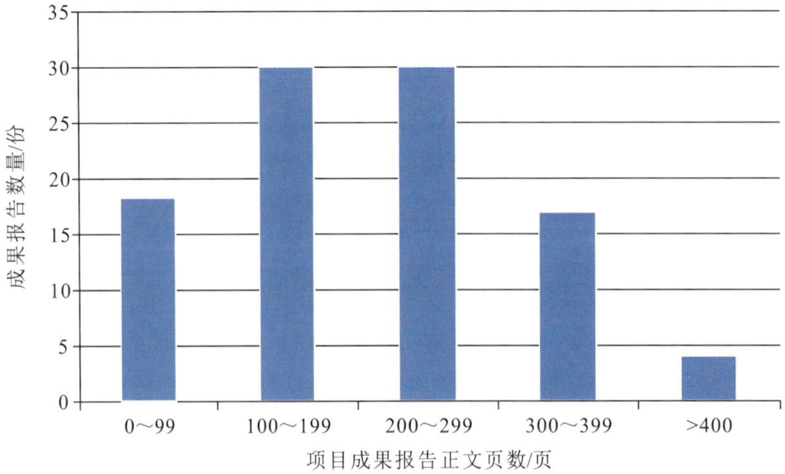

图 0-5　成果报告正文页数量统计

100份成果报告共有附图3302张，平均每份成果报告33.02张，最多的有333张附图。有14份成果报告的附图数量为0，有1～9张附图的成果报告为29份，有10～49张附图的成果报告为33份，有50～99张附图的成果报告为19份，有100张附图及以上的成果报告为5份。

100份成果报告共有附件504件，平均每项成果报告5.04件，最多的有62件。附件数量为0的成果报告有19项，有1件附件的成果报告为18项，有2～5件附件的成果报告为34项，有6～10件附件的成果报告为20项，有11～20件附件的成果报告为6项，有20件及以上附件的成果报告为3项。

100份成果报告共有附表82张，平均每份成果报告0.82张，最多的有7张。有52份成果报告的附表数量为0，有1张附表的成果报告为35份，有2张及以上附表的成果报告为13份。

100项成果中涉及国家绝密的没有，涉及国家秘密的有12项，涉及国家机密的有53项，公开的有35项(图0-6)。含有数据库的有52项，无数据库的有48项(图0-7)。

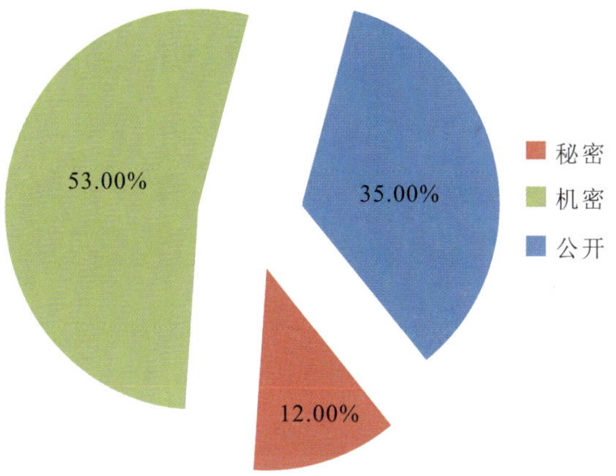

图0-6　成果的涉密情况统计

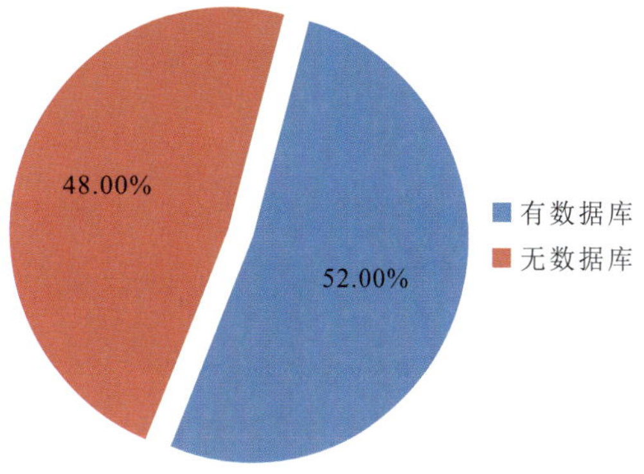

图0-7　成果的数据库建设统计

100份成果报告全部包含电子文档或数据，数据总量为963 031Mb(约940G)，平均数据量为9630Mb(约9.4G)，最小的有86.2Mb，最大的有82 534Mb(约80G)。500Mb以下的有13份，500～999Mb的有11份，1000～1499Mb的有6份，1500～1999Mb的有1份，2000～2999Mb的有12份，3000～5999Mb的有20份，6000～14 999Mb的有19份，15 000Mb以上的有18份(图0-8)。

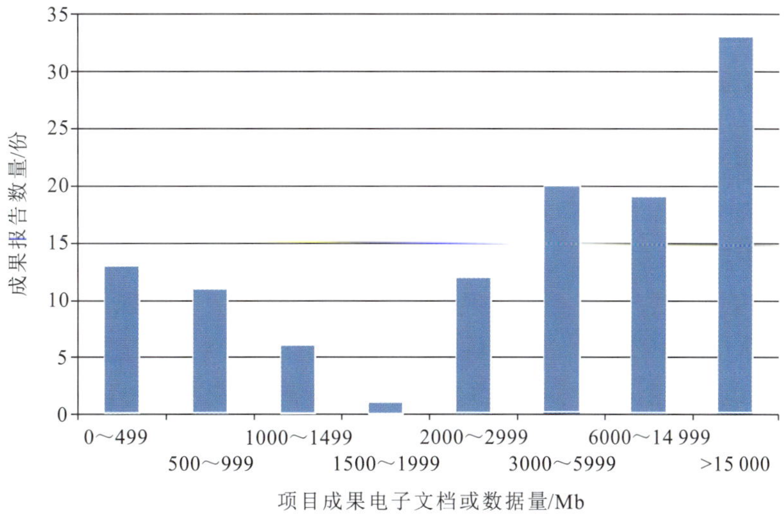

图0-8　成果的电子文档或数据量统计

本汇编按工作项目成果为单元集成,每一项成果介绍包含成果名称、提交单位、项目负责人、档案号、工作周期以及主要成果。每项成果的内容均引自各自的成果报告,突出表达项目的工作内容、最新研究成果与应用前景,目的是向各级政府管理部门、地质业务管理部门、地质科技工作者以及社会公众介绍中南地区 2018 年度地质调查所取得的进展与成果,并为检索和查找这些成果与资料提供方便。

本次成果汇编资料来源于 2018 年中国地质调查局武汉地质调查中心接收中南地区地质调查项目承担单位提交的 100 份报告,报告名称列于书后“主要参考文献”。

第一章　基础地质类

广东 1∶5 万单水口镇、三江、台山县、斗门镇幅区域地质调查

提交单位：广东省地质调查院

项目负责人：张献河

档案号：1184

工作周期：2013—2015 年

主要成果：

(1)通过资料收集和调查，重新厘定了区内前第四纪地层填图单位，将区内地层划分为 8 个组级岩石地层单位。新填绘出早白垩世百足山组(K_1b)和白鹤洞组(K_1bh)。将区内的泥盆纪地层重新划分为杨溪组(D_1y)、老虎头组(D_2l)和春湾组($D_3\hat{c}$)；将区内寒武纪地层重新厘定为牛角河组($\in_{1\text{-}2}n$)、高滩组($\in_3g$)两个岩石地层单位。

(2)本次调查施工钻孔 71 个，进尺 3 038.2m。在研究钻孔岩石(沉积)地层划分的基础上，结合沉积物^{14}C年龄、光释光年龄、古地磁和磁化率、微体生物等特征，建立了第四系填图单位，划分了 4 个组、6 个段和 1 个层级岩石地层单位，以及 1 个非正式地层单位。

(3)在潭江流域发现河流基座阶地卵砾石层沉积，根据出露高程及区域对比，定为河流Ⅱ级阶地小市组(Qp*xs*)。

(4)结合 ZK33 全孔微体生物分带特征、磁化率曲线和方解石、石膏晶体的数量曲线，将该孔全新统划分为 6 个组合带(图 1－1)，且在 3 个组合带内发现硫酸钙晶体和石膏晶体，结合测年资料及其所处的地理位置，推断距今约 7ka，该地发育海岸萨布哈(盐沼)沉积。本次发现在珠江三角洲尚属首次，为珠江三角洲地区新发现的沉积单元。

(5)根据大鳌镇 DA 全孔微体生物出现的数量和组合面貌，将该孔第四系上、下岩石地层层段划分为 2 个大微体生物组合带和 5 个亚组合带。该孔的古地磁、磁化率曲线、C/N 含量分析等结果显示，距今约 2.7ka 珠江三角洲地区经历了一次净降雨量发生显著变化的气候事件。

(6)基于露头接触关系，结合高精度同位素测年数据，将调查区内广泛分布的岩浆侵入体划分为 4 期10 次，并查明了各期次岩浆侵入体的分布范围、岩性特征、化学成分特征以及成岩年代。首次在调查区发现早侏罗世岩浆侵入体，并获得该期次侵入体的两个 LA－ICP－MS 锆石 U－Pb 年龄值，分别为(183.1±3.4)Ma 和(195.8±6.4)Ma。

(7)根据岩性、接触关系及测年数据对调查区内古兜山复式岩体进行重新解体，共划分了早侏罗世黑云母二长花岗岩、中侏罗世花岗闪长岩、晚侏罗世黑云母二长花岗岩、早白垩世黑云母二长花

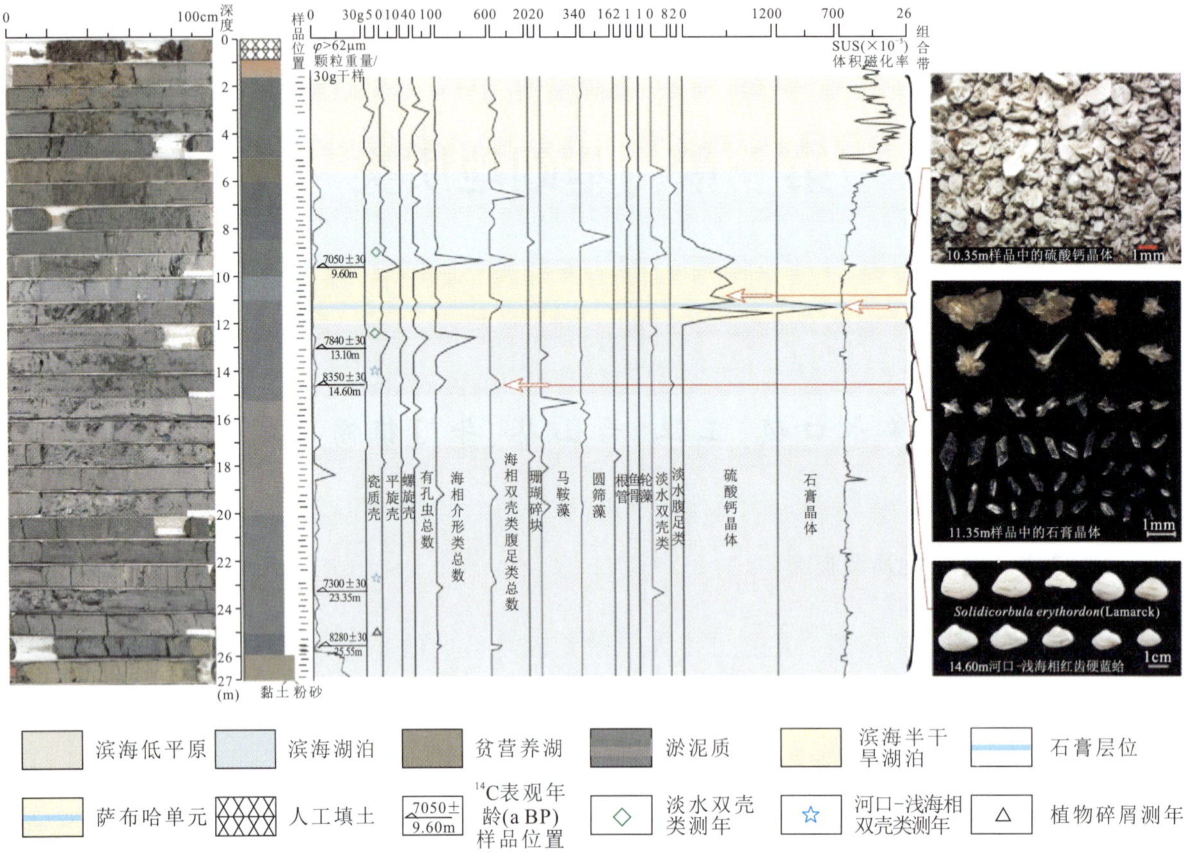

图 1-1　ZK33 孔地层微体生物分类统计、组合带划分与沉积环境

岗岩、早白垩世花岗斑岩等 8 个侵入体，获得 SHRIMP 和 LA-ICP-MS 锆石 U-Pb 年龄介于(195.8±6.4)～(155.6±2.2)Ma 之间。

(8)调查区内岩浆侵入活动始于早侏罗世，至中、晚侏罗世达到鼎盛，早白垩世岩浆活动逐渐减少，直至结束。从早到晚，岩浆呈酸性—中酸性—酸性的演化趋势，岩性上呈现二长花岗岩—花岗闪长岩—二长花岗岩—花岗斑岩的演化趋势。

(9)将区内变质岩划分为区域变质岩、接触变质岩、动力变质岩和气-液蚀变岩四大类，查明了相应的岩石类型及变质矿物共生组合等特征，并总结了区内变质作用的阶段和时代。

(10)通过地质地貌、遥感、浅层地震物探、钻探等工作手段，系统厘定了调查区内的断裂构造，将其划分为北东东走向、北东走向、北西走向、北北西走向共 4 组，其中以北东东走向和北北西走向为主导，厘定出 57 条主要断裂，基本查明了它们的空间展布、产状、规模、形成时代和活动方式等基本特征。

(11)在现代地质地貌调查研究的基础上，结合遥感、物探探测和钻孔揭露资料，初步在调查区内厘定出 7 条活动断裂。通过对各断裂带附近的断层气探测(土壤氡气测量)，结合已有的断层物质年龄以及与第四纪沉积、历史与现代地震活动之间的关系研究，初步查明了它们的现代活动性。

(12)通过采样定性检查，认为古兜山等复式岩体贫风化壳离子吸附稀土矿；在新会峨山石场新发现 1 处铅锌矿化点，在温泉圩南部新发现 1 处钨矿化点(永安钨矿化点)。

(13)通过地面调查、物探、钻孔岩心资料分析，总结了调查区内主要的地质环境问题，基本查明了区内软土层的分布、埋深、厚度特征规律，调查了区内主要的崩塌、滑坡等边坡地质灾害点，并进一步总结了它们的形成演化规律。

广东1:5万周陂公社、隆街公社、新丰县、马头幅区域地质矿产调查

提交单位：广东省地质调查院

项目负责人：林小明

档案号：1186

工作周期：2013—2015年

主要成果：

（1）通过填图及测制剖面，将区内岩石地层划分为26个组级地层单位、2个段级地层单位和8个非正式填图单位。其中，活道组、牛角河组、红卫坑组、头木冲组、嵩灵组为新厘定岩石地层单位，并将小水组进一步划分为a段和b段。8个非正式填图单位分别为活道组砾岩、牛角河组硅质岩、水石组碳质板岩、下黄坑组硅质岩、杨溪组复成分砾岩、老虎头组石英质砾岩、帽子峰组泥灰岩和测水组煤层。本次工作明显提高了调查区岩石地层的研究程度。

（2）在纽芬兰世—第二世牛角河组，晚泥盆世天子岭组、帽子峰组，早石炭世石磴子组、测水组，晚三叠世红卫坑组、小水组和中侏罗世麻笼组等地层中发现大量化石：牛角河组硅质岩中发现放射虫；天子岭组见海百合、四射珊瑚、腕足、腹足化石及三叶虫化石，帽子峰组中发现全球晚泥盆世标准化石 *Leptophloeum rhombicum*（斜方薄皮木），以及其他植物化石 *Leptophloeum rhombicum*，*Aspidiaria* sp.（*Lepidodondrspsis* sp.），*Sphenophyllum* cf. *lungtanense* GoHau etsze，测水组中见古花蛤（未定种）*Eoastarte* sp.；红卫坑组中发现有节类（楔叶类，木贼目）、真蕨类、种子蕨类、本内苏铁类、苏铁类、松柏类和银杏类，共计17属35种。首次在麻笼组中发现圆节轮螺 *Tylotrochus rotundatus* Koke，双壳类 *Neomiodonoides* sp.（图1-2）；小水组中见分离菊石科的马氏分离菊石 *Choristoceras* cf. *marshi* Hauer 和叶菊石科的小叶菊石 *Rhacophyllites* sp.，双壳类 *Pseudomytilodes*，*Unionites*，*Trigonia*，*Myophoroa*，*Modiolus* 等属，爬行类骨骼化石，以及木贼目茎干 *Equisetales*、新芦木茎干 *Neocalamites* sp.、楔拜拉 *Sphenobaiera* sp.、黄氏楔拜拉 *Sphenobaiera huangii* Sze 和似托第蕨 *Todetes* sp. 等，海相动物与陆相植物共生。本次工作为本区的古环境恢复、古生态研究、生物地层研究提供了丰富的资料和可靠的依据。

图1-2 新丰县马头镇科罗村麻笼组双壳类（微距）

（3）通过对岩性特征、岩石组合、沉积构造等的详细调查，结合相应的古生物、岩石地球化学等特征，对区内岩石地层的沉积相、沉积环境进行了系统的研究。其中取得的重要进展有：确定活道组为近陆源滨岸沉积；坝里组为浅海—半深海沉积；牛角河组下部为陆棚边缘盆地—半深海盆地沉积，上

部为深海盆地沉积;高滩组为滨浅海—半深海浊流沉积;下黄坑组为深海—半深海滞留还原环境沉积;杨溪组属河流相沉积,老虎头组为退积型滨浅海沉积;红卫坑组为河口三角洲沉积,小水组和头木冲组属滨浅海相沉积。对寒武纪水石组含火山成分的变质石英杂砂岩进行LA-ICP-MS锆石U-Pb定年,获得较新U-Pb表面年龄群为555~469Ma,加权平均值为(512±17)Ma(MSDW=2.9),该年龄基本代表了水石组碎屑岩的沉积年龄。

(4)在调查区南东部首次发现嵩灵组的存在,并将其中的火山岩划分为两个火山旋回。第Ⅰ火山旋回岩性为流纹质凝灰岩、英安岩、安山岩和石英闪长玢岩,获得的流纹质凝灰岩锆石U-Pb年龄为(185.7±3.4)Ma(MSDW=0.67),英安斑岩和石英闪长玢岩锆石U-Pb年龄分别为(184.8±4.6)Ma(MSDW=1.8)和(191.8±2.3)Ma(MSDW=0.57)。第Ⅱ火山旋回以溢流式火山喷发为主,主要岩性为流纹质(熔结)凝灰岩、石泡流纹岩、流纹斑岩和石英斑岩,获得的流纹斑岩LA-ICP-MS锆石U-Pb年龄为(190.1±2.3)Ma。这些年数测定结果均表明其形成时代为早侏罗世,由特殊的中性—中酸性—酸性火山岩组合组成,有别于邻区典型的嵩灵组双峰式火山岩。

(5)重新厘定了调查区岩浆岩形成时代,建立了岩浆岩的岩石序列。将调查区岩浆岩划分为5期10次,基本查明了调查区内各期次侵入岩的分布范围、岩性特征和接触关系。结合高精度锆石U-Pb测年结果,将区内1∶25万连平幅区域地质调查划分的晚白垩世石英闪长玢岩、晚三叠世花岗闪长岩分别修订为早侏罗世石英闪长玢岩($o\delta\mu J_1$)和晚侏罗世第一阶段第一次侵入岩($\eta\gamma J_3^{1a}$),并新增晚白垩世第一阶段第一次细粒含斑二长花岗岩($\eta\gamma K_2^{1a}$)、晚白垩世第一阶段第二次细中粒二长花岗岩($\eta\gamma K_2^{1b}$)以及晚白垩世第二阶段第二次中细粒二长花岗岩($\eta\gamma K_2^{2b}$)填图单位。

(6)对区内侵入岩构造环境及成因类型进行了探讨。早侏罗世石英闪长玢岩为板内构造环境中上地壳物质熔融改造而成的花岗岩;晚侏罗世侵入岩和晚白垩世二长花岗岩(包括花岗斑岩)分别为形成于陆内碰撞造山和板内构造环境下的陆壳改造型花岗岩;早白垩世花岗闪长岩为形成于火山弧构造环境下的改造型花岗岩,且其物源可能混杂了少量的幔源物质。

(7)加强了区内中基性岩脉年代学及构造环境、物源研究。获得的晚侏罗世花岗岩中的近北南向、北北东向辉绿玢岩脉锆石U-Pb年龄分别为(148.6±4.1)Ma和(85.7±2.0)Ma,产于震旦纪活道组中的北西西向辉长岩脉和晚三叠世小水组中的北西西向闪长玢岩脉锆石U-Pb年龄分别为(403±11)Ma和(190.4±3.3)Ma。地球化学特征指示区内中基性岩脉形成于陆内拉张或陆内裂谷环境,而成岩物质来源迥异:花岗岩中的岩脉源自下地壳,活道组和小水组中的岩脉分别源自下地壳—上地壳过渡带和上地壳。

(8)阐明了区内矿产分布特征、成矿地质条件,圈定了豆地坪等5处找矿远景区和坑尾头、鲁谷、半岭3处找矿靶区。新发现磁铁矿多金属矿1处,铜钼矿点1处,铅锌矿点2处,金矿点2处。本次工作将调查成果成功转化为半岭铜钼矿、鲁古金矿省地勘基金项目立项申请资料。

广东南岭成矿带1∶5万洽水圩、横石圩幅区域地质矿产调查

提交单位:中国人民武装警察部队黄金第九支队

项目负责人:陈凯

档案号:1197

工作周期:2014—2016年

主要成果：

一、地层方面

（1）建立了调查区的地层格架和地层序列，查明了各地层的岩性组合、沉积构造、基本层序、沉积环境特征及各地层间的接触关系，厘定出1个群、11个组、10个段，共22个岩石地层单位。

（2）将寒武系认定为一套复理石-类复理石建造，获得牛角河组、高滩组及水石组碎屑锆石年龄分别为～526Ma、～510Ma及～500Ma。

（3）将汶塘一带原定为中泥盆统唐家湾组厘定为连县组，大水磅—白水洞一带原中泥盆统棋梓桥组及巴漆组厘定为石磴子组一段；原石炭系碳酸盐岩细分为下石炭统连县组及石磴子组，洋水坑、拱水村—联合村的石炭系碎屑岩定为测水组，并将其细分为两个段。

（4）将调查区原定的泥盆系厘定为上三叠统小云雾山组、下侏罗统金鸡组及桥源组，将原定的中侏罗统麻笼组重新厘定为下白垩统新隆组。此研究成果为粤西北中生代沉积盆地的研究奠定了坚实的基础。

二、岩浆岩方面

（1）对区内侵入岩进行了详细解体，按"岩性＋时代"的方案将区内侵入岩分解为13个填图单位。每个填图单位都获得了精确同位素年龄，建立了岩浆作用精细时代格架和演化序列。

（2）将前人认为主体属晚侏罗世的连阳复式岩体厘定为绝大多数属～100Ma的侵入岩，仅有少量形成于～144Ma和115Ma。本次工作揭示了调查区发生的～100Ma花岗岩成岩成矿大爆发。

（3）将前人定为晚侏罗世的大桂山岩体（广宁岩体北端）重新厘定为晚奥陶世侵入岩，获得其LA-ICP-MS锆石U-Pb年龄为448.3～444.3Ma。厘定其岩性为黑云正长花岗岩及二云碱长花岗岩，为铝质A型花岗岩。

（4）获得了丰富的岩石地球化学数据，对花岗岩的成因、形成环境、侵位机制、与成矿关系进行了较深入探讨。将调查区花岗岩类型划分为铝质A型、壳幔混合型-铝质A型过渡型、壳幔混合型3种。

三、变质岩方面

（1）基本查明调查区内区域变质岩、接触变质岩、动力变质岩、气-液变质岩的分布，以及其矿物组合、结构构造，对区域变质岩和接触变质岩进行了相带划分。

（2）基本查明了与本区成矿关系密切的矽卡岩的分布，查明其主要岩石类型为石榴子石矽卡岩、绿帘石矽卡岩、透辉石矽卡岩。

四、构造方面

（1）划分出寒武纪、早石炭世、晚三叠世—早侏罗世、早白垩世4个时期的构造层，基本查明了各构造层的变形样式，认为寒武系主要构造样式为北东向的复式褶皱及相关逆冲断层，石炭系构造样式为北东向及北西向的叠加褶皱，建立了调查区构造格架和变形序列。

（2）发现了燕山期白莲-石潭大型逆冲推覆构造系统。查明其外来系统为早石炭世碳酸盐岩和碎屑岩，原地系统为晚三叠世—早侏罗世陆相碎屑岩。可分为两期：早期为主体，自北东往南西推覆，为后展式；晚期规模较小，自近北向近南推覆。提出该推覆构造不是与俯冲-碰撞造山或陆内俯冲有关的前陆盆地推覆构造，而是陆内盆地边缘推覆构造系统，其形成可能与陆内地幔隆升迁移转换引起的盆山转换有关，即与北东侧邻区九疑山—大东山—佛冈一带地幔隆升和岩浆上侵(年龄 165～155Ma)产生的推挤力有关，形成时代很有可能为中晚侏罗世。燕山期大型推覆构造系统在广东地区属首次提出，对广东地区乃至华南中生代构造演化研究具有重要意义。

五、矿产方面

(1)通过 1∶5 万水系沉积物测量和地面高精度磁法测量，在本区圈定 1∶5 万水系沉积物综合异常 10 处(甲类 5 处，乙类 2 处，丙类 3 处)，1∶5 万磁异常 13 处。

(2)基本查明区内矿(化)点数量及分布情况。区内已知矿产共 65 处，中小型矿床 2 处，小型矿床 8 处，矿(化)点 55 处。

(3)新发现矿(化)点 19 处，具进一步工作价值的矿点 2 处，分别为西瓜尾金银铅多金属矿点和高鹿洞铅锌银多金属矿点。

(4)对本区矿床成因、成矿规律进行了研究总结，建立了成矿模型，开展了成矿预测，圈定找矿远景区 4 处，找矿靶区 2 处。

六、其他方面

(1)查明调查区旅游景点 2 处，即清远市桃源生态旅游区和怀集县燕峰峡旅游区，为调查区旅游业的开发提供了新的依据和发展方向(图 1－3、图 1－4)。

(2)将调查区划分为 5 类地质灾害防治区；新发现重大地质灾害隐患点 2 处，即省道 S349(25～35km)风岗至热水坑段和县道 X368(3～11km)浸潭至龙须带水库路段。

图 1－3　清远市桃源生态旅游区

图 1－4　怀集县燕峰峡旅游区

海南1∶5万东方县、感城、板桥、莺歌海幅区域地质调查

提交单位：海南省地质调查院

项目负责人：魏昌欣

档案号：1245

工作周期：2014—2016年

主要成果：

一、地层方面

(1)在综合前人工作成果的基础上，经过本次区域地质调查工作剖面测制和路线地质调查，将调查区地层划分为10个正式岩石地层单位和2个非正式岩石地层单位，其中重新厘定2个岩石地层单位，新圈定4个岩石地层单位，建立和完善了调查区多重地层系统。

(2)在调查区北部东方市八所镇高坡岭水库泄闸口发现一套中深变质岩。岩性为灰色、深灰色细粒黑云母片麻岩，被海西期—印支期侵入岩包围，并见中三叠世瘦岭细粒二云母正长花岗岩呈脉状顺片麻理侵入。结合该套地层与戈枕村组层型剖面中的岩石组合特征可对比，变质程度一致，均以中高级变质的片麻岩为主，将其归于戈枕村组。

(3)在调查区中部感城镇双龙农场一带前人划归峨文岭组中解体出一套绢云母千枚岩夹条带状大理岩岩石组合。该套岩石为低级区域变质形成的一套绿片岩相碎屑岩，局部受后期构造岩浆事件影响，导致变质程度较高。根据岩石组合特征和碎屑锆石年龄，将其归属于青天峡组，形成时代为晚石炭世。

(4)在调查区中部东方市感城镇不磨村东侧的不磨大岭前人划归为中元古代峨文岭组中发现一套灰白—灰黑色条带状泥微晶灰岩。该套灰岩与下伏中元古代峨文岭组片岩为断层接触，顶部直接出露地表，厚度约28.17m。不磨村灰岩呈条带状构造，具明显水平层理，可见钙质结核，局部受构造影响变形强烈，层理面呈波状弯曲，可见滑脱、阶步现象，有较多方解石细脉不规则穿插，顶部灰岩中的花岗质脉受构造应力作用已被拉开，状似“砾石”。通过对灰岩中花岗质砾石的锆石U-Pb(LA-ICP-MS)测年，结果为(231.8±4.7)Ma。因此，该套灰岩形成时代应在晚三叠世之前。因其岩性单一，难以进行区域对比，暂建立一个非正式岩石地层单位。

(5)在调查区东方市玉章村和鱼鳞洲一带，原早白垩世鹿母湾组的长石石英杂砂岩中获得碎屑锆石U-Pb测年数据，最新年龄为92Ma，同时该套地层岩石组合特征可与晚白垩世的报万组上部对比，均为紫红色砂砾岩、含砾砂岩和紫红色泥岩，沉积环境为冲积扇。根据其岩性组合特征和锆石年龄数据将该套地层重新厘定为报万组，时代为晚白垩世。

(6)通过路线地质调查、剖面测制及钻探、槽探等工程施工，结合沉积物粒度、成分、分选性、磨圆度、碎屑锆石年龄峰值、重矿物、地球化学和沉积环境等的分析结果，认为调查区内八所组为陆相冲积扇环境下沉积形成的，其时代为中更新世—晚更新世。区内前人划归为北海组的松散堆积物和八所组属同一套地层，将区内北海组归属于八所组。八所组沉积环境的重新厘定为海南岛西部建筑用砂提供了新的找矿方向。

(7)对调查区海滩岩进行系统研究，于调查区北部罗带乡高排村一带海岸线向陆约800m的烟墩

组砂堤下发现埋藏型海滩岩。通过对区内海滩岩的岩石学、岩石地球化学、同位素地球化学特征研究,发现了海滩岩胶结物的稀土元素、同位素分析对古气候研究的有效性,说明了海滩岩胶结物可作为古气候记录的载体,同时对调查区海岸带的古气候环境及海岸带变迁进行了探讨。综合对比莺歌海潮间带海滩岩和高排村埋藏型海滩岩,推断 1800a 以来,调查区南部莺歌海一带为稳定型海岸,调查区北部高排村一带为淤进型海岸。

(8)通过钻探、浅井施工及地表调查,对调查区内第四系沉积物成分、结构、厚度和基岩分布情况有了详细了解,从而为调查区第四纪沉积作用及演化、海岸带的演化与变迁的进一步深入研究提供了重要的基础资料。

二、岩石方面

(1)查明调查区侵入岩岩石类型以正长花岗岩为主,次为二长花岗岩,少量花岗闪长岩等。根据岩体的地质特征及不同侵入体间的接触关系,结合花岗岩中 LA－ICP－MS 锆石 U－Pb 测年结果[(1432±17)～(1384±9.1)Ma、(253.3±2.3)Ma、(251.7±1.8)Ma、(251.4±3.5)Ma、(245.1±2.8)Ma、(244.9±3.1)Ma、(103.3±1.4)Ma)],按“岩性＋典型命名地＋时代”的方法,共划分为 7 个侵入岩填图单位,归属于抱板期、海西期—印支期和燕山期 3 个构造岩浆旋回,对其岩浆-构造演化背景进行了初步探讨。其中,新厘定 3 个侵入岩填图单位,重新厘定 1 个侵入岩填图单位。

(2)根据野外地质调查,发现前人划归晚二叠世的细中粒少斑(角闪)黑云二长花岗岩呈脉状侵入中三叠世瘦岭中细粒二云母正长花岗岩,且岩体中见有大小为 20cm×30cm 的棱角状中三叠世尖峰岭粗中粒斑状黑云母正长花岗岩捕虏体。本次工作在乐东县尖峰镇红湖村北侧的采石场采集到新鲜的年龄样品,并运用高精度锆石 U－Pb 测年(LA－ICP－MS),获得的年龄为(103.3±1.4)Ma。因此将调查区内细中粒少斑(角闪)黑云二长花岗岩的侵位时代厘定为早白垩世。

(3)在调查区北部高坡岭水库一带新发现一套中生代的酸性火山岩,岩性为球粒流纹岩,出露面积约 0.02km^2。该火山岩局部为中更新统—晚更新统八所组红褐色含砾含黏土粗中砂所覆盖,并与下伏的早三叠世高坡岭细中粒斑状黑云母二长花岗岩呈喷发不整合接触,其产状与花岗岩风化面平行。本次工作在调查区北部高坡岭水库采集到了球粒流纹岩年龄样品,运用高精度锆石 U－Pb 测年(LA－ICP－MS),获得的年龄为(98±2)Ma。该套酸性火山岩可与岭壳村组中酸性、酸性火山岩系下部岩性对比,因此将该套火山岩归属于岭壳村组,其喷发时代为早白垩世晚期。该酸性火山岩为海南岛西部首次发现,为研究海南岛白垩纪火山作用提供了新的资料。

三、构造方面

(1)以遥感解译为先导,结合野外实地观测,对调查区主要构造形迹开展了系统的调查研究,初步建立起调查区的断裂构造格架,初步查明了调查区新构造运动的表现、性质和特征。

(2)通过野外实地观测,结合剖面测制和综合研究,查明了调查区内韧性变形带的展布、变形特征。该韧性变形带分布于不磨村—双龙农场一带,一般倾向南东—东,倾角 46°～62°;南端不磨经济场一带倾向逐渐转变为北东—北,倾角也逐渐变缓,为 10°～15°。带内岩石侧向分带性明显,从边部往中心依次出现糜棱岩化带、初糜棱岩带、糜棱岩带和超糜棱岩带,各带之间为渐变过渡关系。

(3)通过对调查区内海积阶地和河流阶地的调查研究,发现调查区全新世以来地壳经历了多次抬升。

四、矿产方面

新发现矿产地3处，包括东方市八所镇-乐东县莺歌海镇建筑用砂矿、东方市感城镇不磨村水泥用灰岩矿和东方市八所镇-感城镇砖瓦用黏土矿（包括文通村矿体V1和下名山村矿体V2）。

五、环境地质与旅游地质

（1）在野外调查的基础上，结合已有资料，初步查明了调查区主要环境地质问题类型及其分布，主要环境地质问题类型有崩塌、海岸侵蚀、河岸侵蚀、红树林退化、矿山环境地质等。

（2）对调查区旅游资源进行初步的调查，结合前人资料对已开发或具开发价值的景观进行了详细描述和介绍。

广东1∶5万大成圩、马贵圩、长坡圩、双滘圩幅区域地质矿产调查

提交单位：广东省佛山地质局
项目负责人：刘辉东
档案号：1251
工作周期：2013—2015年
主要成果：

一、地层

1. 首次对云开岩群采用岩性段填图，提出云开岩群新的划分方案

本次区域地质调查发现前人划分的天堂山岩群、云开岩群为同一套地层，宜统称云开岩群。云开岩群是构造地层单位，不符合正常岩石地层所具备的地层叠覆、原始连续律等原理。为了充分反映野外地质情况，本次工作对云开岩群采用岩性段填图，在查明岩性分布范围及变质程度的基础上，根据岩性组合、特殊岩性段、空间展布、接触关系等特征，结合构造分析，将云开岩群的各岩性段归并为第一岩组、第二岩组、第三岩组、山坪岩组和第四岩组5个组级构造岩石地层单位，说明如下：

（1）山坪岩组是本项目新建的构造岩石地层单位，以硅质岩为主，偶夹碎屑岩，视厚度10～30m，为云开岩群第三岩组与第四岩组之间的分界标志。山坪岩组经历了顺层韧性剪切作用的改造，所见到的“层理”有些是构造置换后产生的再造面理，厚度已局部失真，但岩性组合基本上能反映原岩的沉积学特征，为总体有序、局部无序的地质体。

（2）云开岩群第三岩组、第四岩组岩性相近，以变质细粒长石石英砂岩、云母石英片岩为主体，原岩主要为砂岩类，两者以山坪岩组分界，第三岩组局部含磷和铁，夹灰岩。

（3）云开岩群第二岩组位于第三岩组之下，以绢云千枚岩、变质粉砂岩为主。

（4）云开岩群第一岩组位于第二岩组之下，以二云母石英片岩、长石二云母石英片岩、二云母片岩为主，夹变质细粒长石石英砂岩，局部见石英绢云母千枚岩、变质粉砂岩等。

受后期岩体或构造的影响，除山坪岩组外，其余4个岩组均可出现变粒岩段。变粒岩段与浅变质

地层以片理面接触,两者产状协调,但界线截然。变粒岩、混合岩化与岩体有一定的成生关系,变粒岩的出现可能与岩体的热接触变质作用有关,反映局部的热穹隆构造,混合岩化的出现可能是岩体对地层混染作用的结果。在地质图上,深变质地层与浅变质地层产状协调,相互混杂,变质前为同一套地层。

2. 将区内的原泥盆纪地层厘定为震旦纪地层

震旦纪坝里组仅见于双滘圩幅南端,1∶20 万阳春幅地质图将其置于泥盆纪桂头群,与围岩呈断层接触。本次调查发现该套地层被晚奥陶世二长花岗岩岩体侵入[岩体的 LA - ICP - MS 锆石 U - Pb 年龄为(442.2±5.3)Ma,本岩体在长坡幅的 SHRIMP 锆石 U - Pb 年龄为(445.2±5.1)Ma],局部与云开岩群第二岩组呈断裂接触(推测断层)。岩性可细分为 3 个段,下部以变质砂岩为主,局部含砾,砾石磨圆较好,砾径 2～6mm,成分主要为硅质岩、脉石英(另外,双滘圩幅南端图外约 1.6km 处,1∶20万阳江县、广海幅区域地质调查测制的鸡寇岭剖面见一层厚 9m 的砂砾岩);中部以绢云千枚岩为主(原岩为粉砂岩、泥岩),夹少量变质砂岩;上部以变质砂岩为主。岩性特征反映一次完整的海进到海退过程。值得一提的是,在背斜核部,坝里组一段、二段有的岩石未变质,为中粗粒长石石英砂岩、细粒长石石英砂岩、细砂质粉砂岩、泥质粉砂岩、粉砂质泥岩、泥岩等。本项目根据与该套地层呈侵入接触的花岗岩同位素年龄及地层的岩性特征,将其厘定为震旦纪坝里组。

3. 恢复晚白垩世铜鼓岭组

区内铜鼓岭组位于高州水库南部的小岛上,岩性为紫红色、灰红色、灰黄色厚层状—巨厚层状砾质砂岩或砂砾岩,局部夹少量细粒长石石英砂岩,出露面积 0.15km^2。1∶20 万阳春幅区域地质调查(1960)称丹霞组,高州水库修建蓄水后,这些地层大多被淹没,仅剩几个小岛。1969 年出版《1∶20 万阳春幅地质图》时,因为地形图上没有这些小岛,造成地质体的丢失。自此之后,这些地质资料被湮没,不为人所知。进行 1∶25 万阳春幅区域地质调查时没上岛,将该地层表示为加里东期侵入岩,这一结果一直被误用。本次调查恢复了历史湮没资料,并实地上岛调查,在北西角新发现铜鼓岭组砾岩,扩大了铜鼓岭组的分布范围。

二、侵入岩

1. 重新厘定本区的侵入岩

(1)本次工作在侵入岩中采集了 23 个高精度年龄样品(12 个为 SHRIMP 锆石 U - Pb 年龄样品,11 个为 LA - ICP - MS 锆石 U - Pb 年龄样品),收集到 3 个 SHRIMP 锆石 U - Pb 年龄,年龄值集中分布于464～423Ma 之间,说明区内片麻状侵入岩大多成生于晚奥陶世—早志留世。

(2)根据野外接触关系及同位素测年结果,将调查区内侵入岩划分为 22 个“岩性+时代”填图单位,包括奥陶纪 6 个、志留纪 12 个、三叠纪 1 个和白垩纪 3 个,其中加里东期的 18 个填图单位分为 5 个阶段 9 个期次,建立了侵入岩形成序次。

(3)新发现细粒黑云母石英闪长岩($\delta o S_1^1$)、细粒黑云母石英二长闪长岩($\delta \eta o S_1^1$)、中粒(斑状—含斑)黑云母二长花岗岩($\eta \gamma S_1^{2b}$)、微细粒含电气石含二云母二长花岗岩($\eta \gamma K_2$)等填图单位,对 $\delta \eta o S_1^1$ 和 $\eta \gamma S_1^{2b}$ 进行了同位素年龄测定。

(4)通过岩石薄片采集及岩石化学命名,将区内含紫苏辉石的侵入岩定名为中粒斑状黑云紫苏斜长花岗岩—紫苏花岗闪长岩,为 TTG 组合(奥长花岗岩—英云闪长岩—花岗闪长岩),纠正了前人“紫苏二长花岗岩”的叫法。通过野外对比及同位素年龄测试,认为区内 2 处含紫苏辉石的侵入岩为同一填图单位。

2. 加强了区内基性岩的研究

详细填绘出区内的基性岩，并测定同位素年龄，为区域地质构造演化提供了新素材。区内基性岩有角闪透辉岩、角闪岩、斜长角闪岩、蚀变辉长岩、辉绿岩等，关注度较高，重点有以下几处：

(1)信宜高垌塘。呈岩株状产于信宜市南东，较为人知的地名是信宜竹雅，位于大成幅西北角，从1∶5万怀乡幅延入本区。1∶5万怀乡幅区域地质调查时(1994)认为是斜长角闪岩，获得Sm－Nd同位素年龄为(2625±82)Ma，从而提出广东可能存在太古宙基底。本次调查确认其岩性为蚀变辉长岩，SHRIMP锆石U－Pb年龄为(441.6±3.5)Ma。在其东侧约2km处新发现斜长角闪岩岩株。

(2)信宜东坑金矿区。1960年，1∶20万阳春幅区域地质调查(图及报告未正式出版)在东坑一带填绘出2个辉绿岩岩株，单个面积近1km^2，这一重要信息被1969年编制出版的《1∶20万阳春幅地质图》遗漏，从而鲜为人知。1993年，武警黄金部队第16支队编制的东坑金矿区矿床地质图上表示了一些斜长角闪岩、透辉岩，属内部资料，知之者不多。本次工作查明东坑基性岩以斜长角闪岩为主，其次为角闪岩、蚀变辉长岩，辉绿岩仅局部出露，呈岩株、岩脉产出，总面积约1km^2，其中斜长角闪岩的SHRIMP锆石U－Pb年龄为(438.7±2.9)Ma。

(3)高州古丁。在检查高州古丁青羌坑磁铁矿矿点时，发现铁矿与基性岩有关，见两条岩脉，岩性分别为含石榴角闪透辉岩、石英角闪岩，其中含石榴角闪透辉岩的LA－ICP－MS锆石U－Pb年龄为(438±5.9)Ma。

(4)阳春三甲镇北侧。1∶5万潭水幅区域地质调查报告(1986)中提到“沿三甲背斜轴部附近的北西向断裂分布着数十处小的超基性岩体或岩墙，平面上呈反S形的岩带”。本次区域地质调查查明这些基性—超基性岩大部分位于潭水幅，区内仅在阳春三甲镇北侧见到两条岩脉，岩性为角闪透辉岩，LA－ICP－MS锆石U－Pb年龄为(245.4±4.1)Ma。该基性岩呈岩脉或岩墙产于吴川-四会断裂带附近，可能与断裂的深切作用有关。

3. 在加里东期侵入岩中识别出一个大型的环带状复式岩基

本次工作填绘出一个大型的环带状复式岩基，波及长坡圩幅东半幅、双滘圩幅西半幅、大成圩幅南东、马贵圩幅南西，直径27～30km。其中早期的条纹状—片麻状细粒(含斑)黑云母二长花岗岩($\eta\gamma O_3^{2c}$)外环保留较完整，中间被后期岩体侵蚀而呈筛状；片麻状中细粒斑状黑云母二长花岗岩($\eta\gamma O_3^{2d}$)一方面侵入$\eta\gamma O_3^{2c}$核部，另一方面呈环状包围$\eta\gamma O_3^{2c}$。因此，$\eta\gamma O_3^{2c}$与$\eta\gamma O_3^{2d}$是同源岩浆演化的同心环带状复式深成岩体。环带状复式岩基的发现为云开地区片麻状花岗岩的岩浆演化规律及侵位机制提供了新视野。

三、火山岩

1. 新发现3处加里东期火山岩

(1)合社火山岩岩性以层状流纹质晶屑岩屑凝灰岩为主，局部见角砾凝灰岩、角砾熔岩、流纹岩等，为陆相火山碎屑岩，属层火山岩。与云开岩群第三岩组呈片理接触，原角度不整合界线已被构造改造，两者强迫一致。火山岩被晚奥陶世—兰多维列世侵入岩侵吞破坏，被第四纪冲沟冲蚀及冲积层覆盖，残存面积较小。化学分类命名为中钾流纹岩，为强过铝质岩石，属钙碱性系列钾质类型，形成于同碰撞环境。LA－ICP－MS锆石U－Pb年龄为(449.0±4.8)Ma，形成于晚奥陶世。

(2)阳春双滘镇根竹山村道旁边见安山玢岩，岩石无变形，侵入云开岩群第三岩组，为宽约50m的小岩株。化学分析命名为高钾英安岩(岩石不新鲜，影响命名，其实应为高钾安山岩)，为强过铝质岩石，属拉斑玄武岩系列钾质类型，形成于板内环境。LA－ICP－MS锆石U－Pb年龄为(441.9±7.4)Ma，形成于早志留世。

(3)信宜钱排镇山口村冻水坑沟口见硅化流纹岩,呈脉状、透镜状侵入云开岩群第三岩组,与云开岩群一起变形变质,透镜体长约2m,宽10～40cm不等,其成因也有可能是构造分泌的富硅质脉体。LA-ICP-MS锆石U-Pb年龄为(424±11)Ma,为温洛克世。

(4)合社、根竹山一带火山岩的发现及同位素定年为云开岩群的沉积时限提供了时间制约:至少在449.0Ma时,云开岩群已隆升为陆;在晚奥陶世末发生同碰撞造山(449.0Ma),云开岩群随后遭受构造改造;441.9Ma时,侵入地层的安山玢岩已无变形现象,说明云开岩群第一阶段构造改造已经完成。

2. 详细研究了高州市长坡镇石狗岭火山岩

长坡火山岩为一破火山,从角砾的多少及假流纹面理的产状分析,推测火山中心在水库中,火山岩主要由火山碎屑流相(PRF)的流纹质含角砾晶屑岩屑熔结凝灰岩、流纹质含角砾含晶屑岩屑凝灰岩组成,局部见潜火山岩相(SIF)的流纹岩(λ)。火山活动结束以后,有一次拉张过程,有中基性岩岩株侵位,岩性以灰黑色、深灰色粗玄岩、辉绿玢岩、辉长闪长玢岩为主,见少量灰黑色辉石安山岩、(角闪)安山岩和浅紫灰色角闪安山岩,属次火山岩。火山岩形成于板内环境,三丫江组流纹质熔结凝灰岩为强过铝质岩石,属碱性系列钾质类型;侵入三丫江组的辉石安山岩为偏铝质岩石,属钙碱性系列钾质类型。辉石安山岩的LA-ICP-MS锆石U-Pb年龄为(108±11)Ma,属早白垩世末。

四、变质岩

(1)将区内变质岩分为区域变质岩、接触变质岩(分为热接触变质岩及气-液变质岩)、动力变质岩以及混合岩四大类,重点划分了区域变质岩的变质相带,并分析了区内接触变质岩无法划分变质相带的原因。云开地块经历了快速隆升,一方面,岩体及地层经历了透入性韧性流变剪切变形作用改造,接触变质相带已遭构造改造;另一方面,经历隆升剥蚀之后,地层多数已是残留顶盖,接触变质作用不仅限于岩体与地层的界线附近,地层分布区内部也常受下伏岩体的影响。

(2)本次调查认为高州龙修一带的变质程度达不到麻粒岩相。在高州龙修一带,因紫苏花岗闪长岩(hy-$\gamma\delta S_1^{3a}$)及其包体中含有少量紫苏辉石,一直成为研究的热点,前人认为片麻状花岗岩、紫苏花岗岩为混合岩,进而提出递进变质带的概念,认为紫苏辉石是麻粒岩相的产物。从最新填图成果来看,含紫苏辉石的侵入岩围岩主要为片麻状花岗岩,与围岩侵入接触关系明显,紫苏花岗岩产出的构造环境没有特别之处。在龙修采石场附近,地层仅是宽几十米的捕虏体,不存在递进变质带。本次工作对地层捕虏体进行剖面研究,剖面上岩性主要由变质中细粒—细粒石英砂岩、变质中细粒—细粒长石石英砂岩组成,经历了热接触变质作用和气液变质作用的叠加,岩石原区域变质作用程度不高,特征变质矿物仅出现白云母,属低绿片岩相。在岩浆热液影响下,局部出现夕线石,变质程度达辉石角岩相。

本次调查工作发现,岩体中的紫苏辉石为岩浆成因,包体中的紫苏辉石同样来自岩浆,与高级变质作用无关。

(3)查明区内混合岩的分布范围,将区内混合岩分为"边缘混合岩"和"构造混合岩"两种类型。

五、地质构造

(1)基本查明了调查区的构造形迹及分布特征,厘定出2个褶皱、11条韧性剪切带和31条脆性断裂。

(2)研究区内地层中的片理、岩体中的片麻理展布特征，初步探讨其成因。在面理走向平面展布图上，中南部有一个大型的环带状复式岩体，在环形岩体的边部，北侧、西侧变形线围绕岩体分布，呈“C”形，可能残存岩体侵位时的构造，属热气球膨胀模式。南东部构造线以北东向为主导，反映后期韧性剪切带的改造作用。西部构造线以南北向为主导，多倾向西，旋转碎斑及矿物生长线理指示左行斜滑的特点；中东部构造线以北西向为主导，在调查区北端的东坑金矿区，河沟中发现地层遭受强烈的剪切作用，剪切作用形成的褶皱显示伸展型右行剪切。这些南北向、北西向构造线可能与区内大型环带状复式岩体的隆升作用及岩浆向北西方向侵位有关。

(3)研究了吴川-四会断裂带在区内的表现形式及控矿特征。在1∶20万阳春幅中，区内有2条主干断裂，命名为黄岭顶-合水口断裂和大陈圩-分水坳断裂，两者近似平行排列，相距约2km，广东省1∶50万图幅中(1979)将其厘定为吴川-四会断裂的主干断裂，断裂名称一直沿用。本次工作查明前人厘定的两条主干断裂依据不充分，本区没有大的脆性断裂通过。吴川-四会断裂带在区内主要表现为断续分布的北北东向右行走滑韧性剪切带，晚期叠加一些规模小、分布零星的脆性断裂。兰多维列世英云闪长岩(古山岩体)呈北东向展布，沿断裂带呈长条形，可能受深部断裂的控制。阳春三甲北部出现中三叠世角闪透辉岩岩脉，可能与断裂的活动有关。断裂北东段发育3条宽数百米的右行走滑韧性剪切带，可能代表断裂早期的活动。前人分析了剪切带中白云母、黑云母的$^{40}Ar-^{39}Ar$年龄，年龄值为229.35～207.8Ma，成生于晚三叠世，属燕山期的产物。

区内的脆性断裂规模不大，延伸不远，多为正断层性质，主要成生于燕山期。在黄果、山坪、黎冲、金塘埂一线，断续分布一些金银矿点，这些矿点受北东向蚀变破碎带控制，或与破碎带伴生的石英脉关系密切，为破碎带型或石英脉型金银矿。

断裂在挽近期仍有活动，阳春三甲镇黎冲白石牙见断层崖，阳春山坪圩北侧约1.6km处的热水村见温泉，水温约42℃，这些均为新构造运动的表现。

六、矿产

(1)水系沉积物测量及异常查证。对1∶5万大成圩、马贵圩、长坡圩幅进行水系沉积物测量，编制了Au、Ag、Cu、Pb、Zn、As、Sb、Bi、W、Sn、Mo、Cr、Ni、Co等18种元素的单元素地球化学图、多元素组合异常图，在上述3个1∶5万图幅内圈定出34处综合异常，开展异常区查证5处。

土壤测量在各查证区均圈定了显著的多金属土壤综合异常，异常元素以Au、Ag为主，同时伴生As、Pb、Zn、Sn、Mo等元素异常，其中雷公岭Ag、Au异常区圈定了显著的Cr、Ni异常，并与主成矿元素Ag空间上套合性较好，不排除区内存在基性岩体控矿的可能。此外，1∶1万地质草测工作和探槽工程在各查证区采集到较多达到金属矿化或矿体边界品位的蚀变矿化化学样，主要为Au、Ag、Pb、Zn、Sn、Mo等成矿元素。其中离竹坪查证区新发现多处金、锡、铅锌矿化点，TC07号探槽同时揭露出一条宽约5m的强风化铅锌矿脉和多条宽2～10cm的铅锌矿化细脉；金塘埂查证区发现多处由硅化带控制的金、钼矿化点；根竹垌查证区TC14号探槽则揭露1处金、铅矿化点。

(2)阐述区内已知和新发现矿产分布特征，总结已知矿产地共33处，其中中型矿床1处、小型矿床8处，矿种类型有铁、金、银、铜、铅、锌、钨、锡、钼、黄铁矿、磷、石英、水晶13种。新发现矿点6处，矿化点20处。新发现的矿(化)点矿种有金、银、铜、铅、锌、锡、钼、黄铁矿、高岭土和石英。其中TC07号探槽在阳春三甲镇黄果青塘坳揭露出一条宽约5m的铅锌矿脉，具有一定的经济价值。

(3)通过野外调查及资料收集，发现本区的东坑金矿为正在开采的中型金矿，其采矿权属紫金矿业信宜分公司。据公开资料，它的储量超过7t(截至2007年)。据矿区地质人员介绍，其储量有十几吨，但比较容易开采的约7t。

据公开地质资料，东坑金矿主要为硅化岩型矿体，矿体产于顺层挤压破碎硅化条带或硅质体中。野外实地调查发现矿区的断裂作用、硅化作用并不明显。据“480 矿硐”所见，成矿围岩以片状黑云母长石石英岩为主，夹少量黑云母石英片岩、石英黑云母片岩，局部见黑云斜长变粒岩。金矿与石英脉关系密切，矿石为含金石英脉、含石英脉的长石石英岩等。石英脉多数宽 1～10cm 不等，呈无根脉状，延伸不远，可能与变质作用时的构造分泌作用有关，属沉积变质型金矿。这些石英脉在统计上有一定规律，金矿一般与北西向的切层石英脉关系密切，说明金矿受北西向构造控制。

(4)在 1∶5 万马贵圩幅东部的三尖一带见到辉钼矿，为废弃的民采矿窿。据收集的资料，三尖附近有一个爆破角砾岩筒，产于云开岩群与晚白垩世花岗斑岩接触带的脆弱部位，面积约 0.03km^2。爆破角砾岩筒及其接触带具有高裂隙度、高孔隙度和高透水性等特征，是含矿热液循环、渗透、充填和沉淀的有利场所，是直接的控矿和容矿构造。三尖一带的钼矿化主要分布于岩筒内外接触带上，形成似全筒式辉钼矿体。

(5)通过综合研究调查区内相关的各类成矿条件、已知矿床点的特征，划分出 6 处找矿远景区。

第二章 矿产地质类

湖北荆州江陵凹陷中南部深层富钾卤水整装勘查区专项填图与技术应用示范

提交单位：中国地质科学院矿产资源研究所

项目负责人：刘成林

档案号：1155

工作周期：2014—2015年

主要成果：

(1)查明了江陵凹陷及邻近凹陷成盐成钾时期的构造-气候-沉积背景，江陵凹陷蒸发成盐成钾条件与主控制因素。

(2)收集了江陵凹陷中南部的李埠南、资北和金家场三维地震资料，开展了新沟嘴组下段顶面及沙市组顶面的构造精细解释。

(3)在南岗地区开展了地球物理预测深层富钾卤水的应用，并在预测的富钾卤水区中部署了钻孔岗钾1井，获得了卤水勘探的成功。

(4)查清了富钾卤水储层隐伏埋深特点和断层的空间分布特征，分析断裂构造与富钾卤水的成储关系，储集体的类型和展布规律研究，进一步圈定2处可供勘查的富钾卤水矿靶区。

(5)基本查明了江陵凹陷古近纪古气候和盐湖沉积环境演化。

(6)编制了整装勘查区1∶5万岩相古地理图、建造构造图、物化探系列图件，开展了下一步工作部署研究，优选了找矿靶区。

钦杭成矿带西段资源远景调查评价

提交单位：南京大学

项目负责人：王汝成

档案号：1158

工作周期：2013—2015年

主要成果：

(1)开发了铌钽矿物和锡石 LA－ICP－MS U－Pb 定年方法,成功地利用铌钽矿物和锡石直接进行 LA－ICP－MS U－Pb 定年,获得了精准的成矿年龄,为矿床成因及区域成矿规律研究奠定了基础。

(2)揭示了湘桂地区钨锡稀有金属和铜铅锌矿床成岩成矿的时间序列,获得了一批新的成岩成矿年龄数据,首次获得了新元古代锡矿成矿年龄,建立了成矿成岩年代学格架。提出研究区存在新元古代、加里东期、晚印支期、燕山早期花岗岩岩浆活动以及相应的锡稀有金属成矿作用,铜铅锌成矿作用主要发生在早燕山期。

(3)系统地研究了新元古代、加里东期、晚印支期、早燕山期与钨锡稀有金属成矿有关的花岗岩以及早燕山期与铜铅锌矿化有关的花岗岩的岩石学、地球化学、同位素和矿物学特征,探讨了不同含矿花岗岩的成因;提出含钨花岗岩属 S 型过铝质花岗岩,由中元古代长英质地壳物质部分熔融而成,新元古代含锡花岗岩属过铝质 S 型花岗岩,由古元古代基底成熟度较高的物质部分熔融而成,燕山期与锡矿有关的骑田岭花岗岩属准铝质—弱过铝 A 型,有地幔物质的参与,与铜铅锌矿有关的花岗岩由成分较为基性的角闪岩相基底部分熔融而成。

(4)对燕山期骑田岭含锡花岗岩开展了实验岩石学研究,揭示了花岗岩的形成条件和锡的成矿过程。研究得出骑田岭早期含角闪石黑云母二长花岗岩的形成压力在 200～300MPa 之间,在 200MPa 条件下角闪石稳定的温度范围为 800～850℃,氧逸度 f_{O_2}＝150MPa 时,实验产物中角闪石及黑云母成分更接近天然样品,角闪石及黑云母的成分可能在结晶后期发生了再平衡;相图中角闪石及斜长石温度显示骑田岭花岗岩的水含量至少要大于 5.5%。花岗岩中的 Sn 含量随结晶分异程度的增加呈现减少的趋势,花岗岩形成后,其中的镁铁质矿物在蚀变成绿泥石时释放出 Sn 和 Ti 到流体中,当物理化学条件改变时,锡石和金红石等从流体中沉淀成矿。

(5)通过锆石定年和锆石铪(Hf)同位素研究,揭示了不同时代花岗岩的继承演化关系。研究发现在越城岭-猫儿山加里东期—印支期复式岩体中,晚印支期花岗岩中锆石具有明显的核-边结构特征,核部锆石具有一致的谐和年龄,加权平均年龄为(439.7±4.3)Ma,边部锆石加权平均年龄为(219.9±4.3)Ma。这证实了加里东期花岗岩对晚印支期花岗岩的形成具有重要的物质贡献。栗木晚印支期花岗岩研究表明,大岐岭、牛栏岭和香檀岭花岗岩中存在两组锆石,一组为早印支期锆石,年龄为(250.5±4.2)～(243.4±2.1)Ma,另一组为晚印支期锆石,年龄为(226.2±1.8)～(216.9±1.5)Ma,两组锆石具有相似的 Hf 同位素组成和模式年龄,表明晚印支期花岗岩可能是由早印支期花岗岩改造而成。

(6)开展了云母和钨锡稀有金属副矿物化学成分研究,揭示了高分异花岗岩的成岩成矿过程,随着铌钽花岗岩岩浆演化,首先形成黑鳞云母花岗岩,然后岩浆进一步分离成分异程度较低的铝硅酸质熔体和富 F 伟晶质熔体相。随着铝硅酸质熔体演化,岩浆先形成铁锂云母钠长石花岗岩,挥发分水和 Li－W－Sn－Nb－Ta 等稀有金属元素不断富集并发生早期岩浆成因的铌钽铁矿化,在岩浆演化晚期形成富 F、富水的残余熔体,从残余熔体相中分离出的流体产生云英岩化和热液型的以细晶石为主的铌钽矿化。

(7)对钨锡稀有金属花岗岩岩脉开展了系统的岩石化学、微量元素和矿物学研究,探讨了岩脉与成矿花岗岩的关系及其对成矿的指示意义。本次研究得出岩脉可以分成两类,一类与主体花岗岩同源(如 413 岩脉),岩脉特征可以指示含矿花岗岩的特征;另一类为与主体花岗岩不同源的岩脉(如奇古岭岩脉),这类岩脉可以作为指示深部隐伏岩体的窗口。本次探讨了癞子岭花岗岩中 431 岩脉的形成机制和成矿模式,提出岩脉由不混溶作用形成,高盐度岩浆形成黄英岩,富铝硅酸盐岩浆形成翁岗岩,铌-钽-锡成矿作用可以发生在不同的分异演化阶段,早期翁岗岩趋于铌-钽成矿,而晚期黄英岩则趋于锡成矿。

(8)讨论了花岗岩成因、演化与成矿作用关系。研究得出含钨锡稀有金属花岗岩和含铜铅锌花岗岩成矿物质都来自地壳,但源区成分和形成条件有较大的差异。前者是由富白云母沉积变质基底发生部分熔融形成,而后者是由相对较深的下地壳镁铁质角闪岩相基底首先发生部分熔融而形成的。因此,花岗岩源区成分的差异导致了花岗岩成矿专属性的不同。通过含钨锡稀有金属花岗岩与大容山-十万大山花岗岩的对比研究揭示,含钨锡稀有金属花岗岩经历了高度分异演化,而大容山-十万大山花岗岩分异演化程度较低。因此,花岗岩的分异演化程度也控制着花岗岩的成矿潜力,高分异演化花岗岩有巨大的成矿潜力,分异演化程度较低的花岗岩可能成矿潜力较低。

(9)开展了矿床地球化学研究,总结和研究了铜铅锌和钨锡稀有多金属矿床地质特征、成矿流体和成矿物质来源、成矿过程、矿化规律和矿床成因。

广东韶关凡口地区矿产地质调查

提交单位:广东省有色金属地质局

项目负责人:郭兰萱

档案号:1160

工作周期:2013—2015 年

主要成果:

(1)通过资料收集与综合研究,总结了近几年的找矿工作新进展,厘定了凡口铅锌矿、梅子冲银铅锌矿、杨柳塘铅锌矿等重点调查区的成矿地质体、成矿构造和成矿结构面,对其成矿作用特征标志进行了深入的研究。

(2)1∶5 万高精度磁法测量圈定出具有一定规模的磁异常(带)8 处,推测隐伏岩体 2 处。

(3)1∶5 万水系沉积物测量圈定出 28 处综合异常,其中甲 2 类异常 5 处,乙 2 类异常 3 处,乙 3 类异常 12 处,丙类异常 8 处。

(4)矿产检查:检查了一六铅锌钨矿点及外围,张屋坪锑矿点、老山背锑矿点、高寨坑矿点、东岸异常区、磨刀坑钨锡矿点及天鹅塘硫铁矿点。新发现矿点 5 处,矿化点 2 处。其中在一六外围地区找到了具有大型远景的钨多金属矿床。通过地表地质工作及样品分析,在一六外围地区发现了矽卡岩型(图 2-1)、石英脉型钨多金属矿,估算钨资源量(334_1)为 2796t。此外,锡、钼、铋、铅、锌、银资源潜力较大。在天鹅塘矿区发现了具有大型远景的断裂破碎带型硫铁矿,初步估算矿区硫铁矿矿石量(334_1)为 64.011×10^4t 等。另外,在磨刀坑矿点新发现达到工业品位钨矿脉 2 条,在老山背、张屋坪发现锑矿体。

图 2-1　一六外围钨矿点的含钨矽卡岩

(5)通过分析研究区内地质成矿条件,综合地质、物探、化探找矿信息,初步划分出 6 处找矿远景区。

湖南省冷水江市锡矿山锑矿接替资源勘查

提交单位:湖南省有色地质勘查局二总队

项目负责人:戴雪灵

档案号:1162

工作周期:2013—2015 年

主要成果:

一、成矿规律

1. 构造控矿

F_{75}断裂及其下盘的次级断裂,是含矿热液渗透上升的主要通道。西部大断裂和锡矿山背斜控制矿田,"多"字形次级背斜控制矿床。北北西向、北东向、北东东向次级断裂和层间破碎带控制矿体的富集。总的来说,断裂、背斜、层间破碎带三者均是主要的控矿构造,断裂构造不发育则成矿条件亦差,长期以来形成了"背斜加一刀"的构造控矿模式。

2. 层位控矿

成矿受一定层位控制。矿体主要赋存在佘田桥组灰岩段中,其中:Ⅰ号矿体产于佘田桥组灰岩段第四小段(D_3s^{2-4})中;Ⅱ号矿体赋存于佘田桥组灰岩段第三小段(D_3s^{2-3})中;Ⅲ号矿体赋存于断裂下盘的佘田桥组灰岩段第二小段(D_3s^{2-2})和第一小段(D_3s^{2-1})中;Ⅳ号矿体发育于断裂下盘的棋梓桥组(D_2q)的上部(图 2-2)。

3. 岩相控矿

从含矿系沉积相分析,调查区属浅海—滨海台地相沉积,矿体赋存与沉积相的关系虽不十分明显,但整合类型矿体(Ⅰ、Ⅱ号矿体)与韵律明显、相变频繁的沉积环境有密切关系。同时含矿岩系相变频繁造成的物性差异是层间破碎带发育的重要条件。

二、找矿远景分析

根据锡矿山锑矿田受构造、地层、岩相(岩性)联合控制的成矿规律,结合矿田遥感解译、高精度磁测、重力测量和近年来本单位在矿田近外围取得的地质成果,预测了以下几处找矿远景区。

(1)位于矿田西南角的 M1 磁异常,场值在$-30\sim50$nT 之间。与地表地质现象相吻合,地表出露地层为测水组,层序完整,出露有株木山向斜及月马山背斜,深部为多条断层交会处,控制了该地段的整体构造格架,推测该地段为找矿远景区。

(2)位于F_{75}下盘的飞水岩背斜南倾伏端、北部的稻草湾背斜、白云岩背斜、芦茅塘背斜共 4 个区是找矿靶区。上述背斜构造的轴部、近F_{75}断层背斜西翼及其与北东向次级断层交会部位是矿化富集的有利构造部位。其中飞水岩背斜南倾伏端通过本次勘查及稻草湾矿区通过本单位实施的详查地质工作,已证实存在工业矿体,稻草湾矿区已施工的 8 个钻孔中,6 个见工业矿体,2 个见辉锑矿化。

(3)矿田西侧与F_{75}断层平行展布的城步-桃江断裂带的分支断层下盘的坪烟背斜,具有与锡矿山矿田相同的构造、地层、岩相控矿条件,具备一定的找矿空间。

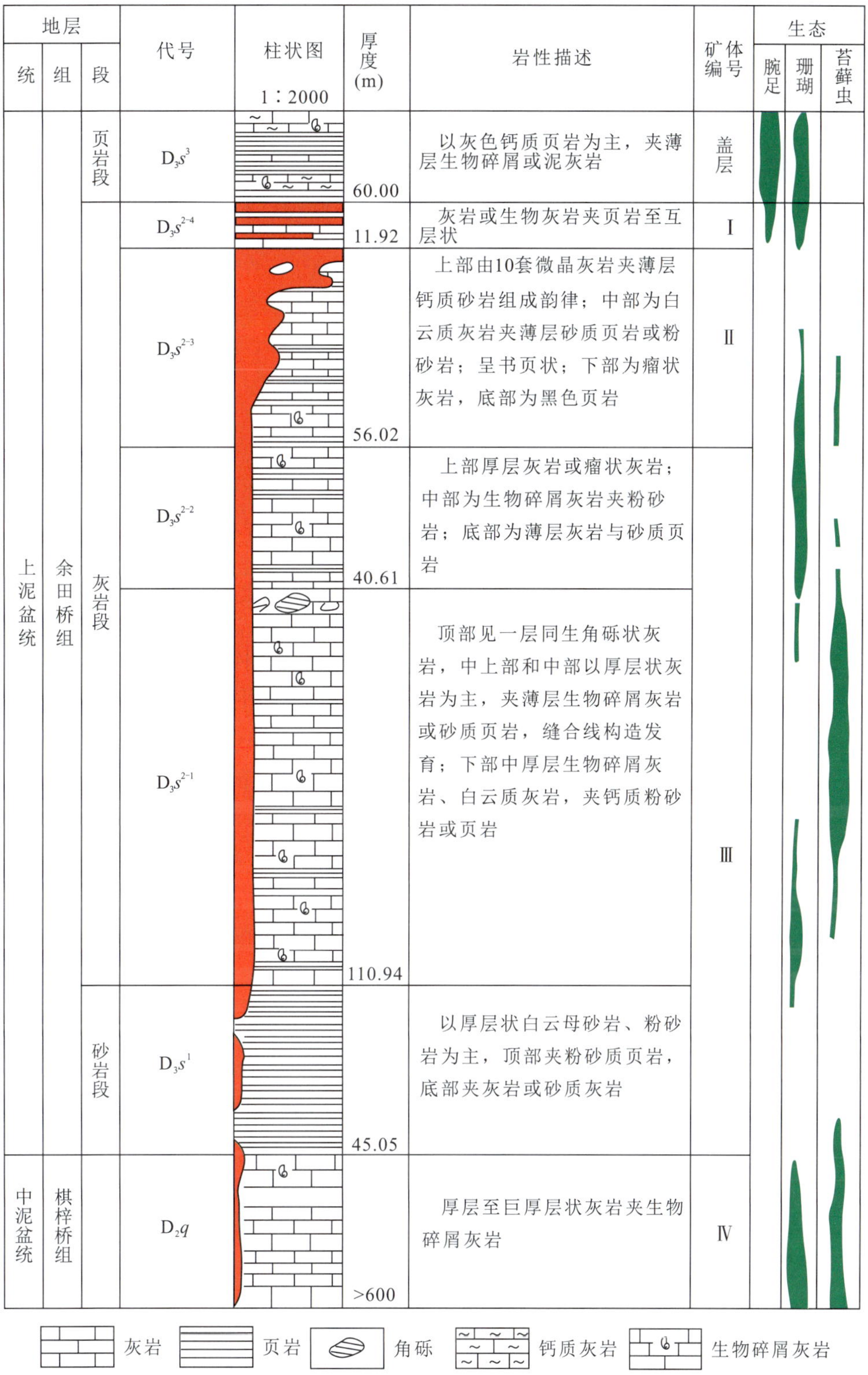

图 2-2 锡矿山锑矿田含矿岩系地层柱状图

(4)本次勘查工作在飞水岩矿段深部施工的钻孔全部见硅化，并有 4 个钻孔揭露了Ⅰ号矿(化)体，说明飞水岩背斜西翼深部找矿前景较好。

(5)本次对 ZK4713 钻孔补采了 3 个基本分析样，在 27 中段北沿脉西穿脉 73 采集了 1 个基本分析样,4 个基本分析样均检测 Au 品位,ZK4713 - H05 金基本分析品位达到 0.07×10^{-6},考虑基本分析检测的合理性,补做了原生晕分析,ZK4713 - H05 金含量达到 110.5×10^{-9},说明锡矿山深部含矿岩系中,热液型微细粒黄铁矿有 Au 异常,矿田深部具备找多金属矿的前景。

广东省凡口地区矿山密集铅锌矿战略性勘查

提交单位:广东省有色地质勘查院

项目负责人:肖元贵

档案号:1163

工作周期:2013—2014 年

主要成果:

(1)对凡口密集区内的凡口矿田开展典型矿床剖析研究工作,厘定了凡口矿田的成矿地质体、成矿结构面、成矿作用特征标志,结合近年来生产实践,在前人的基础上总结了凡口矿田的矿床成因、成矿模式、成规规律。

(2)系统地研究凡口密集区内区域成矿地质背景、矿区成矿地质体、成矿结构面、大比例尺磁法测量成果、大比例尺化探次生晕测量成果,验证钻孔揭露地质情况,运用类比法,圈定了坳扶岭最小预测区、麻塘最小预测区。坳扶岭为 A 类最小预测区,预测铅+锌资源量(334_1)为 71.49×10^4t,麻塘为 B 类最小预测区,预测铅+锌资源量(334_2)为 43.77×10^4t。根据最小预测区现有的地质工作程度及实际情况,提出了下一步勘查工作的部署建议。

(3)验证钻孔 ZK01 揭露坳扶岭最小预测区断裂活动超出预期,且黄铁矿矿化强烈,方解石化发育,岩层中生物碎屑发育,显示有较强的热液活动。于孔深 661.60m、788.80m 处揭穿两段黄铁矿矿层,矿层厚度分别为 1.0m、0.60m,S 的品位分别为 11.22%、14.33%。经估算硫资源量(334)为 5.58×10^4t。

河南舞阳-新蔡与赣中整装勘查区铁矿成矿地质条件与找矿方法技术研究

提交单位:中国地质科学院矿产资源研究所

项目负责人:李厚民

档案号:1164

工作周期:2013—2014 年

主要成果:

一、河南舞阳地区铁矿成矿地质条件与找矿方法技术研究

(1)赵案庄式铁矿石以富 Mg 为特征,常见橄榄石(蛇纹石)、镁铁辉石、金云母、硬石膏和磷灰石等与磁铁矿共生。铁山庙式铁矿石以富 Ca 为特征,由次透辉石、磁铁矿和石英组成。矿石 Al 含量很

低，所有矿物均贫 Ti、Cr、Ni，显示非岩浆非陆源化学沉积特征。

(2)稀土微量元素特征表明：铁山庙式铁矿石稀土配分曲线具有明显的正铕异常和正钇异常，是由与海底热液活动有关的化学沉积物变质而来，而赵案庄式铁矿石的稀土配分曲线上有明显的负铕异常，钇异常不明显，可能反映其是由常温陆相蒸发环境化学沉积物变质而来。

(3)穿切矿层的混合岩化花岗岩的形成时代为约 1.96Ga；矿体顶板围岩辉石黑云斜长片麻岩的源岩沉积时代晚于 2.46Ga。因此，铁山庙式铁矿的沉积时代被约束在 2.46～1.96Ga 之间，为古元古代早期。

(4)稳定同位素特征表明：成矿物质是与热液有关的海底化学沉积。赵案庄式铁矿中硬石膏的硫源可能是来自海相硫酸盐的地层硫，形成于部分缺氧的大气环境。

(5)铁山庙式铁矿和赵案庄式铁矿均属苏必利尔型(BIF)，与基性—超基性岩浆岩没有成因联系。

(6)矿区“白粒岩”为混合岩化的石英砂岩，其与碳酸盐岩组合形成于浅海环境，反映舞阳地区条带状铁建造原始沉积为浅海环境，即氧化还原界面附近。

(7)铁山庙式铁矿受海底热液活动、缺氧环境及大氧化事件初期的层化海洋、滨—浅海环境、白云质碳酸盐沉积、热液改造作用(类矽卡岩化)、区域变质作用控制；赵案庄式铁矿受海底热液活动、缺氧环境及大氧化事件初期的层化海洋、盐湖蒸发环境(菱镁矿、硬石膏/石膏、富硼沉积)、热液改造作用(类矽卡岩化)及区域变质控制。

(8)铁古坑矿区和经山寺-尚庙-扁担山矿区铁矿层不是同一层。经山寺-尚庙-扁担山铁矿层位在下，铁古坑铁矿层位在上，二者分属两个层位，铁古坑深部找矿潜力大。

(9)舞阳地区地质找矿的有效技术方法组合为：以磁法为主要方法，辅以重力和 CSAMT 法，可以达到较好的找矿效果。

二、赣中地区铁矿成矿地质条件与找矿方法技术研究

(1)对赣中新余—萍乡地区良山、巴丘园、下陂、中创、杨家桥等新元古代新余式典型 BIF 型铁矿床开展了系统地调查研究，并与同时期形成的湖南衡阳祁东鲕状铁矿进行了对比研究。查明了成矿地质背景、含矿建造特征，确定了赋矿层位和关键标志层，阐明了 Sturtian 雪球事件(长安冰期/江口冰期，为了与前人名称一致，以下均称江口冰期)及同期火山热液活动与新余式铁矿的关系，探讨了新余式铁矿形成的古地理、古海洋环境。

(2)利用 LA - MC - ICP - MS 和 SHRIMP 锆石微区定年技术，测定了矿床底板含磁铁矿千枚岩(原岩为火山碎屑凝灰岩)中碎屑锆石的 U - Pb 年龄，根据其中最年轻锆石的年龄确定了赣中新元古代新余式条带状铁矿的沉积成矿时代为(706.7±8.2)Ma；根据含矿建造中变质形成的绢云母 Ar - Ar 年龄，确定了新余铁矿的峰期变质变形时代为(244±2.4)Ma，属印支期，而非加里东期。

(3)系统地测定了赣中新元古代新余式条带状铁矿中石英及同一样品中相邻硅质条带和铁质条带的硅氧同位素组成。BIF 型铁矿中石英的 $\delta^{18}O_{V\text{-}SMOW}$ 较高，为 12.3‰～21.0‰，平均 15.8‰；石英的 $\delta^{30}Si_{NBS\text{-}28}$ 异常低，为 -1.4‰～-0.3‰，平均 -0.8‰。硅质条带与铁质条带的硅氧同位素组成无显著差别。新余铁矿中石英的硅氧同位素特征与我国及世界其他地区太古宙—新元古代 BIF 的硅氧同位素组成非常相似，表明新余 BIF 型铁矿与太古宙 BIF 型铁矿一样，也是由海底热液喷气作用形成的。海底热液中的硅只有一小部分沉淀下来形成 BIF 型铁矿，而且沉淀消耗的硅能够通过海底喷气作用不断得到补充，使新余 BIF 型铁矿的 $\delta^{30}Si_{NBS\text{-}28}$ 始终保持很低的负值。

(4)对新余 BIF 型铁矿的铁同位素进行了系统分析研究，其中磁铁矿的 $\delta^{56}Fe_{IRMM\text{-}014}$ 值分布在 0.03‰～2.12‰之间，平均 0.90‰，强烈富集重铁同位素，与我国及世界其他地区太古宙—新元古代

BIF 型铁矿的铁同位素组成非常相似，指示这些 BIF 型铁矿具有共同的成因，新余 BIF 型铁矿也是由海底喷气作用形成的，形成于缺氧的海洋环境，海底热液中铁只有一部分被氧化沉淀下来形成 BIF 型铁矿，而且沉淀消耗的铁通过海底喷气活动不断得到补充，使 BIF 型铁矿的 $\delta^{56}Fe$ 始终保持较高的正值。

(5)对新余铁矿层及含铁建造中黄铁矿的硫同位素进行了系统研究，发现黄铁矿的 $\delta^{34}S_{V-CDT}$ 值在含铁建造剖面上呈明显的旋回性变化。BIF 型铁矿及下部含砾冰碛岩中黄铁矿为较小的负值，在－7.2‰～0.7‰之间，随后快速降低至谷底，为－18.9‰～－13.9‰，然后快速反弹至 0 左右，稍作停留，快速升高至峰顶 14.0‰；之后再次快速下降至－30‰左右，紧接着开始第二次快速上升。黄铁矿的硫同位素组成在不同剖面上具有相似的变化规律。据此提出，新余 BIF 型铁矿形成于 Sturtian 雪球初融时期，形成于还原、贫硫、富铁的海洋环境。雪球的融化是阶段性的，经历了多次部分融化—冻结过程，持续时间较长，而非一次性完成，这一研究结果终结了关于 Sturtian 在中国是否存在多次冰期的争论。伴随雪球融化，生物呈爆发式生长。建立海洋硫酸盐的硫同位素组成与雪球事件期间海洋硫酸盐浓度、冰雪融化后注入海洋的硫酸盐的硫同位素组成及生物大爆发(硫酸盐细菌还原)之间的定量关系，首次对黄铁矿硫同位素组成在含铁剖面上的变化规律及大塘坡时期地球历史上最高的硫同位素异常给出了清晰合理的解释。

(6)建立了新元古代新余 BIF 型铁矿的成矿模型。Sturtian 雪球事件(江口冰期)期间，整个地球被巨厚的冰雪覆盖，阻断了大气、河流与海洋之间的物质交换，光合作用停滞，陆地生物活动被封存，海洋环境变得极度还原，海洋硫酸盐几乎全部被还原，海水硫酸盐浓度极低，与太古宙—新元古代海洋环境相似。706Ma 前后江南古陆南缘发生大规模海底热液活动，同时 Sturtian 雪球开始初融。冰雪融化释放出来的氧气和淡水进入海洋，导致海洋的氧逸度升高。海底热液活动带来大量 Fe、Si 等成矿物质和酸性、还原性气体。热水溶液喷发到海底以后，由于温度突然下降，SiO_2 在海水中达到过饱和状态，部分 SiO_2 首先快速沉淀下来形成硅质层。随着热水溶液与海水混合，水温逐渐降低，pH、Eh 值逐渐升高，一部分 Fe^{2+} 逐渐被氧化成 Fe^{3+}，生成 Fe_3O_4、Fe_2O_3 等沉淀，形成铁质层。由于当时海底氧逸度很低，Fe^{2+} 的氧化需要一定时间，因此铁质层的沉淀时间较硅质层稍晚一些，结果造成硅、铁分离，分别形成硅质条带和铁质条带。每次海底热液活动都造成硅、铁依次先后沉淀，周期性海底热液活动则形成条带状硅铁建造。由于氧化的冰雪融水大量汇入，浅海海水的氧逸度较高，生物活动强烈，水动能高。海底热液活动在深水区形成 BIF 型铁矿后，海水中剩余的 Fe^{2+} 迁移至浅水区，大部分 Fe^{2+} 被快速氧化，以氧化铁的形式快速沉淀下来，形成鲕状赤铁矿。而 SiO_2 的浓度较低，硅-铁沉淀时无法彼此分离，难以形成硅质条带，矿石结构以鲕状和块状为主，条带状构造不发育。

244～241Ma(印支期)武功山地区发生了强烈的构造岩浆活动和变质变形，形成武功山变质核杂岩。新余 BIF 型铁矿发生强烈的变质变形，地层发生倒转。BIF 型铁矿含矿层发生多次强烈折叠和塑性变形，在转折端铁矿体的厚度加大，品位变富，形成厚大的富矿体。

(7)查明了铁矿的分布规律和关键控矿因素，查清了铁矿赋矿层位和标志层，明确了找矿地质标志，根据找矿实践总结确立了有效找矿方法组合。

海南省东方市不磨金矿接替资源勘查

提交单位：海南省地质调查院

项目负责人：傅杨荣

档案号:1166

工作周期:2013—2014 年

主要成果:

通过本次 1∶1 万岩性-构造填图及地质剖面测量,对区内褶皱、断裂、节理等构造的位置、规模、性质、类型和岩性、蚀变矿化等特征有了更深入的了解。查清了构造界面的性质、级别,地质体的物质组成、内部结构、空间展布、形成环境,进一步查明了区内地质构造特征,对戈枕韧性剪切带在勘查区的产出状态有了进一步的认识,圈定了糜棱岩带(图 2-3、图 2-4)。

图 2-3 花岗质变余糜棱岩

图 2-4 花岗质糜棱岩

糜棱岩带的圈定,为蚀变糜棱岩型矿体的找矿提供了基础。在糜棱岩带尤其是硅化蚀变强烈部位,找矿工作进展较大。首先,在公爱农场八队糜棱岩带施工的钻孔 0ZK1、4ZK1 中发现了 V1、V2 矿体,矿石 Au 品位最高为 6.98×10^{-6}。最近,探矿权人加强了在糜棱岩带的找矿工作,在Ⅲ号脉带南部的糜棱岩带中,经对采石场蚀变糜棱岩中刻槽采集的 35 个样品进行化验,Au 平均含量 7.2×10^{-6},有 13 个样品达工业品位,最高者达 90.5×10^{-6}。自此,矿区蚀变糜棱岩型金矿体的找矿工作具有了非常良好的开端。

以岩性-构造填图成果为基础,通过加强岩性、蚀变现象与成矿关系,褶皱构造的各部位与矿体的空间赋存关系等方面的研究,可以更好地总结矿区成矿规律,为勘查找矿提供帮助。

湖南省桂阳县黄沙坪铅锌矿接替资源勘查

提交单位:湖南省湘南地质勘察院

项目负责人:李时谦

档案号:1167

工作周期:2013—2014 年

主要成果:

(1)通过 1∶2000 地质修测,结合探槽揭露、老窿调查,对矿区地层、构造、岩浆岩、矿化蚀变等地质特征有了进一步的认识,对部分石英斑岩脉、辉绿玢岩脉、F_2 与 F_9 等断层、观音打坐岩体等地质界线进行了揭露与控制。

（2）通过钻探施工，在13线上发现了733、735、737、580－9、580－10，在1线上发现了580－11、580－12、152－6，在4线上发现了682，在矿区北部29线上发现了901、902等铅锌矿体（脉），并在4线上发现了W682－1～W682－4钨锡矿体（脉）（图2－5）；获得了铅、锌、银、WO_3、锡金属资源量（334）依次为16 155t、22 191t、36t、437t、720t，铅锌矿体Pb、Zn、Ag平均品位为3.95%、5.42%、93.67×10^{-6}，钨锡矿体WO_3平均品位0.211%、Sn平均品位0.348%，伴生S 74 274t，平均品位18.15%；其

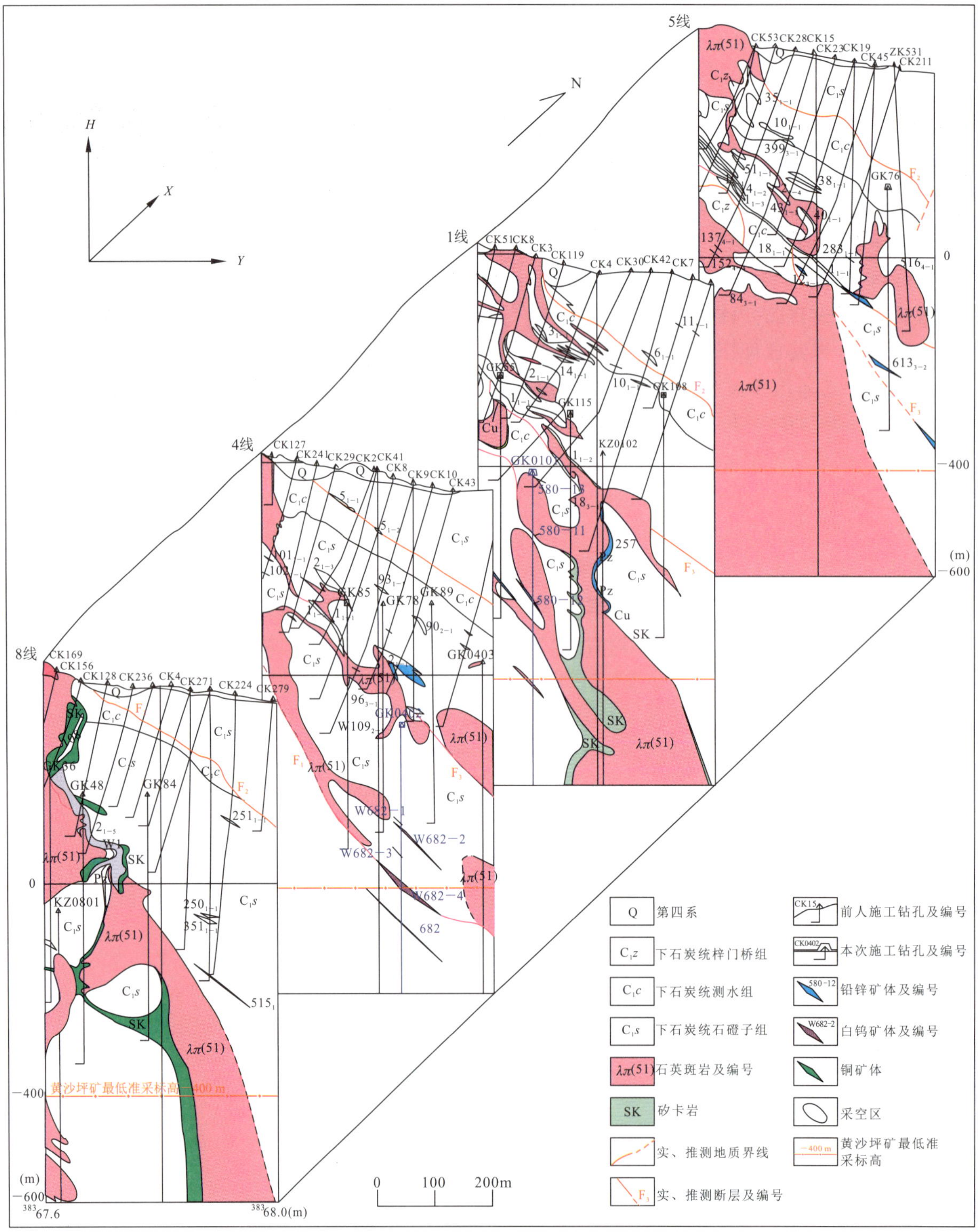

图2－5　黄沙坪铅锌矿区580－11、580－12、152－6、682、W682－2、W682－4矿体周边工程分布剖面图

中界内 334 资源金属量 Pb 3720t、Zn 2969t、Ag 10t、WO_3 290t、Sn 375t，平均品位分别为 Pb 2.47%、Zn 1.97%、Ag 65.67×10^{-6}、WO_3 0.241%、Sn 0.311%，伴生 S 17 657t，平均品位 11.74%；界外 334 资源金属量 Pb 12 435t、Zn 19 222t、Ag 26t、WO_3 147t，Sn 345t，平均品位 Pb 4.80%、Zn 7.43%、Ag 100.45×10^{-6}、WO_3 0.170%、Sn 0.400%，伴生 S 56 617t，平均品位 21.87%。

湖北竹溪地区矿产地质调查

提交单位：湖北省地质局第八地质大队
项目负责人：陈志文
档案号：1170
工作周期：2012—2015 年
主要成果：

一、地质找矿及成矿规律研究

(1)找矿取得较大突破。新发现铌矿(化)点 5 处、金矿点 1 处、金矿化点 3 处、铜矿化点 1 处、萤石矿点 1 处。

新发现的铌矿主要有野虎寨、柳树村、泉河、小花园、黑山等铌矿点，其中，野虎寨、柳树村、泉河、黑山等地经初步估算资源量，Nb_2O_5 资源量(334)共计 109.99×10^4t，其规模为大型—特大型。

新发现的金矿点为秋沟塘金矿点，经初步估算资源量(334)金金属量为 120.63kg，属小型规模。

(2)根据所发现的铌、金等多金属矿(化)点的产出状态、空间分布特征，总结出了区内铌、金、铜等多金属矿的找矿标志，为今后进一步工作奠定了基础。

(3)根据调查区内各矿(化)点的空间分布特征，结合邻区区域矿产分布特征，划分出了 1 个Ⅴ级成矿带，即蒋家堰-泉溪-天宝铌金铜锌萤石成矿带。

(4)在Ⅴ级成矿带划分的基础上，经对地质、物探、化探、遥感等多种找矿信息综合研究，划分出成矿远景区 10 处，其中 A 类成矿远景区 3 处、B 类成矿远景区 2 处、C 类成矿远景区 5 处。

(5)提供找矿靶区 5 处。找矿靶区分别为：野虎寨 Nb、Au、Ce、Zn 找矿靶区(位于马家坝铌金铈锌多金属 A 类成矿远景区内)、天宝 Nb、La、Ce、Au、Ag、Cu 找矿靶区(位于天宝铌镧铈金银铜多金属 A 类成矿远景区内)、黑山 Nb、La、Ce、Ag 找矿靶区(位于黑山铌镧铈银多金属 A 类成矿远景区内)、小花园 Nb、Ag、Zn 找矿靶区(位于黄莲山铌银锌多金属 B 类成矿远景区内)、秋沟塘 Au、Ag、Mo、Nb、La 找矿靶区(位于中峰庙铌金银镧铀钼多金属 B 类成矿远景区)。

(6)初步总结了调查区内优势矿种的成矿地质条件和找矿标志，为在本调查区进一步找矿提供了丰富的资料。

二、基础地质工作及物探、化探、遥感工作成果

(1)通过剖面测制确定了调查区填图单位的划分，根据《湖北省岩石地层》(1996)，结合野外矿产地质调查及区域对比，将前人划分的竹溪组分解为上、下两个岩性段。

(2)初步查明了调查区岩浆岩的岩石类型、形态与规模、产状、主要矿物成分、结构构造、岩石化学

和地球化学特征等。从岩石学、岩石化学、稀土元素等方面进行了系统地研究,对其宏观和微观特征进行了初步总结,并对其形成的大地构造环境进行了初步探讨。

(3)初步查明了变质岩的岩石类型、主要矿物成分、结构构造、岩石化学和地球化学特征、变形特征及空间分布、接触关系,并恢复了原岩及其建造类型。

(4)基本查明了调查区的构造变形特征,并初步总结了构造变形与成矿作用之间关系。通过对调查区沉积事件、岩浆事件、变形变质事件和成矿作用的综合分析,结合区域资料,建立了调查区地质演化序列。

(5)1∶5 万水系沉积物测量基本查明了调查区的地球化学背景,编制了 13 种元素(官渡幅为 16 种元素)的地球化学图、单元素异常图;共圈定出综合异常 167 处,其中乙 1 类异常 17 处、乙 2 类异常 26 处、乙 3 类异常 60 处、丙 1 类异常 28 处、丙 2 类异常 22 处、丙 3 类异常 14 处。这些化探异常的获取、圈定及初步推断解释,为调查区矿产资源评价提供了较详尽的地球化学资料,也为下一步矿点检查工作提供了翔实的地球化学资料。

(6)通过遥感地质解译,建立了调查区的地层、构造、岩石的解译标志,从而提高了矿产地质填图质量。遥感异常中对各个异常提取所获得的矿化信息,为地质找矿、成矿规律及矿产预测图的编制提供了资料。

广西壮族自治区凤山县金牙金矿接替资源勘查

提交单位:中国冶金地质总局广西地质勘查院

项目负责人:吴刚

档案号:1173

工作周期:2012—2015 年

主要成果:

一、矿区成矿远景分析

本次勘查工作在那元矿段 572、588 等勘查线以东,揭露到厚大矿体,矿体连接为东倾方向,如 572、588 线均揭露到㉒号矿体,矿体平均厚 4.90m,平均品位 8.89×10^{-6}。本次新增矿体以东倾延伸为主,矿体规模大,矿体未封闭,找矿潜力巨大。本次勘查那元-内郎矿段 563、547、604、620 等勘查线已完成物探工作,但未布置探矿工程进行验证。CSAMT 测深成果显示低阻异常带在深部继续有延伸,而低阻异常是局部地层及层间构造、断裂破碎带以及蕴含在其中的矿化体的综合反映,对以上勘查线剖面进行异常查证有一定找矿前景。

二、矿床开采技术条件和地质环境问题

本矿区含水层主要为近地表风化裂隙含水层,含水量不大,透水性弱—中等,大气降水为主要补给源,后期构造对矿床充水影响不大,矿体多分布于当地侵蚀基准面以下,顶底板围岩中三叠统百逢组中段的各类泥岩、粉砂岩为相对隔水层,矿床充水因素主要为顶板围岩上部地风化裂隙水,其补给源主要为大气降水,矿床水文地质条件中等;矿体及其围岩为坚硬—半坚硬岩石,矿区断裂构造比较

发育，当坑道掘进到这些破碎带时常发生滴水、冒顶、片帮等不良工程地质现象，工程地质条件较差，坑道围岩稳固性较好，大部分坑道在掘进中不需要支护，不良工程地质现象少见，仅在风化带、构造带及其影响带，才有冒顶和坑道壁垮塌现象发生，因此总体评价矿区工程地质条件为中等类型。该矿山的开发，引发崩塌、滑坡地质灾害可能性小，危害性小；引发和遭受泥石流地质灾害可能性小，危险性小；引发地面沉降、地裂缝地质灾害的可能性中等，危害性小；引发区域地下水位下降的可能性小，危险性小。矿区开采已经造成局部地下水的污染，环境地质条件属于复杂类型。本矿区矿床开采技术条件为水文地质条件中等、工程地质条件中等、环境地质条件复杂的裂隙充水型（$Ⅲ_3$ 型）矿床。矿区开采后对环境造成一定的污染，虽然矿山在项目建设过程中，针对可能出现的地质灾害进行了相应的防治工作，同时对矿坑排水及生产废水进行了处理，加强了矿山管理，但是依然存在局部的轻—中度污染现象，包括砷污染、饮用水水质污染、地下水位下降等，尤其是遭遇暴雨、内涝等自然灾害时更为严重。

三、矿床开采的经济效果

本次勘查成果扩大了矿山生产规模，延长了矿山服务年限，对继续维持矿山正常生产和推动当地社会、经济建设和发展都将起到一定的促进作用。通过概略经济评价，认为金牙金矿的新增金资源量仅矿石可供现有矿山开采 3 年，矿山生产每年可获净利润 3677 万元；矿山全采期企业可获净利润 11 104万元，国家可获利润 3703 万元。加大矿山开发可大大带动地方经济，解决企业人员的就业问题，稳定矿山企业职工队伍，增加当地民众的就业机会，对社会稳定起到积极的作用。

广西田东—德保地区矿产地质调查

提交单位：中国冶金地质总局广西地质勘查院

项目负责人：文运强

档案号：1174

工作周期：2013—2015 年

主要成果：

（1）全面收集了整装勘查区内地质、物探、化探、勘查、矿山开采等资料，研究分析了成矿地质背景、控矿地质因素和找矿标志，探讨了调查区锰矿的矿床成因，对区内的典型矿床——东平锰矿和扶晚锰矿进行了典型矿床研究，对锰矿成矿有利的岩相、岩石组合和构造等控矿因素进行了研究，总结了含锰岩系规律及矿产预测要素和预测模型，为矿产预测工作提供了依据。

（2）通过本次 1∶5 万矿产调查工作，对地质界线进行了修订，提高了地质测量精度，已大致查明了工作区内地层岩性、厚度、产状及分布特征，总结了摩天岭复向斜四周下三叠统北泗组含锰岩系的含矿性特点和规律，发现摩天岭复式向斜翼部下三叠统北泗组含矿性具有从西到东、由北至南逐渐变差的特征。对摩天岭向斜北泗组的含矿性做出了整体评价。

（3）对调查区内的矿床（点）进行了查证、梳理，对成矿潜力进行了评估，编制调查区矿床（点）登记卡片。

（4）本次优选了 8 个矿床（化）点开展矿产检查工作，提交了平尧锰矿区碳酸锰矿、驮琶锰矿区碳酸锰矿、那造锰矿区碳酸锰矿、红泥坡重晶石矿 4 个新发现矿产地，新发现乐育锰矿、峒干锰矿 2 处找矿靶区，龙怀、六柳 2 处碳酸锰矿找矿地段。大致查明了各检查区内含矿岩系及其矿体数量、赋存部位、厚度、规模、产状和矿石质量。

(5)探获新增锰矿石资源量(334_1)2 376.93×10^4t，其中氧化锰矿净矿石量 58.75×10^4t(氧化锰贫矿 32.81×10^4t，低品位氧化锰矿 25.94×10^4t)，碳酸锰矿石量 2 318.18×10^4t(碳酸锰贫矿 252.08×10^4t，低品位碳酸锰矿 2 066.10×10^4t)。探获新增重晶石矿石量(334_1)132.43×10^4t。

(6)在调查区内对锰矿形成有利岩相古地理及亚相、微相、岩性组合等特征进行了研究，初步总结了对锰矿成矿有利的岩相、岩石组合。通过资料的收集整理和总结野外工作成果，本次工作确认了最为有利的环境为下斜坡亚相环境；总结了调查区内的两个对锰矿成矿有利的微相：泥灰岩-泥岩微相(东平地区)地区和硅质岩-灰岩-火山岩型微相(德保—田东地区)。

(7)对构造与含锰岩系、锰矿层的关系进行了研究，认为向斜构造对赋矿有利，后期断裂构造则主要起破坏作用。

(8)划分了找矿远景区 3 处，其中锰矿远景区 2 处，重晶石矿远景区 1 处；对 5 个最小预测区进行了预测，预测锰矿石资源量 67 627×10^4t，重晶石矿石资源量 11 015×10^4t。优选 A 类找矿靶区 3 处，B 类找矿靶区 2 处，对调查区有利的成矿部位做出了预测，为整装勘查工作部署提供了有力依据。

(9)AMT 物探工作在红泥坡一带推断并圈出隐伏岩体位置及深度，推断出了与岩浆热液关系密切的金铜多金属矿有利地段。

湖南省双峰县洪山殿矿区南塘向斜深部煤炭资源战略性勘查

提交单位：湖南省煤炭地质勘查院

项目负责人：何红生

档案号：1178

工作周期：2012—2013 年

主要成果：

(1)二维地震取得了较好的地质成果。根据地震反射波，调查区内为一向斜构造，向斜深部煤层的赋存较好。区内煤层倾角变化较大，向斜轴部平缓，北西翼相对南东翼稍缓。控制了 4 煤层的底板标高，最低点位于勘查区西部的向斜轴附近，底板标高最低约－1100m。在地震解释煤层赋存较好、断层较少的区域经钻孔验证，钻探与地震目的层孔深误差在 9%以内。

(2)确定了调查区地层由新至老有第四系(Q)、三叠系大冶组(T_1d)、二叠系大隆组和龙潭组，含煤岩系为龙潭组上段。

(3)调查区所在的南塘向斜形态较完整，向斜轴呈“S”形展布，轴向 80°，两翼不对称。向斜的不同位置地层产状变化大，南东翼中段浅部地层倾角陡，一般为 50°～70°，局部直立，而两端及中深部较缓，为 30°～50°；北西翼地层倾角较缓，一般约 40°。向斜核部出露有大面积的三叠系大冶组泥质灰岩，两翼依次为二叠系大隆组、龙潭组及以下地层。

(4)二叠系龙潭组上段为本区含煤地层，含煤 4～6 层，分别为 1、2、3、3 中、4、5 煤层，其中 3、4 煤层为区内可采煤层；3、4 煤层对比可靠。3 煤层为低灰、低硫、低磷的高发热量贫煤，4 煤层为低灰、低硫、低磷、特高发热量的贫煤，均是良好的动力用煤和民用煤。

(5)区内水文地质条件简单，工程地质条件中等，环境地质条件中等，煤层有自燃倾向，煤尘有爆炸性危险。勘查区地温梯度正常，ZK6002孔深578m以下、ZK2010孔深632m以下地温偏高，达到一级至二级高温区。调查区内的矿井为煤与瓦斯突出矿井。

(6)调查区内煤层中微裂隙较发育，有的连通性较好，有利于煤层气的富集。

(7)通过分析调查区沉积特征与层序地层，结合钻孔揭露及二维地震成果，确定调查区内在层序Ⅰ中形成一个聚煤有利区，为下一步勘查的有利区域。

(8)提交增储勘查的靶区一个。通过对地震勘查、钻孔验证结合环境专题成果等进行综合分析后认为，勘查区所在的南塘向斜南翼－300m以深、北翼－1000m以深3、4煤层赋存较好，为下一步增储勘查的靶区。

(9)初步估算勘查区3、4煤层－1000～－300m标高推断的和预测的煤炭资源量(333＋334)1778×10^4t，其中333类资源量307×10^4t。增储勘查的靶区远景资源量2966×10^4t。

(10)调查区内有益矿产为煤层气。

湖南省桂阳-郴州矿集区找矿预测①

提交单位：湖南省湘南地质勘察院

项目负责人：周双

档案号：1181

工作周期：2015年

主要成果：

(1)通过1∶1万专项地质填图，了解了调查区成矿地质条件，区内主要赋矿地层岩性为石炭系石磴子组灰岩，主要控矿构造为北北东向断裂、褶皱，黄沙坪矿区成矿地质体为花岗斑岩。确定了成矿作用特征标志，围岩蚀变从岩体向外，表现为强烈硅化、矽卡岩化、大理岩化，蚀变随着矿化距离的增加逐渐变弱，直至过渡至正常灰岩。

(2)通过1∶5万重力测量，在区内圈定出半隐伏或隐伏岩体9个，即坪宝、大坊、茅坪、昭金祠、下村、黄沙坪、宝山、新屋场、火田。推测断裂构造13条，其中Ⅱ级断裂1条($F_{Ⅱ-1}$)，Ⅲ级断裂12条($F_{Ⅲ-1}$～$F_{Ⅲ-12}$)。除Ⅱ级断裂$F_{Ⅱ-1}$为全省1∶50万重磁法联合推断断裂外，本次根据45°方向水平一阶导重力异常向北东方向平移5km外推断出的其余12条断裂均为首次推断。区内唯一一条北东向Ⅰ级深大断裂为1∶50万重磁法联合推断。本次推断北东向断裂8条，北西向断裂5条，其中初步认为切割基底断裂1条，切割盖层断裂11条。

(3)黄沙坪南部高精度磁测圈定出ΔT磁异常4处，编号为M1、M2、M3、M4。结合区内以往地质及物化探资料分析，推断M1、M2为矿致异常，其异常深边部还具有进一步找矿前景；M3异常带与地表发现的煌斑岩及断裂带吻合度较高，为区内煌斑岩及断裂带局部磁性矿物富集引起，具有一定找矿意义；M4异常受断裂破碎带控制，有一定找矿前景。

(4)配合北京矿产地质研究院共同构建了黄沙坪矿床“三位一体”找矿预测地质模型：①成矿地质体为花岗斑岩；②成矿构造为次级断裂系统岩浆侵入构造，成矿结构面主要为岩性界面及原生断裂裂隙面，矿体多就位于岩性界面、岩体或围岩的裂隙中；③成矿作用特征标志主要表现在岩体的矿物学

①任务编号：12120115035301

特征方面,从中心向外依次为强烈硅化带—矽卡岩化带—大理岩化带。

(5)围绕断裂构造和地层有利部位,利用成矿地质条件、矿化蚀变特征、找矿标志、已知矿点及其地质特征、重磁异常特征、地球化学异常特征等综合信息,进行了找矿远景区预测,共圈定了2处多金属矿产找矿远景区。

湖南省永兴县高亭司煤矿接替资源勘查

提交单位:湖南省煤炭地质勘查院

项目负责人:伍意德

档案号:1185

工作周期:2013—2014年

主要成果:

(1)通过本次1∶10 000地质填图大致了解了区内地层层序、岩性特征及接触关系,把区内地层划分到了组或岩段。区内地层由老至新为二叠系龙潭组、大隆组,三叠系大冶组,白垩系和第四系,含煤地层为龙潭组上段。

(2)本次二维地震勘探共计完成测线9条,其中主测线5条,联络线4条。解释断层8条,其中组合断层2条,均为逆断层。

(3)基本了解了6煤层的构造形态和起伏变化情况。6煤层在调查区西部缺失,这与龙潭组上段地层被剥蚀,西侧煤层因断层抬升剥蚀有关。

(4)从地震时间剖面图上可以看出,调查区东部及南部T6波同向轴较连续,反向波能量较强,分辨率较高,因而推断6煤层在调查区东部及南部保存及连续性较好,具备勘探远景。

(5)基本查明了调查区6煤层为低灰、低硫、特高热值无烟煤,为良好的民用和动力用煤。

(6)基本查明了区内水文地质条件中等,环境地质条件中等,工程地质条件简单,煤层属低瓦斯、无煤尘爆炸性、不易自燃型,地温正常。

(7)本项目充分将二维地震勘探与钻探施工相结合,实行交替施工,进行相互验证解释,边施工边调整,取得了良好的成果。这为今后开展红层及推覆构造下找煤工作提供了新的工作思路。

广东广宁地区矿产地质调查

提交单位:广东省地质局

项目负责人:陈宇

档案号:1187

工作周期:2013—2015年

主要成果:

(1)地质填图。本次地质填图厘定了填图单位和地层单位,其中江谷圩幅通过开展1∶5矿产地质测量300km^2,确定地层填图单位7个;调查区其他图幅通过收集资料,分析研究厘定地层单位

10 个。

(2)本次 1∶5 万水系沉积物测量完成全部 4 个图幅。全区共圈定各类综合异常 45 处,按照所处地质环境、找矿意义和工作程度,以反映已知的、推断的矿床(点)及其成矿作用的地质体、地质构造等为依据,可分为甲 1 类异常 3 处,甲 2 类异常 3 处,乙 1 类异常 2 处,乙 2 类异常 10 处,乙 3 类异常 25 处,丙类异常 2 处。本次工作对圈定的 45 处异常选择 18 处重要异常进行了解释推断;对该地区的元素分布特征进行了研究分析。

(3)本次 1∶5 万高精度磁法测量完成 4 个图幅。通过磁测结果,按照异常特征、异常的走向和范围等,共圈定出 5 处局部异常,即 CT1～CT5,推断 1 条断裂,即 F_{w-1},并对圈定的异常进行了解释分析。

(4)本次 1∶5 万遥感地质解译完成全部 4 个图幅。根据断裂的解译标志,在调查区内解译出断裂 64 余条,主要断裂 8 条,调查区成矿作用明显受断裂和新生代岩浆活动控制;根据环形构造的解译标志,在调查区内解译出环形构造 4 个,区内环形构造主要与岩浆活动有关,其具有导矿构造的作用。本次遥感解译的部分断裂在实地调查中已被证实,对找矿起到一定的指导作用。

(5)本次矿产检查和异常查证工作同时进行。根据已有矿床(点)资料和 1∶5 万水系沉积物圈定的综合异常,检查主要为概略检查,查证主要为三级查证,共检查和查证了 11 处矿床(点)及异常。通过检查和查证新发现南坑金矿点、山根金矿点、麻坑金矿点 3 处具有找矿前景的矿点,通过进一步工作,可望成为新发现矿产地。新发现矿点主要的调查方式为民窿调查,未进行工程控制和揭露。

(6)通过本次地质、物探、化探、遥感的工作,结合前人基础资料,综合研究调查区的地球化学特征、异常的分布规律以及区内矿床(点)的分布与成矿地质条件,共划分了 6 处地球化学找矿远景区,分别为Ⅰ-B 平岗金银矿远景区、Ⅱ-C 金场口-毕陇金银矿远景区、Ⅲ-C 前洞金银矿远景区、Ⅳ-A 威井-讴坑-金坑金银钼钨矿远景区、Ⅴ-C 曾村-双保金银矿远景区、Ⅵ-B 河台-乐城金银矿远景区,提交找矿靶区 7 处:黄田找矿靶区(1-a-Mo W)、河海找矿靶区(2-b-Au Ag)、威井找矿靶区(3-b-Au Ag)、鸡冠尖找矿靶区(4-b-Au Ag)、祝坑口找矿靶区(5-c-Au Ag)、双保找矿靶区(6-c-Au Ag)、麻坑找矿靶区(7-c-Au Ag)。

(7)全区预测金资源量 25.284t,钼资源量 114 761.87t。

广西天等县天等锰矿接替资源勘查

提交单位:中国冶金地质总局广西地质勘查院

项目负责人:简耀光

档案号:1188

工作周期:2013—2015 年

主要成果:

(1)通过本次普查工作,已大致查明了调查区内地层岩性、厚度、产状及分布特征。

(2)大致查明了调查区内含锰岩系及其锰矿层的种类、数量、赋存部位、厚度、规模、产状和矿石质量。

(3)大致查明了调查区内岩浆岩种类、形态和分布;大致查明了调查区断层、褶皱等构造的分布及规模和产状。

(4)收集了调查区内含锰岩系下三叠统北泗组锰矿层氧化带发育程度的有关资料。

(5)收集了调查区的水文地质资料、工程地质资料及环境地质资料，大致了解了调查区地表水体、泉水点分布，大致了解了矿体矿石及顶底板围岩的稳定性和环境地质情况；通过收集资料，大致了解了矿床开采地质条件：调查区的水文地质条件为简单—中等类型，工程地质条件为简单—中等类型。环境地质条件为中等类型。总体上，调查区水文开采技术条件类型为复合问题的矿床(Ⅱ-4)。

(6)对矿床进行了简单的技术经济概略评价，为能否进行下一步详查工作提供了参考依据。

(7)初步对矿床进行了综合性研究，对矿床成因、控矿因素等有了一定了解。

(8)本次普查工作共圈定 23 个矿体，其中Ⅰ2、Ⅱ2、Ⅳ2、Ⅳ2g-2、Ⅰ3、Ⅱ3、Ⅲ3-1、Ⅳ3 共 8 个主矿体规模属中型，勘查类型定为Ⅱ类简单型，推断工程间距选取 400m×400m；Ⅰ1-1、Ⅱ1-1、Ⅳ1-1、Ⅰ1-2、Ⅱ1-2、Ⅳ1-2、Ⅳ2g-1、Ⅲ3-2、Ⅲ3-3、Ⅳ3g-1、Ⅳ3g-2、Ⅳ3g-3、Ⅰ4、Ⅱ4、Ⅳ4 共 15 个矿体勘查类型定为Ⅱ类复杂型，推断工程间距选取 400m×200m。控制程度达到普查规范要求。以推断工程间距及推断工程间距外推部分估算推测的内蕴经济资源量(333)或地质程度为推断的资源量，符合规范要求。

(9)探获新增锰矿石资源量 4 621.25×10^4t，其中推断内蕴经济资源量的碳酸锰贫锰矿资源量(333)157.56×10^4t，为工业矿体的资源量；地质控制程度为推断的碳酸锰低品位矿资源量4 463.69×10^4t，目前不具经济价值，暂不能被工业利用，但可以作为资源储备的资源量。

碳酸锰贫锰矿主要化学成分平均为 Mn 15.31%、TFe 4.54%、P 0.074%、SiO_2 22.84%、CaO 13.15%、MgO 3.96%、Al_2O_3 5.41%、Loss 24.83%、Mn/TFe 3.37、P/Mn 0.005、(CaO+MgO)/(SiO_2+Al_2O_3)0.61，属中铁中磷酸性碳酸锰贫锰矿石。碳酸锰低品位矿石主要化学成分平均为 Mn 11.87%、TFe 3.98%、P 0.083%、SiO_2 28.57%、CaO 13.04%、MgO 4.29%、Al_2O_3 6.56%、Loss 22.20%、Mn/TFe 2.98、P/Mn 0.007、(CaO+MgO)/(SiO_2+Al_2O_3)0.49，属高铁高磷酸性碳酸锰低品位矿石。

(10)由于矿山以碳酸锰低品位矿石为主，探获推断内蕴经济资源量的碳酸锰贫锰矿石资源量(333)仅有 157.56×10^4t，完成资源量任务(333 类锰矿资源量 2000×10^4t)的 7.88%。

广西南丹县大厂矿山密集区深部锡多金属矿战略性勘查

提交单位：广西二一五地质队有限公司

项目负责人：陈春文

档案号：1189

工作周期：2012—2013 年

主要成果：

(1)五一矿工作区，物探 CSAMT 在五一矿区北部区域 3 条测线共推断了 5 条断裂构造带，共圈定了 11 个成矿有利低阻异常空间(49 号测线 3 个、41 号测线 4 个、37 号测线 4 个)；土壤热释汞剖面测量工作圈闭了 10 个异常区。综合研究提出了以 F_3 断层为中心轴的由数条北西向断裂和雁列裂隙型矿脉构成的矿化带这一新认识(图 2-6)。

结合物化探异常，在五一矿区大福楼区圈定了 1 处找矿靶区，在 5 号勘探线上施工钻孔 ZK5-1 进行了靶区验证。钻孔 ZK5-1 控制了已知的 21 号、22 号似层状矿体，深部新发现了 23 号矿体，钻程厚度 2.00m，Sn 平均品位 0.38%。通过对主矿体的估算，共获主矿产锡矿矿石量(334_1)86×10^4t，

Sn 金属量 3168t，Sn 平均品位 0.37%。上述成果说明本矿区深部仍有一定找矿潜力。

（2）拉么矿工作区，物探 CSAMT 在拉么矿区西南部 3 条测线共推断构造，其中已知的断裂 F 在反演图中也得到了较好的反映，共圈定了 7 个成矿有利低阻异常空间（1 号测线 3 个、2 号测线 2 个、6 号测线 2 个），认为高阻岩体与相对低地层的接触带为成矿有利区域。综合研究表明本矿区深部花岗岩体为成矿母岩，锌、铜矿化发育在与花岗岩接触的不规则状外接触蚀变带中，含透辉石、绿泥帘的"色矽卡岩"或"含水矽卡岩"易发生热液交代成矿。根据数学建模建立的花岗岩顶板等高线模型，发现在矿区西北角花岗岩体处隆起，且地层、岩体和蚀变等成矿有利条件仍存在，该区域具较好的成矿前景。

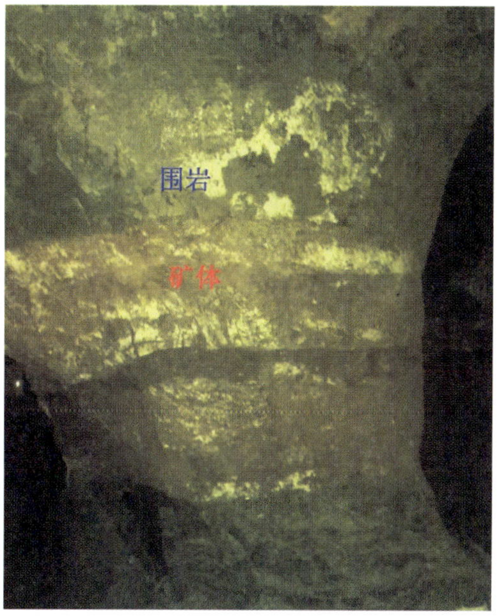

图 2-6　五一矿大福楼矿区井下矿石照片

在拉么矿区圈定了 1 处找矿预测靶区，在 26 号勘探线上施工钻孔 ZK26-1 进行靶区验证。钻孔 ZK26-1 揭露了预测的花岗岩体和矿体，在 777.50～794.00m 段的矽卡岩化蚀变带中揭露到 2 段层间致密块状浸染状含闪锌矿、黄铜矿体的 8 号矿体，钻程厚度 3.00m，平均品位 Zn 11.48%、Cu 1.82%、Ag 89.80×10^{-6}；10 号矿体钻程厚度 7.75m，Cu 平均品位 0.53%。通过对主矿体的估算，共获得主矿产锌矿矿石量（334_1）252×10^4t，锌金属量 248 114t，Zn 平均品位 9.84%；共生矿产铜矿，矿石量（334）461×10^4t，铜金属量 48 713t，Cu 平均品位 1.06%；伴生矿产银矿矿石量（334）461×10^4t，银金属量 240.6t，Ag 平均品位 52.15×10^{-6}。该成果扩大了本矿区的矿体规模，为下一步地质找矿扩大了空间。

（3）高峰矿工作区，物探 CSAMT 在高峰矿区北东部和中东部区域布置了 5 条测线，共推断了 5 条断裂构造，共圈定了 11 个有利低阻异常空间（26 号测线 2 个、28 号测线 2 个、30 号测线 3 个、32 号测线 2 个、34 号测线 2 个）。综合研究总结本矿区特富 100 号、105 号矿体推测为矿液充填形成，推测花岗斑岩充填的断裂为矿液运移通道，在－200m 水平中段 105 号矿体主矿体南端被平移断层错断。在高峰矿区南部 72 号勘探线 327m 水平中段，物探充电法圈定的电位异常显示深部有成规模矿体存在的可能性，值得进一步探索。

在高峰矿区圈定了 2 处找矿靶区，在－200m 中段Ⅲ号勘探线上依次施工坑内水平钻探 ZKⅢ-1、ZKⅢ-2、ZKⅢ-3，方位分别为 310°、90°、200°；在 327m 水平中段 72 号勘探线上施工钻孔 ZK72-1。

钻孔 ZKⅢ-3 在 80.00～80.15m 揭露到致密块状磁黄铁矿、闪锌矿化，钻程厚度 0.15m，品位 Pb 8.76%、Zn 8.63%、Sb 7.45%、Ag 130.10×10^{-6}，说明成矿后断裂对矿体有一定的破坏作用，105 号矿体外围仍具有找矿潜力。钻孔 ZK72-1 在 372.00～374.60m 揭露到星点状、浸染状，局部细脉状、致密块状磁黄铁矿，矿化钻程厚度 3.00m，Sn 平均品位 0.16%；在 497.85～498.00m 揭露到方解石脉内发育磁黄铁矿、铁闪锌矿，呈致密块状，矿化钻程厚度 1.00m，Zn 平均品位 1.39%，验证了物探充电法圈定的异常，虽未揭露到大规模矿体，但说明矿体周边矿化很强，仍有较大的找矿潜力。

（4）茶山矿工作区，物探 CSAMT 在茶山矿区北部、中部布置的 3 条测线共推断了 3 条断裂构造，其中丹池大断裂 F_1 也在相应的图中得到了较为准确的反映，圈定了 7 个成矿有利低阻异常空间（18 号测线 2 个、22 号测线 3 个、26 号测线 2 个）。土壤热释汞剖面测量成果在茶山矿区圈出了 8 个异常区，构成东、西 2 个异常带，与本区含锑矿化脉和主要成矿构造分布范围基本一致。

茶山矿区由于茶山矿企业权重组,匹配资金一直无法到位,且未正常开工,井下停风停电,无法下井开展专题地质填图。仅在此矿区地表完成可控源大地音频测深与土壤热释汞剖面测量工作,并圈定异常区域,没有实施工程进行验证。

(5)通过典型矿床研究和综合前人成果报告、文献等资料,对大厂矿山密集区成矿地质背景、成矿条件、成矿规律进行了较系统地总结。

(6)综合各类成果,优选了五一矿区大福楼区、拉么西部工作区、高峰 105 号矿体外围 3 处成矿有利的找矿地段,并圈定了预测靶区 3 处。参照"全国矿产资源潜力评价"理论与方法技术,利用建立的"三位一体"找矿预测模型开展了找矿预测靶区的资源潜力预测,明确了矿集区今后开展普查找矿的地域方向。

广西大新县土湖锰矿接替资源勘查

提交单位:中国冶金地质总局广西地质勘查院

项目负责人:廖青海

档案号:1191

工作周期:2014—2016 年

主要成果:

通过本次勘查工作,了解了调查区矿床含矿岩系的位置、岩性及其厚度特征,控制矿体的地质构造类型、形态和产状,矿区内矿体的数量、规模、形态、产状和厚度等变化特征,矿石类型、物质成分及其分布变化规律;并对矿体围岩及顶、底板岩性进行了分析,对矿石的选冶加工技术性能进行了类比分析研究。矿区开采技术条件勘查类型为水文地质简单、工程地质条件简单—中等、环境地质条件简单—中等的Ⅱ-4 类型。各种研究程度均达到普查阶段规范要求。

本次勘查工作按各矿床的勘探类型相应的工程间距布设施工探矿工程,其控制程度基本达到了规范的要求。施工的各类探矿工程质量优良,符合地质设计要求,达到控制矿体目的;矿体边界已基本圈定;各种试验样品的采取、加工、化验、岩矿鉴定等工作质量符合规范要求。

本次勘查工作未能完成设计预期 200×10^4 t(按一般工业指标要求)的目标任务,但本次勘查工作共估算碳酸锰低品位矿石资源量 272.22×10^4 t(全部为证外新增资源量),Mn 平均品位为 11.03%,全部为碳酸锰低品位矿石,其选冶性能在技术上可行,但根据目前市场行情,暂不具经济意义,待行情回转,仍有望实现经济意义。

湖南省桂阳-郴州矿集区找矿预测①

提交单位:北京矿产地质研究院,湖南省湘南地质勘察院

项目负责人:祝新友

① 任务编号:12120115035201

档案号:1193

工作周期:2015—2016 年

主要成果:

(1)新确定出岩体类型为花岗岩,并且根据穿插关系确定了花岗斑岩就位最晚,且矿区花岗质岩体具有穿插煌斑岩的现象。

(2)确定了矿区存在着岩浆热液连续演化过程。经过黄沙坪 301# 花岗斑岩顶部的硅质帽、石英网脉、碱交代脉、边界附近富磁铁矿矽卡岩的发现和结构研究,总结出花岗斑岩在成矿过程中存在大量的流体分离现象,分离出的流体聚集在未固结的岩浆侵入体顶部,形成硅质帽,同时流体超压诱使围岩和岩体边部固结较早的部分发生破裂,形成网脉。

(3)进一步确定了黄沙坪矿区的成矿地质体为花岗斑岩而非石英斑岩。石英斑岩与灰岩的接触边界,大多没有强烈的蚀变作用,蚀变样式主要为接触热变质作用。而花岗斑岩周围形成了大量的矽卡岩,更重要的是,花岗斑岩向围岩,蚀变程度逐步减弱,呈现围绕岩体的递减关系。而石英斑岩附近没有此类现象。因此,成矿地质体就是花岗斑岩。

(4)确定了成矿结构面的类型。经过野外实地调查、坑道和岩心钻孔的编录工作,基本确定了铅锌矿、钨锡矿的成矿结构面类型,主要为不同岩相接触界面、花岗斑岩与灰岩接触面和断层面等。

(5)确定了成矿作用特征标志。围岩蚀变从岩体向外,表现为强烈硅化、矽卡岩化、大理岩化,蚀变随着矿化距离的增加而逐渐变弱,直至过渡至正常灰岩。

(6)构建了黄沙坪矿床"三位一体"找矿预测地质模型:①成矿地质体为花岗斑岩;②成矿构造为次级断裂系统岩浆侵入构造,成矿结构面主要为岩性界面及原生断裂裂隙面,矿体多就位于岩性界面、岩体或围岩的裂隙中;③成矿作用特征标志主要表现在岩体的矿物学特征方面,从中心向外依次为强烈硅化带→矽卡岩化带→大理岩化带。

(7)发现 4 处重要的找矿前景区。在 301# 花岗斑岩南部的高磁异常带是优选的找矿靶区;在矿区 51# 石英斑岩以北的 29 线发现铅锌矿脉,需要进一步开展详细工作。在矿区中部 51#、52# 石英斑岩体之间的部位发现了多种岩体及交切关系,外加厚大的铅锌矿体,具有较强的深部找矿潜力。

(8)坪宝地区布格重力异常值由南东至北西逐渐抬升,异常变化范围$(-69\sim-50)\times10^{-5}m/s^2$,根据等值线变化将区内异常分为 3 个部分:湘东南九头-新尾场北东向重力低值带,为全区布格重力最低部分,最低值达$-69\times10^{-5}m/s^2$;宝山-黄沙坪重力异常带,该带位于调查区中部广大地区,异常值在$(-63\sim56)\times10^{-5}m/s^2$之间变化,等值线曲线畸变错综复杂,且又叠加许多封闭的局部重力低异常,异常形态、方向各异;方元—马桥村一带为全区重力值最高部分,北东向梯级带外围,局部异常较多,但均不成规模,重力异常值在$(-55\sim-50)\times10^{-5}m/s^2$之间变化,重力场较为平稳。区内圈定半隐伏或隐伏岩体 9 个,即坪宝、大坊、茅坪、昭金祠、下村、黄沙坪、宝山、新屋场、火田。推测断裂构造 13 条,其中Ⅱ级断裂 1 条($F_{Ⅱ-1}$),Ⅲ级断裂 12 条($F_{Ⅲ-1}\sim F_{Ⅲ-12}$)。除Ⅱ级断裂 $F_{Ⅱ-1}$ 为全省 1∶50 万重磁法联合推断的断裂外,其余 12 条断裂均为本次根据 45°方向水平一阶导重力异常向北东方向平移 5km 外后首次推断的。区内唯一一条北东向Ⅰ级深大断裂为 1∶50 万重磁法联合推断的断裂。本次调查推断北东向断裂 8 条,北西向断裂 5 条,其中初步认为切割基底断裂 1 条,切割盖层断裂 11 条。

(9)黄沙坪南部高精度磁测圈定 ΔT 磁异常 4 处,编号为 M1、M2、M3、M4。结合区内以往地质及物化探资料分析,推断 M1、M2 为矿致异常,其异常深边部具有进一步找矿前景;M3 异常带与地表发现的煌斑岩及断裂带吻合度较高,为区内煌斑岩及断裂带局部磁性矿物富集引起,具有一定找矿意义;M4 异常受断裂破碎带控制,有一定找矿前景。

广东莲花山断裂带南西段锡铜多金属矿整装勘查区专项填图与技术应用示范

提交单位:广东省有色金属地质局
项目负责人:颜伦明
档案号:1195
工作周期:2014—2016 年

主要成果:

(1)对勘查区典型矿床成岩成矿综合研究,包括岩石矿物学、地球化学、成岩成矿年代学、流体包裹体及同位素分析等研究,厘定出金坑矿床成矿地质体为细粒花岗岩,长埔、梅陇矿床成矿地质体均为石英斑岩,葫芦铺-塘尾、淘锡湖矿床成矿地质体均为花岗斑岩。

(2)通过整装勘查区内构造专项填图,构建出金坑、长埔矿床成矿构造及成矿结构面为脆-韧性剪切作用形成的层间滑动断层、糜棱面理及片理面,并各划分出两条糜棱岩带;梅陇矿床成矿构造及成矿结构面为北东东向的层间滑动构造、糜棱面理及片理面;葫芦铺-塘尾矿床成矿构造及成矿结构面为断层及韧性剪切带;淘锡湖矿床成矿构造及成矿结构面为受断裂构造影响而形成的次级节理或裂隙、动力变质作用形成的糜棱面理及片理面。

(3)通过对整装勘查区内重点工作区矿床基本特征研究、矿体成矿地球化学特征研究,总结归纳出金坑矿床成矿作用特征标志:成矿物质主要来源于幔源,而细粒花岗岩和热水洞组地层都可能提供了部分成矿物质;成矿时代为 140Ma 左右;长埔矿床成矿作用特征标志:石英斑岩和长埔组地层都可能提供了部分成矿物质;石英斑岩、动力变质带中的层间破碎带、绿泥石化、硅化、绢云母化等围岩蚀变为梅陇矿床重要成矿作用特征标志;葫芦铺-塘尾矿床成岩于 138Ma,成矿于 137Ma,成岩成矿时代具有一致性,北东向的韧性剪切带、花岗斑岩及黑云母化、石榴子石石化、褐铁矿化、绿泥石化等矿化蚀变为葫芦铺-塘尾矿床主要成矿作用特征标志;花岗斑岩及热水洞组火山岩均有可能为淘锡湖矿床提供了部分成矿物质,成岩成矿具等时性,均为 140Ma 左右。

(4)总结了“金坑式”动力变质带-岩浆热液改造型铜锡铅锌多金属矿床、“长埔式”热液充填交代型锡铅锌矿床及“塌山式”斑岩型锡多金属矿床类型。

(5)构建了金坑、长埔、梅陇、葫芦铺-塘尾、淘锡湖典型矿区“三位一体”找矿预测模型,优选出 11 处Ⅰ级找矿预测靶区、3 处Ⅱ级找矿预测靶区及 4 处Ⅲ级找矿预测靶区,其中Ⅰ级远景区主要呈 3 个集群分布,分别是金坑—圆盘背地区、葫芦铺—塘尾—三角窝地区和长埔—梅陇地区。

(6)通过可控源音频大地电磁法(CSAMT)、音频大地电磁法(AMT)等大比例尺物探异常分析和解译,发现金坑调查区北西向断裂及长埔调查区南东侧为有利成矿部位,圈定出淘锡湖花岗斑岩(成矿地质体)。金坑矿区马山区段 3 线 AMT 与 CSAMT 对比说明,本区电磁法使用的野外工作方法、数据处理、反演技术可行,是一种有效、快速、高度定量化、价廉的发现和圈定深部隐伏岩体(成矿地质体)及内外接触带异常的方法,应予以推广。

(7)查明了调查区 Sn、Cu、Pb、Zn、Ag 等 12 种元素的分布特征,统计了各地质单元中的元素平均含量、变异系数等参数,确定了金坑矿区中上侏罗统热水洞组第四段($J_{2-3}r^4$)为有利赋矿层位,长埔梅陇矿区下侏罗统长埔组(J_1c)为有利赋矿层位。圈定了 8 处综合异常,并对各综合异常进行了分类、排序等初步研究，并结合地质矿产特征对异常进行了筛选，其中金坑矿区赤告岭区段 3 处综合异常（AP1～AP3）：2 处甲类异常（AP2、AP3），1 处丙类异常（AP1）；长埔梅陇矿区 5 处综合异常（AP1～AP5）：2 处乙类异常（AP2、AP3），3 处丙类异常（AP1、AP4、AP5）。并分析了引起异常的原因，为下一步地质找矿工作提供了化探依据。

（8）在充分利用全国矿产资源潜力评价成果及其他已有成果的基础上，编制整装勘查区 1∶20 万系列基础图件，针对整装勘查区主攻矿种、主要矿床类型，编制并提交整装勘查区八乡-金坑和长埔-吉水门两个重点勘查区的地质矿产图、建造构造图、物化探系列图、工作程度图、矿产预测成果图、矿业权设置图、勘查部署图等基础图件 96 幅，为今后勘查工程布置提供了合理化的建议。

广西河池-象州矿集区找矿预测

提交单位：广西二一五地质队有限公司

项目负责人：陈春文

档案号：1196

工作周期：2015 年

主要成果：

（1）深化了对成矿区域地质背景及成矿地质条件的认识，进一步明确了大厂矿田的成矿规律。

（2）以笼箱盖黑云母花岗岩体为中心，从花岗岩体由近及远，东部靠近笼箱盖岩体的区域，蚀变范围较广，蚀变强度明显增强；往西部，蚀变范围较小而分散，强度减弱。通过蚀变带的分布范围、蚀变强弱变化趋势，进一步印证了笼箱盖黑云母花岗岩体与蚀变、成矿的关系，深化了黑云母花岗岩体对蚀变、成矿作用的认识，确认笼箱盖黑云母花岗岩体为成矿地质体。

（3）发现地表有 3 个小矿化带，分别为①号（位于东部）、②号（位于北东）、③号（位于中部）矿化带，为锑、铅锌矿化，为进一步开展普查找矿提供了矿化信息。

（4）据本次重力测量推断，毛家坪-铜坑-笼箱盖凸起、关山坪-左家洞-笼箱盖凸起分别为笼箱盖岩体向本区中部和北东延伸凸起部位，两凸起之间又形成一个内凹。凸起和内凹部位往往形成成矿作用中心，对下一步找矿具有间接的指示作用。

（5）本次重力测量证实和推断了 14 条断裂，增加了深部成矿的有利因素。

（6）本区地表鱼泉洞-莫家坪-广马洞有北西向的原生晕异常，经本次工作发现，次生晕异常与原生晕异常基本一致，而范围有所扩大，此为间接的找矿标志。

（7）实行了科研单位与生产单位相结合，有利于发挥各自的长处，使科研更贴近生产实际，也使生产勘探获得更多的科研指导。

（8）通过上述工作，并结合其他各项地质工作进行综合研究，建立了典型矿床和成矿模式，运用“三位一体”的新理论进行成矿预测。预测了找矿靶区，提出了工程验证方案，对下一步普查找矿具有指导意义。

湖南省新邵县龙山金锑矿接替资源勘查

提交单位:湖南省地质矿产勘查开发局四一八队

项目负责人:彭桥梁

档案号:1199

工作周期:2014—2016 年

主要成果:

(1)在以往勘查工作的基础上,进一步查明了矿区地层、构造、围岩蚀变特征及其与成矿的关系;基本查明矿区深部金锑矿体的形态、产状、规模,进一步查明了矿石质量、类型、伴生有益有害组分与围岩、夹石特征;在研究和分析控矿因素、矿床类型的基础上总结了找矿标志;对矿山现行生产工艺流程、选矿经济技术指标进行了收集、研究,评述了矿石工业利用性能。

(2)在 5 号脉北东段和 2 号脉北西段进行 1∶2000 大比例尺地质填图,在填图过程中,仅发现少量褪色化蚀变带,由于地处龙山国家森林公园内,设计的槽探工程无法施工,因此对发现的褪色化蚀变带未进一步开展工作。

(3)利用坑钻探相结合的方式对 1 号、2 号、6 号、7 号、8 号矿脉进行控制,共施工钻孔 12 个。在 1 号脉共施工 6 个钻孔,其中 100 线和 107 线各 2 个钻孔,113 线和 117 线各 1 个钻孔,100 线施工的 ZK10002 钻孔控制矿体底板标高为－359.61m,为目前 1 号脉控制最低标高;2 号脉仅在 210 线施工 1 个钻孔 ZK21001,控制矿体底板标高为 213.30m;6 号脉在 823 线和 819 线各施工 1 个钻孔,ZK81902 控制矿体底板标高为 267.61m,为 6 号脉控制最低标高;7 号脉仅在 815 线施工 1 个钻孔,控制矿体底板标高为 519.93m;8 号脉在 802 线和 804 线各施工 1 个钻孔,控制矿体底板标高为 347.67m。

(4)根据本次勘查工作取得的成果,估算了 1 号、2 号、6 号、7 号、8 号矿脉(体)资源储量,新增 122b＋332＋333＋333 低＋334 类矿石量 172.5×10^4t,金属量:金 4604kg、锑 21 143t,并对调查区今后找矿方向和资源潜力做出了总体评价,认为 1 号、2 号、6 号、7 号、8 号矿脉边深部仍有较好的找矿前景。

湖北三稀资源现状和潜力分析

提交单位:湖北省地质调查院

项目负责人:秦志军

档案号:1200

工作周期:2012—2015 年

主要成果:

一、湖北省稀有稀土稀散资源家底

湖北省稀有稀土稀散矿产类型丰富,资源量较大。现已查明稀有矿产:锶 4 629 701t、铌

1 219 726t、钽 1037t、锆 32t、锂(Li_2O)17 950t、锂($LiCl$)3 090 851t、铷 22 716t、铯 12 232t，稀有矿产以铌矿最为丰富，储量有继续增大的前景；稀土氧化物 1 245 625t，其中轻稀土氧化物 1 215 084t，重稀土氧化物 30 541t；独居石砂矿 21 748t；稀散矿产：锗 35t，保有资源量 20t；查明镓 2208t，保有资源量 2043t；查明铟 12t，保有资源量 10t；查明铊 63t，保有资源量 13t；查明铼 1t；查明镉 2297t，保有资源量 1795t；查明硒 1639t，保有资源量 1282t；查明碲 116t，保有资源量 48t。

同时，对稀有稀土稀散矿产资源情况、开发利用概况以及主要金属元素化探异常特征进行了总结，并对湖北省重要的稀有稀土稀散矿床进行了典型矿床分析，为寻找类似矿产提供了参考依据。

二、开发利用现状调查成果

(1)独立调查走访了湖北省稀有稀土稀散矿产和有色金属矿区 21 处表明，湖北省稀有稀土稀散资源虽较丰富，但总体开发利用程度非常低，仅黄石市狮子立山锶矿和鄂州市走马山天青石矿已开采，部分有色金属矿山存在稀散矿产资源，但未得到有效的综合利用(图 2-7、图 2-8)。

图 2-7 狮子立山开采锶矿

图 2-8 断峰山开采长石矿

(2)通过对鄂东地区 14 处金属矿山尾矿库现状调查表明，稀散金属在尾矿库中具有一定含量，但各个尾矿库稀散金属聚集差异性较大。镓在鄂东地区普遍含量较高，铟在鸡冠嘴铜金矿区含量相对较高，镉、铊在铜家湾铜矿尾矿库中含量最高，均值分别为 214×10^{-6} 和 85.4×10^{-6}，锗在阮家湾铜矿尾矿库中最为富集，其含量均值达 19.4×10^{-6}，铜录山铜铁矿区镉含量相对较高，而硒在其尾矿中呈亏损趋势，碲在鸡冠嘴铜金矿区含量相对较高。

(3)通过对稀有稀土稀散矿产资源开发利用现状调查，对湖北省三稀资源开发利用存在的问题进行了剖析，并对今后开发利用提出了建议。

三、找矿工作取得重要进展

(1)发现一种新的稀有矿床类型，即碱性粗面质火山岩型铌矿床(竹溪县天宝地区铌矿)。

(2)提交新发现矿产地 1 处，即竹溪县天宝地区铌矿，矿床规模达中型规模。新发现矿(化)点 4 处，即竹山杀熊洞铌稀土矿点、随县五通庙铌矿化点、竹溪锅厂铌矿化点、白岩溪硒矿化点。

(3)新增资源量。初步估算经工程验证 334_1 Nb_2O_5 资源量为 68 346.63t，稀土 1 864.21t。其中，竹溪县天宝铌稀土矿区新增 334_1 Nb_2O_5 资源量 67 200.81t；竹山杀熊洞铌稀土矿区新增 334_1 Nb_2O_5

资源量 1 145.76t,稀土资源量 1 864.21t。

四、综合整理成果

(1)初步研究总结了湖北省稀有稀土稀散矿产区域成矿特征,以及矿床类型和成矿系列特征,并划分了 21 个Ⅴ级稀有稀土稀散矿产成矿(区)带。

湖北省稀有矿产主要有 6 种类型,即岩浆型铌矿、伟晶岩型铌钽铍矿、热液型天青石矿、卤水型、沉积伴生型和砂矿型。稀土矿产主要有 3 种类型,即岩浆型(碱性岩—碳酸岩型)轻稀土矿、沉积-变质岩型重稀土矿和砂矿型独居石砂矿。稀散矿产主要有 3 种类型,即岩浆热液型、热液型和沉积型。

(2)根据湖北省稀有稀土稀散矿产分布特征及划分的Ⅴ级成矿(区)带,进一步提出了湖北省稀有稀土稀散矿产的找矿潜力及找矿建议。

(3)初步确立了与碱性粗面质火山岩有关的原生铌矿床和与碱性正长岩有关的岩浆热液型原生铌稀土矿的找矿标志。

与碱性正长岩有关的岩浆热液型原生铌稀土矿找矿标志主要为:①岩性标志,矿体主要赋存于碱性杂岩体中,严格受杂岩体控制,根据矿化强弱程度,按岩性特征,混染正长岩和方解石碳酸岩矿化较好,霞石正长岩、棕闪辉石岩次之;②蚀变标志,区内侵入岩经多期同化混染作用,热液交代蚀变强烈,与铌、稀土成矿关系密切的蚀变主要为黑云母化、碳酸岩化;③矿物标志,铌铁矿、烧绿石、黄菱锶铈矿、碳锶铈矿、独居石为区内铌、稀土元素的主要赋存矿物,为区内最直接的找矿标志;④地球化学标志,Nb(铌)、La(镧)、Ce(铈)元素套合较好的异常是化探重要的找矿标志。

碱性粗面质火山岩型铌矿找矿标志主要为:①岩性标志,具有流动构造的粗面质熔结晶屑岩屑凝灰岩,岩石中含正长石碎屑和/或方解石斑块等是主要的找矿标志;②岩相标志,目前资料显示矿体多产于火山喷发旋回的下部,以溢流相火山岩类为主,上部的火山碎屑岩、凝灰岩等火山岩含矿性较差,一般低于边界品位;③蚀变标志,与铌矿化相关的钾化、方解石化、萤石矿化;④地球化学标志,出现高强度和大规模的 Nb、La、Th 等稀有稀土元素异常,浓集中心明显,具有多级浓度分带。

五、服务矿政管理工作成果

根据项目办要求,项目组对湖北省罗田县凤山镇闫家湾非法开采提炼稀土点进行的现场调查,基本查明该非法提炼点有风化壳地质特征,以及有原生矿和部分半成品稀土氧化物含量特征,并协同当地国土执法部门对该非法提炼点进行了现场取缔。

广东省韶关市凡口铅锌矿接替资源勘查

提交单位:广东省有色地质勘查院

项目负责人:黄红亮

档案号:1201

工作周期:2014—2015 年

主要成果:

一、成矿规律

(1)断裂在成矿过程中的作用。在凡口矿田,断裂构造对成矿的控制作用是明显的,表现在以下两个方面。

①综合 F_{203} 断裂下盘 20 余个钻孔资料与 CSAMT、AMT 测量成果,初步认为 F_{203} 上、下盘地层基本相同,但断裂构造发育程度存在显著差异,已知矿化均存在于上盘。F_{203} 断裂的走向在矿区南部发生转变,由南东走向,有可能转为南南东—近南北走向,属北西-南东向基底继承性构造体系还是南北向构造体系是今后值得关注的重大问题,即成矿边界问题。

②金星岭矿段矿体依附 F_{13} 及 F_{100}(F_4 在此区段追踪 F_{100})断裂产出,狮岭—狮岭南矿段总体依附 F_3 断裂产出(前述三者在平面上构成一个近南北向矿带),狮岭东矿带主要依附 F_5、F_6 断裂产出,铁石岭区段矿体依附 F_{14} 断裂产出。再结合近两年富屋区段南部施工钻孔揭露的矿(化)体依附 F_7、F_8 断裂产出的情况,综合分析认为在北西西向 F_{200} 断裂与 F_3～F_4(F_{100})、F_5～F_6、F_7～F_8、F_{14} 四大断裂(组)交会时,形成了金星岭-狮岭-狮岭南、狮岭东、富屋、铁石岭 4 个近南北向矿带。这些断裂均是多期次活动产物,在热液成矿作用过程中所起作用各有不同,F_{200} 是凡口矿田的"一级导矿断裂",F_3、F_4(F_{100})、F_5、F_6、F_7、F_8、F_{14} 等断裂为矿田的"二级导矿断裂",北东向和北北东向断裂是"三级导矿断裂",其旁侧的不规则断裂碎裂带、层间滑脱部位或层间破碎带是黄铁铅锌矿、黄铁矿的交代容矿空间,从而形成了形态复杂、基本顺层产出、规模悬殊的矿体(群)。在这 4 个矿带中,尤其以富屋矿带工程控制最少,还存在新区值得探索,找矿潜力大。

(2)地层在成矿过程中的作用。厚大的金星岭-狮岭-狮岭南矿体群集中产于礁后凹陷,其他区段(如富屋矿带等)地层中薄层状泥碳质灰岩显著减少,赋矿地层厚度减小,沉积微相变化频繁,制约了断裂构造及其旁侧碎裂岩带、层间破碎带的发育程度,导致矿体连续性差,规模小。

(3)矿床成因。从矿体(群)的分布、产出空间位置、赋矿地层、控矿因素及矿体的形态、产状、不同世代矿物组合等宏观现象,微量元素、矿石结构等微观现象综合分析,以较普遍存在的"辉绿岩脉"侵位时间为界,凡口矿区铅锌矿至少经历了两期热液成矿作用,是多期次脉动充填-交代成矿作用的产物。硫主要来自沉积盆地内部的容矿地层,铅锌有的源自盆地,更主要的是(同熔型)岩浆热液的加入。

二、找矿远景

结合最新成果,凡口铅锌矿外围主要存在的成矿有利并有一定矿化信息的区段包括东矿带—富屋区段南部(已有少量钻孔验证)、东矿带—南东区段,凡口铅锌矿深部主要成矿有利区段包括金星岭西段。根据本期对成矿地质条件的新认识,综合矿田已有地质资料,今后应以 F_{203} 一级导矿断裂为主线,沿该断裂上盘往南东方向开展找矿工作,其次为东矿带—富屋区段南部区域以及金星岭西段的深部。

广东凡口铅锌银多金属矿整装勘查区专项填图与技术应用示范

提交单位:广东省有色金属地质局

项目负责人:谌后成

档案号:1202

工作周期:2014—2015年

主要成果:

一、专项地质填图

(1)在梅子冲及一六铅锌矿重点工作区,通过1∶1万成矿构造蚀变专项填图,基本确定了作为成矿地质体的宝山岩体地表空间位置,F_2、F_3、F_4等成矿构造的空间分布及与成矿后构造等各构造穿插关系,圈定了矽卡岩或矽卡岩化等成矿作用特征标志的空间分布范围。编制了矿区地形地质图。

(2)在张屋坪锑多金属矿重点工作区,通过1∶1万成矿构造专项填图,确定了F_1、F_2、F_3等成矿构造的空间分布,初步厘定工作区成矿结构面。编制了矿区地形地质图。

(3)在凡口铅锌矿重点工作区,通过1∶1万成矿构造专项填图,确定了工作区赋矿地层为东岗岭组上亚组(D_3d^b)和上泥盆统天子岭组(D_3t)的不纯碳酸盐岩岩层,摸清了F_{203}、F_{200}、F_2、F_3、F_4、F_5、F_7、F_{101}等成矿构造的空间分布及与成矿后构造等各构造穿插关系,初步厘定了工作区成矿结构面。编制了勘查区地质建造构造图。

(4)在杨柳塘铅锌矿区、西岗寨含铜硫铁矿区,通过1∶1万成矿构造专项填图,确定了工作区赋矿地层为石磴子组下亚段(C_1s^1),上泥盆统天子岭组上、下亚段(D_3t)及东岗岭组上亚段(D_3d^b),编制了工作区地质建造构造图。

二、典型矿床研究

通过专项填图与专题样品采集,从成矿地质体、成矿构造与成矿结构面、成矿作用特征标志等方面对整装勘查区梅子冲银铅锌矿床、一六铅锌矿床、一六钨矿床、凡口铅锌矿床、杨柳塘铅锌矿床、西岗寨含铜硫铁矿床等典型矿床进行了系统地研究,建立了梅子冲-一六矿田及凡口矿田"三位一体"的成矿模式与找矿预测地质模型。

三、物探工作

在梅子冲铅锌矿区完成了1∶1万高精度磁法测量(网度100m×40m)16km^2,可控源音频大地电磁测深(CSAMT)剖面测量206个物理点、瞬变电磁(TEM)剖面测量50个物理点,在西岗寨矿区完成可控源音频大地电磁测深剖面测量50个物理点。

发现梅子冲铅锌矿区GC1、GC2、GC3、GC4共4处异常带。经检查,本次工作认为GC1异常由F_3断裂及赋存于上盘的银铅锌多金属矿体所引起,GC2异常由F_3断裂或者隐伏的铅锌多金属矿体引起,GC3异常由下塘岩体引起,GC4异常由近东西向岩脉及矽卡岩化多金属矿体引起。

通过对梅子冲矿区及西岗寨矿区进行可控源音频大地电磁测深剖面测量,本次工作认为该方法对找寻断裂破碎带较为有效，对已知矿体也有较清晰地反映。

通过2010年以来凡口铅锌矿区CSAMT工作成果与钻探揭露对比，CSAMT以发现"位"（即断裂）为主要目的，以"层、相、位"找矿模式为指导，综合解释CSAMT异常，可达到较理想的找矿效果。

四、化探工作

在梅子冲铅锌矿区完成了1∶1万土壤测量（网度100m×40m）16km^2，发现了AP1、AP2、AP3、AP4共4个异常带，均呈北北东向（约20°）展布。异常沿主要控矿断裂F_2、F_3及已知矿床和矿（化）点展布，为矿致异常。

五、基础系列图件编制与数据库建设

按照《整装勘查区关键基础地质研究项目基础图件编制补充要求》的有关规定及项目野外工作的实际情况，本次共完成各类编图30幅，完成了设计的编图任务。图件类别主要有：地质矿产图、建造构造图、化探类图件、磁测类图件、重力类图件、矿产预测成果图、矿业权设置现状图、勘查部署图、工作程度图9类图件。

本次编图比例尺有1∶1万、1∶5万、1∶10万。使用软件及数据格式为MapGIS6.7软件及其对应格式。1∶1万地质矿产图坐标系为1980西安坐标系。1∶5万及1∶10万图件坐标系为1954北京坐标系。1∶5万地质矿产图及建造构造图编图收集的基础图件主要有：1∶5万乳源幅、1∶5万韶关幅（1/4幅）、1∶5万桂头幅（1/4幅）、1∶5万犁市幅（1/4幅）、1∶5万仁化幅、1∶5万广东乐昌西岗寨黄铁矿矿区区域地质图。缺少部分的1∶5万图件则使用"全国矿产资源潜力评价1∶10万"中的"广东省韶关预测工作区凡口式碳酸盐岩型铅锌矿区域成矿要素图"中的地层构造等相关元素，经放大成1∶5万再与其他资料进行拼接而成。矿产资料使用"广东韶关凡口地区矿产地质调查（未结题）"中的矿产地（矿点）资料。1∶1万地质矿产图资料为实测后综合整理而成。化探类图件编图资料来源为"广东韶关凡口地区矿产地质调查"项目水系沉积物实测数据。航磁及重力类图件编图资料来源为广东省地质调查院的"广东省矿产资源潜力评价"项目相关资料，按本次编图要求进行了重新整理。矿产预测成果图、矿业权设置现状图、勘查部署图、工作程度图资料为综合前人资料及近年来开展的地质矿产调查项目、科研项目、矿产开发与勘查资料综合编制而成。

六、成矿规律总结

通过对整装勘查区内地层、构造及岩浆岩等条件对区内成矿作用进行分析，总结区内矿田构造的特征和成矿作用的特征，对区内矿床、矿点进行成因分类，认为区内有碳酸盐岩容矿的非岩浆后生热液型（MVT）、矽卡岩型、中低温热液型、远成低温热液型等成因类型。参照《勘查区找矿预测理论与方法》（叶天竺等，2015），建立了梅子冲—一六矿田及凡口矿田两个找矿预测地质模型。

七、矿产预测

在整装勘查区内凡口、梅子冲及杨柳塘矿3个矿田中，圈定3个A类预测区，1个B类预测区，1个C类预测区。预测资源量（334_1）铅金属资源量767 572t，锌金属资源量1 443 297t。

广东省韶关市大宝山矿山密集区深部铜金钼矿战略性勘查

提交单位:广东省地质调查院

项目负责人:吴海陆

档案号:1204

工作周期:2012—2014 年

主要成果:

(1)厘定填图单位 12 个,通过地质填图修正了一部分地质界线和地层,新发现一批矿(化)点。

(2)1∶1 万高精度磁测共推测断裂构造 10 条,圈定磁异常 9 处(CT1～CT9),其中 CT1、CT3、CT4、CT5 共 4 处异常具找矿意义,对 CT1、CT4 进行地表工程及钻探的异常查证工作,并且取得了找矿突破。

(3)CSAMT 测量圈定低阻异常 31 处,其中方山 4 处,槽对坑 22 处,船肚 5 处。经综合分析,筛选出强度大(小于 50Ω·m)、规模较大的具有重要找矿意义的低阻异常 8 处:AMT26-1、AMT30-1、AMT14-1、AMT14-3、CDAMT8-1、CDAMT8-2、CDAMT10-1、CDAMT10-2。其中方山找矿靶区 26 线 AMT26-1 异常通过企业自主投入及后续接替资源勘查项目证实为大规模的硫铜矿体引起。

(4)激电中梯测量根据视电阻率异常圈定 DHJ1、DHJ2、DHJ3 异常,DHJ1 异常与已知矽卡岩型钼矿体对应很好,DHJ2、DHJ3 异常具有寻找中低温热液充填型铅锌金多金属矿的前景。激电电导率异常反映的地质异常体埋深小于 300m。

(5)1∶1 万土壤测量圈定综合异常 16 处,其中甲类异常 3 处、乙类异常 10 处、丙类异常 3 处。甲、乙类异常中,老郭屋异常(AP2-甲 2)对于铜、铁、铅锌的硫化物矿化有较好的指示作用。船肚异常(AP5-甲 1)主要与大宝山矿有关,已知矿外围、深部找矿潜力巨大。大坑头异常(AP6-甲 2)中迄今已发现大宝山斑岩钼矿,土壤测量异常得到了很好的验证。槽对坑异常(AP7-乙 1)为本次工作区发现的中型铜矿异常,找矿作用显著。鸭乸歪异常(AP8-乙 2)处成矿条件优越,推测在 F_{b3} 断裂转折端至与 F_{a18} 断裂交会处为金、铅等多金属的成矿有利部位。方山异常(AP9-乙 2)中已揭露一组北西—北北西向含金破碎带。此外,Cu 异常北部浓集中心梯度陡、规模大,最大值可观,对于热液裂隙充填型铜矿(化)具有较好的指示意义。

土壤地球化学特征显示,富集成矿主要在棋梓桥组(D_2q)、天子岭组(D_3t)、船肚花岗闪长斑岩($J_2\gamma\delta\pi$)及次英安斑岩体($J_1\zeta\pi$)内,或相互接触带内外侧。主要成矿元素富集特点为:①Au 在高滩组($\in_2g$)中体现高背景,但富集程度不高,主要体现为矿源层;天子岭组(D_3t)中为高异常,局部易富集成矿;在老虎头中的叠加系数较高,富集特征明显。②Cu 在次英安斑岩、船肚花岗闪长斑岩中体现为高背景,在天子岭组($K_d=2.9$)、棋梓桥组($K_d=5.4$)中叠加系数极高,易富集成矿。③Pb、Zn 主要呈现高背景,天子岭组中具较高背景,棋梓桥组中 Pb 的叠加系数高,易富集成矿。④W、Mo 在船肚花岗闪长斑岩体中具高背景,为斑岩型铜钨钼多金属矿典型特征,在次英安斑岩中叠加系数极高,局部易富集成矿。

(6)在对物化探综合异常研究的基础上,通过在方山槽对坑找矿靶区进行地表调查及槽探工程验证,揭露 3 处铜金矿(化)体。

(7)对大宝山矿床及其周边、外围进行找矿预测，研究其成矿规律，对下一步找矿工作提出建议。圈定了大宝山钼铜多金属矿预测区、船肚钼铜多金属矿预测区、方山金矿预测区共3处最小预测区。大宝山钼铜多金属矿预测区预测资源量：铜 43.01×10^4t，钼 10.88×10^4t；船肚钼铜多金属矿预测区预测资源量：铜 41.9×10^4t，钼 10.6×10^4t；方山金矿预测区预测资源量：银6.38t。

(8)据以上工作成果圈定了4处找矿靶区：Ⅰ-船肚钨钼矿找矿靶区，Ⅱ-槽对坑硫铜矿找矿靶区，Ⅲ-船肚南金多金属矿找矿靶区，Ⅳ-方山铜多金属矿找矿靶区。本项目成果可优选提交1～2处可供勘查的找矿靶区，达到预期目标。

(9)2013年广东省大宝山矿业有限公司投入资金，对可控源音频大地电磁测深所圈定的AMT26－1异常进行验证，施工钻孔ZK7101、ZK5102、ZK0601，累计进尺2350m，均见铜硫矿(化)体。其中ZK7101可见铜硫矿体厚159.78m，铜的工业矿体(Cu＞0.5%)厚112.6m。经2014年"广东省韶关市大宝山铜多金属矿接替资源勘查"项目进行勘查，新增铜硫矿资源量(333)矿石量 1715×10^4t、铜金属量 15.5×10^4t。矿床平均品位Cu 0.94%、S 21.71%。新增中型规模铜硫矿床。

安徽1∶5万姚李镇、苏家埠、张家店、舒城县、金牛镇幅区域地质矿产调查

提交单位：安徽省地质调查院
项目负责人：张晋喆
档案号：1208
工作周期：2013—2015年
主要成果：

一、地层

(1)依据野外调查、钻探揭露，结合前人地层划分方案，将调查区第四纪地层依据江淮分水岭为界分别归属为巢湖地层小区和明光-六安地层小区，重新厘定了调查区的第四纪地层层序。

(2)系统地查明了第四纪沉积物的基本层序，分析了不同第四纪地层的成因类型，系统地研究了早更新世—全新世期间沉积相、古地理环境和古气候变化特征；重建了末次冰消期——早全新世高分辨率古气候演化史，并研究了该时期气候环境变化对全球变化的响应。

(3)通过系统的浅钻揭露，基本查明了调查区基岩地质特征和基岩面埋深变化情况。

(4)依据同位素和稀土、微量元素示踪研究，认为调查区下蜀组黄土物源有别于传统观点认为的北方黄土，而表现出亲中晚更新世淮河河谷平原沉积物的特征。

(5)基于沉积环境、岩相古地理和古气候变化研究，初步认为调查区东部早中更新世存在舒城湖，并于更新世晚期—全新世演化萎缩至巢湖。

(6)结合诸佛庵岩组和八道尖岩组碎屑锆石年代学研究，将其时代归属新元古代南华纪—早古生代志留纪。同时，碎屑锆石年代学研究指示庐镇关岩群为诸佛庵岩组和八道尖岩组主要物源之一。

二、岩浆岩

(1)调查区侵入岩遭受变形变质作用，主要岩石类型有闪长岩、二长花岗质片麻岩、钾长花岗质片

麻岩,岩浆具中性→中酸性→酸性的演化趋势。

(2)通过 LA-ICP-MS 锆石 U-Pb 测年结果显示,调查区侵入岩岩体的形成年龄在 778~771Ma 之间,进一步确定其新元古代成岩属性。

(3)通过矿物对结晶温压计算表明,侵入岩岩体矿物结晶平均温压条件 P=0.51GPa,T=780℃,判断岩石结晶深度为 15~20km,处于下地壳环境。通过岩石地球化学研究,表明其形成于俯冲带环境。

(4)将调查区火山岩类型划分为安山岩亚类、粗安岩亚类、英安岩亚类、流纹岩亚类、碎屑熔岩亚类、正常火山碎屑岩亚类、沉积火山碎屑岩亚类、火山碎屑沉积岩亚类以及潜火山岩等类型。

(5)通过 LA-ICP-MS 锆石 U-Pb 测年结果显示,调查区火山岩岩体形成年龄为(124.6±3.7)Ma,为早白垩世。

(6)岩石地球化学研究表明,本区火山岩属钙碱性系列。构造环境判断火山岩形成于类似造山带火山弧的构造环境,高钾的特点表明其形成于晚期的造山带外部。

三、变质岩

(1)对调查区的变质岩类型进行划分,研究其岩石学、地球化学特征,并用相关图解进行原岩恢复。

(2)对特征性变质矿物进行了分析总结。根据变质作用特点将区内变质作用分为 3 期:第一期晋宁期角闪岩相变质;第二期加里东期庐镇关岩群与佛子岭岩群的绿片岩相变质;第三期印支期石炭纪地层低绿片岩相变质。

(3)将小溪河岩组分为变沉积岩组合、变火山岩组合、变火山-沉积岩组合 3 套岩石组合,并获得基性变质岩锆石 U-Pb 峰值年龄(325±7)~(356±8)Ma、(744±24)~(881±23)Ma、(1170±200)~(1311±160)Ma。并对其形成温压条件进行分析,得出其形成温压条件:652~510℃和1.2~0.8GPa。对出露的变质火山岩进行地球化学特征探讨,通过分析,得出其主要形成于岛弧构造环境。

(4)在佛子岭岩群变质岩中获得 3 组锆石 U-Pb 峰值年龄,分别为 2613~2352Ma、1085~729Ma、443~423Ma。

四、构造

(1)全面系统地研究了调查区内各期构造变形特征、变形机制,建立了区域构造格架,探讨了构造演化历史。

(2)对调查区内的褶皱、断裂构造进行了几何学、运动学分析。特别是对区内出露的逆冲推覆构造进行详细的几何特征、变形特征进行研究,探讨其形成时代和机制。

(3)在研究调查区内盆地沉积、构造特征的基础上,分析了区内盆山耦合关系。

(4)查明了调查区内韧性剪切带的几何特点,研究其宏观、微观变形特征,进行了运动学和动力学分析,初步探讨其形成机制。

五、矿产

对筛选出的金寨县狮子包、龚店子,舒城县祝家老庄、九龙林场、马院、汪家庄、斑竹园、祝家老庄,庐江县金牛镇、梁山尾、闸山尾、梅家庄等 10 余处综合异常进行了异常查证,显示金寨县三仙山—狮子包地区为寻找金、铋、锑等矿产的首选地区。舒城县龙河(万佛湖)—干汊河一带为寻找铜、铅、锌、钨、钼、银、萤石等矿产的首选地区。庐江县金牛镇—梅家庄一带为寻找金、银、钨等矿产的首选地区。通过对区内综合异常、地质背景进行系统分析研究，圈定了B级找矿远景区3处，Ⅲ级找矿靶区5处。

湖北荆州江陵凹陷中南部深层富钾卤水调查

提交单位：中国地质科学院矿产资源研究所
项目负责人：马黎春
档案号：1217
工作周期：2013—2015年
主要成果：

一、潜江凹陷

“潜江凹陷古近纪盐盆富钾卤水评价”项目对潜江凹陷潜江组进行了500余口井的油田水调查，取得了第一手资料，同时在面上开展航遥解译、地震解译、测井解译等一系列工作，取得了以下成果。

(1)潜江凹陷“半盆砂、半盆盐”，水下分支河道与河口坝微相储集性能最好。北部以碎屑岩沉积建造为主，南部以化学岩建造为主。砂岩为主要储层，岩相上以三角洲前缘和滨浅湖亚相发育最广，其中水下分支河道与河口坝微相储集性能最好。

(2)物性好坏是影响砂岩出卤的关键。并非所有砂岩均能出卤水，只有物性好的储层才能产出卤水。通过声波时差和自然伽马交会图可有效判断储集层的物性。卤水储层下限为孔隙度大于或等于10%、渗透率大于或等于1MD，卤水产能与物性成正比。

(3)卤水组分布特征表现为“北厚南薄面积广，纵向层多厚度大”。根据卤水层性质、隔水层分布，将潜江组划分为5个卤水组，19个卤水亚组，39个卤水层组。利用50余口钻井标定地震数据，作出各卤水组顶、底板埋深图和卤水组等厚图，古地貌显示“一洼两斜坡”的特征，而卤水组等厚图显示“北厚南薄面积广，纵向层多厚度大”的特征。

(4)硼、锂、溴、碘、钾等资源集中分布于古地貌深洼区。江汉盆地潜江凹陷潜江组硼、锂、溴、碘、钾随着矿化度的增高明显升高，当矿化度大于300g/L以上时，硼、锂、溴、碘、钾离子明显升高，为寻找高硼、锂、溴、碘、钾含量的卤水提供了重要指示，即这些元素含量高的卤水分布在高矿化度地区，而高矿化度卤水分布于古地貌深洼区。

二、塔里木

“上扬子-塔里木寒武纪成盐找钾远景调查评价”受基础资料和前人研究程度所限，定位于面上的探索调查工作。随着塔里木高溴钾碘油田水的发现，逐渐将工作重点放到塔里木油田水的研究工作上。通过170余件油田水数据分析，寒武纪野外露头的研究调查，以及相应的元素同位素分析，取得如下认识。

(1)塔里木高溴、钾、碘油田水的多套地层均有发育。塔里木盆地高溴、钾、碘资源潜力巨大，奥陶系溴、钾、碘资源均丰富，为今后综合开发的层系；石炭系溴资源丰富，为今后溴资源开发有利层系；其余层系样品数量较少，需要进一步补充研究。

(2)奥陶系高钾油田水溶滤成因指示古生代存在固体钾盐矿层。相关化学分析显示奥陶系高钾油田水存在溶滤成因的成分,而奥陶系并非塔里木成盐期。但与奥陶系相邻的寒武系和石炭系是存在成钾可能性的,从这个层面证实了寒武系或石炭系存在固体钾盐的可能性,因此可进一步推进油钾兼探工作,以期有所发现。

(3)轮南和拜城具备建造盐田的资源基础和理想的选址条件。鉴于塔里木油田水产量巨大,仅轮南镇相关油田年产量超过 500×10^4t,塔里木气候干旱少雨,适合进行盐田蒸发实验,而轮三联水处理站中的混合水 Br 达到工业品位,KCl 含量接近 0.3%,可优先进行蒸发实验,推动产业化进程。

(4)中寒武世阿瓦塔格时期发育 6 个咸化段和 4 个干旱段。根据岩石野外调查、岩心观察,结合微量元素分析,选取 K/Na 作为判断盐度的主要指标,选取 Sr/Cu、P、Mg/Sr 作为判断古气候的主要指标,初步判定塔里木塔中地区中寒武世经历了 4 个极度干旱段,6 个极度咸化段,其中后面 4 个极度咸化段与干旱段存在良好的对应关系。4 个咸化段对应岩性主要为紫色、褐色泥质泥晶云岩。而水温的指标 Mg/Sr 与干旱-湿润指标 Sr/Cu 表现出负相关,可能暗示干旱段温度低,为"干冷"古气候。

湖北广水—大悟地区矿产地质调查

提交单位:湖北省地质局第六地质大队

项目负责人:屠江海

档案号:1218

工作周期:2013—2015 年

主要成果:

(1)通过 1∶5 万矿产地质测量工作,参考近年来最新的地质调查和专题研究成果,本次对调查区内地层填图单元进行了细分,共划分出 17 个正式填图单位,重新厘定了调查区地层系统及含矿建造特征等,重点解剖了与区内沉积变质型矿产密切相关的新元古代红安岩群内黄麦岭岩组含磷、重稀土建造,陡山沱组含锰建造等变质地层。对调查区侵入岩的分布和构造演化特征进行了分析,按岩性组合及构造环境的不同,划分了 11 个侵入岩岩石单元,总结了区内新元古代和晚中生代两期岩浆活动的一般特征及与成矿的关系。

(2)通过 1∶5 万放射性测量工作,基本查明了红安岩群含重稀土矿及围岩地层岩石放射性含量变化,圈定了 8 处放射性异常。

(3)通过 1∶5 万水系沉积物测量,基本查明了调查区 Au、Ag、As、Ba、Bi、Cd、Co、Cr、Cu、Hg、La、Mn、Mo、Nb、Ni、P、Pb、Sb、Sn、Ta、W、Y、Yb、Zn 共 24 种元素的时空分布特征,圈定单元素异常 235 处,圈出 39 处综合异常,其中甲类异常 1 处,乙类异常 14 处(其中乙 1 类 1 处、乙 2 类 8 处、乙 3 类 5 处),丙类异常 24 处。

(4)通过矿产检查工作,新发现有进一步工作价值的矿点 3 处(王家屋脊钨矿、娘娘顶铍矿和鹰嘴山锰矿),矿化线索 2 处(万家山钼矿化点和双桥铜矿化点)。老虎冲重稀土矿预估 334 氧化物(Y_2O_3)量 2220t,鹰嘴山锰矿预估 334 矿石量 35.3×10^4t,为下一步矿产勘查工作打下了基础。其中鹰嘴山锰矿和娘娘顶铍矿找矿潜力较好,结果已上报相关单位并已列于 2017 年度省地勘基金矿产勘查项目(图 2-9、图 2-10)。

图 2-9　老虎冲Ⅰ号矿体地表产出特征

图 2-10　婆婆寨Ⅱ号矿体地表产出特征

(5)在对调查区成矿地质条件和成矿规律研究基础上，对调查区进行了成矿预测，划分了 6 处找矿远景区，其中 A 级找矿远景区 1 处、B 级找矿远景区 2 处、C 级找矿远景区 3 处。

(6)基于综合成矿地质条件分析、地球化学异常特征，本次工作圈定了王家屋脊钨矿找矿靶区(BQ-B1)、娘娘顶铍矿找矿靶区(BQ-B2)、殷家沟重稀土矿找矿靶区(BQ-A1)、鹰嘴山锰矿找矿靶区(BQ-B3)共 4 个找矿靶区。

武当-桐柏-大别成矿带(河南段)成矿规律及选区研究

提交单位：中国地质调查局天津地质调查中心

项目负责人：曾威

档案号：1222

工作周期：2013—2014 年

主要成果：

(1)系统收集并综合整理了研究区已有的地质、物探、化探、遥感及科研、矿产评价等的成果资料，编制完成了武当-桐柏-大别成矿带(河南段)1∶25 万地质矿产图、成矿规律与成矿预测图。

(2)在前人研究成果的基础上，梳理了武当-桐柏-大别成矿带(河南段)地层、构造、岩浆岩等资料，系统整理了区内地球物理、地球化学特征分析数据及成果。

(3)研究了武当-桐柏-大别成矿带(河南段)金、银、铜、铅锌、钼、镍、铁等矿种的 15 个典型矿床，划分了主要矿床类型，建立了层控造山型金银矿(银洞坡式)、构造蚀变岩型金矿(老湾式)、浅成低温热液型银矿(皇城山式、白石坡式)、斑岩(矽卡岩)型钼(钨)矿、岩浆熔离型铜镍矿(周庵式)、火山喷流沉积型铜多金属矿(刘山岩式)、火山喷流沉积改造型铁矿(条山式)的成矿模式。

(4)首次获得了周庵铜镍铂族矿床中辉长岩锆石 U-Pb 年龄为(621±1.5)Ma，基性—超基性岩体 Sm－Nd 等时线年龄为(622±59)Ma，说明周庵铜镍铂族矿床形成于新元古代晚期。Sr－Nd 同位素测试和微量元素测试结果表明，周庵岩体岩浆来源于亏损的软流圈地幔的部分熔融，受到了地壳物质的强烈混染，地壳混染是促发岩浆体系达到硫饱和而发生金属硫化物熔离的主要因素。

(5)通过成矿流体和同位素研究，确定了银洞坡金矿属于层控造山型金矿，成矿流体主要来源于变质水，有地幔物质参与成矿作用。

(6)系统总结了武当-桐柏-大别成矿带(河南段)区域成矿规律，分析了地层、构造、岩浆岩的控矿作用、成矿物源条件，尤其对大别山地区钼矿的成矿时代、成矿物质来源、成矿模式、成矿规律进行了系统地总结。

(7)根据研究区内矿床成矿时代、主要成矿事件，矿床分布特征(成矿区带特征)和矿床成因，将研究区内主要金属矿床划分为 7 个成矿系列，9 个成矿亚系列。首次获得周庵铜镍矿、新光磁铁矿床的成矿时代为(621±1.5)Ma 和(634.4±4.5)Ma，确定了新元古代大陆裂解背景下与基性—超基性岩浆侵入活动有关的铜、镍、铂族、钒、钛、磁铁矿、金红石矿成矿系列。

(8)在综合研究前人成果的基础上，在研究区内划分了 4 个Ⅲ级成矿带和 4 个Ⅳ级成矿带，均属于秦岭-大别成矿省。

(9)在成矿区(带)划分的基础上，通过地质、物探、化探、遥感综合异常筛选和成矿规律研究，圈定出Ⅴ级找矿远景区 6 处，找矿靶区 15 处，为公益性地质矿产调查和矿产勘查工作提供了重要依据。

(10)编制了《武当-桐柏-大别成矿带地质找矿部署方案》(河南省部分)，提交中国地质调查局组织实施，该方案获中国地质调查局 2013 年度地质调查成果二等奖。在此基础上作为主要编写人编写了《武当-桐柏-大别成矿带成矿地质特征和找矿方向》专著，为在成矿带内开展地质调查与矿产勘查工作提供了理论支持。

中上扬子地块周缘成矿系统演化与铅锌多金属矿床时空分布规律研究

提交单位：中国地质大学(武汉)

项目负责人：姚书振

档案号：1224

工作周期：2013—2014 年

主要成果：

(1)完成了对黑水-泉州地学断面、四川康定-浙江宁波剖面、湖南桑植-涟源地震-MT 剖面、贵州沿河-湖南邵阳地震-MT(07DS+06MT_YS)联合剖面等研究区内主干剖面的地质地球物理综合解释，深入研究了中上扬子地块周缘的地质结构和特征，分析了构造演化、构造变形与重大地质事件的对应关系，深入剖析了不同时期的盆山体系和成矿背景的演化。

(2)对中上扬子地块周缘重要的 10 个典型铅锌多金属矿床和古油气藏进行了详细地野外考察和系统地室内研究，取得的新认识相对前人研究有了重要突破。在诸如遵义锰矿床等传统认识中的沉积矿床内，发现了热水活动的有力证据，并且对成矿作用有重要贡献；在乌斯河铅锌矿床中首次发现了闪锌矿的喷流管道及其坍塌角砾堆积物，并指出在震旦系麦地坪组和寒武系筇竹寺组接触带上的溶塌角砾以及两个层位内的裂隙都是有利的容矿地段，拓宽了原来关于矿化仅限于麦地坪组之内的认识；通过对凹子岗、乌斯河、楠木树等铅锌矿床和遵义锰矿床、白果园银钒矿床等的对比研究，指出了热液活动对成好矿、成大矿的重要性，为大型矿床的成矿作用厘定了关键的控矿因素；在对湖南渣滓溪锑(钨)矿床的研究中，通过矿化特征考察和矿体品位空间结构分析，指出矿区内 F_3 断裂是导矿和容矿构造，其纵深成矿潜力大，纠正了以往将其作为成矿后构造的认识。

(3)对凹子岗、乌斯河、楠木树、会泽等铅锌矿床的成矿流体进行了系统研究，均发现了有机流体活动的产物，并进一步研究指出有机质对还原硫的形成非常重要，是铅锌矿质沉淀的关键控制因素之一。另外，结合对黄沙坪铅锌多金属矿床、张十八铅锌矿床等的成矿流体的研究，对后生热液(盆地流体)与岩浆热液两种类型流体的成分和特征进行了对比研究，分析了不同流体系统组成的异同性以及其对成矿的影响。

(4)通过年代学研究，获取了一批重要的成矿时代数据，为重要成矿事件与重大地质事件的耦合关系提供了有力支撑。在遵义锰矿床研究中，测得了沉凝灰岩的形成年龄，从而将锰矿床的形成时间限定在 260Ma，指出峨眉山玄武岩喷发可能为锰矿的形成提供了重要地质背景。在楠木树铅锌矿床研究中，测定了沥青的 Re－Os 同位素年限，指示铅锌矿成矿时间下限为(184±23)Ma，主体成矿作用可能与印支期的造山作用关系密切；对黄沙坪铅锌矿床的岩体开展了锆石定年研究，指出主要岩体的形成年龄介于 158～148Ma，与铅锌多金属成矿时间一致，进一步确定了岩浆对成矿的控制作用。另外，对乌斯河、渣滓溪、楠木树等其他矿床已有的成矿年龄数据进行了梳理分析和总结，指出铅锌大规模成矿的重要时段主要在震旦纪—寒武纪、印支期—燕山早期、燕山中晚期，可能有一期后生热液成矿作用的发生与加里东运动关系密切。

(5)根据构造-建造-成矿作用特征，将扬子地块周缘铅锌多金属成矿系统划分为三大类：以沉积作用为主的沉积(含低温热水沉积)成矿系统类(Fe、Mn、P、Pb－Zn、Ag－V 等)，以盆地流体为主的后生热液成矿系统类(Pb、Zn、Au、Hg、Sb 等)，与岩浆活动有关的岩浆热液成矿系统类(Fe、Cu、Au、Ag、Pb、Zn 等)。其中，具有巨大找矿潜力的锰成矿系统和银-钒多金属成矿系统形成与中上扬子南缘在新元古代拼合之后又经历的多期裂解事件有关。大型、超大型矿床产出受盆地格局与同生断裂系统的联合控制。以后生热液成矿为主的低温热液成矿系统类成矿主要发生在盆山结合带，其构造网络系统是控制铅锌多金属巨型成矿带形成和展布的关键要素之一，矿床定位主要受断裂、层位与岩性联合控制。与岩浆活动相关的岩浆热液成矿系统类集中分布在中元古代至新元古代早期、晚古生代二叠纪以及燕山期，燕山期是成矿大爆发期，铅锌矿产出与燕山期花岗岩类期后热液作用有密切关系，受侵入接触构造体系控制，并主要发育在外带。

(6)通过系统总结研究，构建了中上扬子地块周缘成矿系统的时空结构和成矿谱系，分析和总结了大规模成矿与重大地质事件的耦合关系分析。指出沉积-热水沉积锰钒银铅锌矿床多金属成矿系统主要发育在古大陆边缘，大型矿床定位受大陆边缘构造网络系统的制约，同生断裂系统和深部含矿流体的持续补给对大型、超大型矿床的形成起到了重要的控制作用。后生热液型铅锌矿床成矿主要发生在盆山结合带，盆山结合带的构造网络系统是控制扬子地块周缘铅锌多金属巨型成矿带形成和展布的关键要素之一，区域深大断裂带控制矿带，次级的断裂褶皱系统控制矿田，矿床(体)定位主要受断裂、层位与岩性联合控制。岩浆热液型铅锌矿床产出与燕山期花岗岩类期后热液作用有密切关系，受侵入接触构造体系控制，并主要发育在外带，其深部或侧翼往往有高温的矿化(体)存在。

中上扬子南缘锰矿成矿构造环境研究

提交单位:中国地质大学(武汉)

项目负责人:杜远生

档案号:1228

工作周期:2014—2016 年

主要成果:

(1)通过对中上扬子南缘新元古代大塘坡组的地层、构造、同位素及年代学方面的研究,对锰矿成矿构造环境有了深刻的认识。南华纪时期,由于 Rodinia 超大陆进一步裂解,形成一系列次级裂陷盆地,锰矿则形成于该次级断陷盆地中,"大塘坡式"锰矿在平面上由中心向外依次划分为中心相、过渡相和边缘相。

(2)对贵州铜仁松桃地区将军山剖面凝灰层样品进行锆石 U-Pb 定年,其加权平均年龄为(664.2±2.6)Ma,该年龄值与前人在地堑区的松桃黑水溪剖面与寨郎沟剖面大塘坡组底部凝灰层中测定的年龄值(662.9±4.3)Ma 和(667.3±9.9)Ma 高度吻合。

(3)对黔东松桃地区 Sr 同位素研究显示,锰矿形成过程中锰的来源具有双重性,既有陆源输入,又有深部来源的输入。通过对化学风化指数(CIA)的研究发现,黔东地区南华纪铁丝坳组至大塘坡组沉积时期的古气候经历了由冰期的寒冷气候→冰后期总体变暖,但仍有小冰期交替出现→稳定的温暖湿润气候→再次转冷的过程,其中冰后期的短暂寒冷事件在整个气候演化过程中显得较为突出。

(4)通过稀土元素比值(如 U/Th 值、V/Cr 值等)研究表明,锰矿的形成过程与海水的氧化还原条件也存在联系。锰矿成矿过程中,海水的氧化还原条件并不是一成不变的,而是具有波动性的。

扬子地块北部大陆增生再造过程及其成矿背景成果

提交单位:中国地质大学(武汉)

项目负责人:郑建平

档案号:1229

工作周期:2014—2016 年

主要成果:

在对扬子北缘太古宙至中—新生代地质构造进行详细野外观测的基础上,对扬子地块北部崆岭杂岩、黄陵复式杂岩及基底杂岩和表壳岩系开展了系统的矿物学、岩石学、地球化学和同位素年代学综合研究,揭示了基底杂岩 TTG 及表壳岩石的变质作用、岩浆岩源区属性和成岩演变历史,厘定了扬子地块北部大陆增生再造过程,并且研究了崆岭群基底杂岩中成矿元素(Pb、Zn)是如何迁移的,把有用成矿微量元素(Pb、Zn)与亲石元素结合起来对比研究成矿背景,探讨基底属性与成矿作用的关系。本研究给出了崆岭地区较为完整的早前寒武纪地壳演化:该区存在老于 4.0Ga 的冥古宙物质,首先经历了约 3.8Ga 的地壳再造过程,随后经历了约 3.45Ga,3.3～3.1Ga,约 2.5Ga,2.0～1.9Ga 和

1.85Ga 的地壳重熔过程，3.0～2.8Ga 和 2.7～2.6Ga 是崆岭地区增生与再造的伴生时期，而且崆岭杂岩中不同时代岩石的成矿元素（如 Pb、Zn）呈现出一定的分布规律，大于 3.0Ga 的岩石具有与 2.7～2.6Ga 岩石相似的 Pb 和 Zn 含量，而 2.7～2.6Ga 具有与其他时期明显不同的 Pb 和 Zn 组成。崆岭花岗斑岩形成于碰撞后伸展的构造背景，约 1.85Ga 的花岗斑岩、圈椅埫花岗岩和基性脉岩的形成，表明扬子克拉通正处于造山后伸展的构造环境中，这可能与古—中元古代 Columbia 超大陆聚合后—裂解前的构造伸展作用导致的拉张事件有关。此外，崆岭杂岩中不同时代岩石的成矿元素（Pb、Zn）呈现出一定的分布规律，进一步限定不同时期崆岭地区岩石的特殊成因。

中上扬子西南缘大型铅锌矿床定位规律研究

提交单位：中国地质大学（武汉）

项目负责人：张均

档案号：1230

工作周期：2014 年

主要成果：

（1）调查区内铅锌矿床的主要控矿构造样式包括 3 种，分别为双重逆冲构造、断裂-热液岩溶构造、褶皱-层间滑动破碎带构造。第一种控矿构造以会泽铅锌矿床为代表，第二种控矿构造以大梁子、天宝山铅锌矿床为代表，第三种控矿构造以茂租铅锌矿床为代表。这 3 种控矿构造样式为调查区内众多铅锌矿床的定位提供了构造空间。

（2）调查区内铅锌矿床的容矿地层具有多层分布、集中产出的基本特征。容矿地层从震旦系—二叠系均有分布，但大部分铅锌矿床主要集中于震旦系和石炭系。区域上容矿地层层位具有由北西到南东逐渐抬升的趋势。容矿地层的岩性以白云岩为主，并且深色白云岩的矿化强度明显大于浅色白云岩，这主要与深色白云岩中有机质的含量高于浅色白云岩有关。

（3）调查区内铅锌矿床的成矿流体的均一温度范围主要集中在 190～340℃之间，属于中温范围，成矿流体盐度主要集中于 10wt%～18wt%之间，属于中等盐度范围。流体成分为富 Ca^{2+}、Na^{+}、Cl^{-}、SO_4^{2-} 的 $Ca^{2+} \cdot Na^{+}(Mg^{2+})-Cl^{-} \cdot SO_4^{2-}$ 型流体，反映原始流体为盆地热卤水。

（4）铅锌矿床的 H－O 同位素显示流体来源具有盆地卤水特征，并且有较强烈的大气降水参与成矿；C－O 同位素显示成矿流体中的碳主要来自围岩，并且有较强烈的碳酸盐溶解作用；S 同位素显示硫源主要为海水硫酸盐的热化学还原，另外可能在成矿过程中古油气藏中的 H_2S 为成矿过程提供了部分硫来源；Pb 同位素显示混合来源的特征，主体为上地壳来源；He－Ar 同位素显示成矿流体的 He 具有壳-幔混合来源的特征。

（5）调查区内铅锌矿床在空间上与峨眉山玄武岩关系密切，同时成矿年龄统计显示成矿与峨眉山地幔柱活动具有时间上的重叠性。区域上成矿温度等值线显示以小江断裂带附近的铅锌矿床为中心，成矿温度最高，说明小江断裂是重要的成矿流体深部运移通道，并从南向北成矿温度逐渐降低，显示成矿流体具有从南向北运移的特征。小江断裂东侧，北东向的断裂构造发育，不仅控制了重要矿床的空间展布，同时也是热液运移的重要通道，含矿热液从南北向小江断裂深部运移上来，沿北东向断裂、从南西向北东方向运移，成矿温度逐渐降低。由于小江断裂本身是峨眉山玄武岩的重要喷发通道，由此说明调查区内铅锌矿床的成矿与峨眉山地幔柱活动具有密切的成因联系，可能是峨眉山地幔柱活动提供了成矿温度偏高的热源及大规模流体驱动力。

江西全南—广东始兴地区钨锡、稀有、稀土金属矿产调查评价

提交单位:中国地质调查局南京地质调查中心

项目负责人:肖惠良

档案号:1231

工作周期:2014—2015 年

主要成果:

(1)通过小江圩幅 1∶5 万水系沉积物测量和矿产地质调查,圈定了 7 处化探综合异常,发现了 5 个含矿建造,提交了 7 处找矿靶区,其中新屋下铁-铀矿找矿靶区成矿条件优异,具有较大的找矿潜力。

(2)在良源矿区找到了具有大型远景的良源铌钽矿床。通过地表地质工作和深部钻探工程及样品分析,在良源地区找到了钠长石白云母化花岗岩型铌钽钨多金属矿体(“高分异”式铌钽钨多金属矿体)。良源矿区主要矿化类型有花岗岩型铌钽铷矿、云英岩型铌钽钨锡多金属矿、石英脉型钨多金属矿和破碎带型铅锌多金属矿,其中花岗岩型铌钽多金属矿为新发现的矿化类型,估算的钽铌钨铷资源量($333+334_1$)分别为:($Nb_2O_5+Ta_2O_5$)资源量 4 854.71t,其中($Nb_2O_5+Ta_2O_5$)独立资源量 3 359.21t(Ta_2O_5 资源量 990.22t,Nb_2O_5 资源量 2 368.99t);WO_3 资源量 8 205.14t,其中 333 类资源量 1 815.90t。此外还估算了 Rb_2O($333+334_1$)资源量 61 398.73t,其中 333 类资源量 19 410.53t。

(3)在南山坑矿区找到了具有大型远景的南山矿钨锡多金属矿床。通过地表地质工作和深部钻探工程及样品分析,在南山坑矿区松岗梗和富背坳地表及浅部发现了受中上泥盆统控制的层控矽卡岩型钨锡多金属矿体,在富背坳深部发现了受燕山期复式岩体控制的钨钼多金属矿体(“体中体”式钨钼多金属矿体)。南山坑矿区主要有 3 种矿化类型:矽卡岩型钨锡多金属矿化、花岗岩型钨钼多金属矿化和石英脉型钨钼多金属矿化,其中矽卡岩型钨锡多金属矿化和花岗岩型钨钼多金属矿化为新发现的矿化类型,初步估算南山坑矿区钨锡铜资源量($333+334_1$)130 419.13t;WO_3 资源量 59 211.43t(含伴生、共生钨矿),其中 WO_3(333)资源量 2 712.95t;Sn 资源量 70 870.49t(含伴生、共生锡矿),其中 Sn(333)资源量 976.39t;Cu(334_1)资源量 337.22t。本次工作新增了南山坑矿区钨锡铜资源量共 29 411.75t,其中锡资源量增加了 29 102.01t,铜资源量增加了 337.22t。

(4)找矿实践与理论研究相结合,理论指导实践、实践完善理论是本项目的特色之一。项目组在广东始兴南山坑—良源地区找矿突破基础上,通过南山坑、良源、陂头等典型矿床的研究,初步确定了南山坑—良源地区钨锡钼多金属矿成矿特征、成矿要素、成矿规律和找矿标志;以中上泥盆统层控矽卡岩型钨锡多金属矿床、燕山中晚期高分异花岗岩型(“体中体”式)钨钼多金属矿床和(“高分异”式)铌钽多金属矿床为主要评价目标,通过区内燕山期高分异花岗岩体地质、地球化学特征研究,阐明了区内层控矽卡岩型钨锡多金属矿床、燕山期高分异花岗岩型(“体中体”式)钨钼多金属矿床和(“高分异”式)铷铌钽钨锡多金属矿床的成矿机制和矿化特征。

(5)在项目科技创新研究中,本项目始终把握国内外现代成矿理论研究的最新进展,并在实践中不断丰富和发展。在解剖调查区内典型矿床,总结区域成矿规律和找矿模型的同时,项目组对该区“体中体”式钨钼多金属矿床、“高分异”式钨锡-稀有多金属矿床和层控矽卡岩型钨锡多金属矿床进行

了创新性研究，确定了南岭东段地区钨锡、稀有、稀土矿床是高分异花岗岩高度分异演化不同阶段的产物，发现并总结了该区与钨锡、稀有、稀土多金属矿产密切相关的白云母型、二云母型和石榴子石型3种由高分异花岗岩分异演化形成的含矿建造。初步阐明了南岭东段地区高分异花岗岩的地质、地球化学特征，建立南岭东段地区钨锡、稀有、稀土多金属矿成矿模式。

广东省北部矿集区找矿预测

提交单位：中国科学院地质与地球物理研究所

项目负责人：秦克章

档案号：1232

工作周期：2015—2017年

主要成果：

一、物化探工作

(1)1∶5万重力测量成果显示，石人嶂矿集区已知钨矿脉带产于布格重力低边部及其与局部重力高的过渡带上，隐伏酸性岩体的接触带附近。剩余重力异常(3km×3km窗口)显示，钨矿脉带主体并不总是位于剩余重力负异常上，当矿脉走向与地层不一致，赋矿围岩岩性有较大变化时，钨多金属矿脉与剩余重力异常的关系较为复杂。

(2)1∶5万重力测量圈定剩余重力负异常12处，主要异常推断为隐伏岩体上突部位。重力测量成果推断了众多断裂构造，包括北西向、北东向与近东西向，为进一步找矿提供了良好的线索。重力测量为矿产预测提供了丰富的物探资料，对隐伏矿产的预测有重要意义，重力资料对隐伏矿产预测有良好效果。

(3)1∶5万构造-岩石地球化学测量显示，异常对已知矿位置、范围、性质、走向有极为良好的显示，位置准确且不像水系沉积物异常那样受水系影响大，值得在断裂构造发育区大规模开展。

(4)对1∶5万构造-岩石地球化学成果开展了多项研究，取得开创性成果。利用半变异函数的空间结构分析探讨了各元素富集机制及部位；利用多重分析法，探讨了各元素成矿机制及异常下限确定方法。利用FCM分析圈定了隐伏酸性岩体、钨锡找矿远景区；利用成矿元素分析划分了各矿种成矿点分布区。

(5)1∶5万构造-岩石地球化学测量圈定综合异常11处，其中甲类异常5处、乙类异常2处、丙类异常4处。甲、乙类异常对筛选找矿靶区有重要意义。

(6)利用物化探成果圈定找矿远景区5处，找矿靶区5处。利用"三位一体"找矿预测理论对找矿远景区、找矿靶区特征进行了论述，指出了找矿方向，分析了找矿前景。找矿远景区主要目标矿种为高中温热液型钨锡矿和中低温热液型铅锌矿，罗坝东北远景区和良源-高桥远景区需兼顾矽卡岩型钨锡多金属矿。

(7)石人嶂矿集区坪田找矿靶区具有良好的找矿前景。物化探综合剖面测量成果显示，东南部是寻找钨矿的有利部位。目标矿种为石英脉型钨矿；中部、北部主要目标矿种为铜铅锌多金属矿，此外还应注意是否存在非石英脉型矿床。

(8)大宝山矿田综合剖面成果对深部矿体指示良好，可以指导下一步工作部署。推断DBS-1、

DBS-2 异常部位具有良好的找矿前景，主要目标矿种为铅、锌、金多金属矿。

二、地质调查研究

本次研究，结合野外详细野外专题地质填图、坑道编录、岩心编录和采样，以及室内大量的光薄片鉴定，在全面总结前人研究成果的基础上，采用 LA-ICP-MS 锆石 U-Pb 测年、电子探针、流体包裹体拉曼分析、显微测温、黄铁矿 Re-Os 测年等一系列分析方法，对大宝山矿区和石人嶂矿区的成矿地质条件和成矿规律进行了深入研究，结合物化探解译结果，预测了找矿靶区。取得的主要成果如下。

1. 大宝山矿区

(1)大宝山次英安斑岩应定名为英安质熔岩。根据详细的岩相学观察描述及大量的光薄片鉴定，岩石中广泛发育火山碎屑结构，未见玻屑，少见岩屑，晶屑主要为石英，具有典型的熔蚀结构，且与地层产状基本一致，故定名为英安质熔岩。

(2)确定大宝山地区英安质熔岩的成岩年龄为早志留世。采用 LA-ICP-MS 锆石 U-Pb 测年获得的大宝山英安质熔岩和丘坝英安质熔岩的成岩年龄分别为(432.7±3.0)Ma、(437.2±2.6)Ma，两者在误差范围内一致，且两者具有极其相似的锆石稀土元素标准化曲线，相近的负 Eu 异常，表明两者形成于同一期火山岩浆活动，是志留纪早期火山活动的产物。而船肚花岗斑岩的定年结果为(166.2±1.1)Ma，是燕山期岩浆活动的产物，其与英安质熔岩具有相似的锆石稀土元素标准化配分曲线，但较弱的负 Eu 异常，表明船肚花岗斑岩与英安质熔岩具相似的岩浆源区，但结晶分异程度略有不同。

(3)建立地层层序，确定块状硫化物受层位控制。通过详细的钻孔编录、薄片鉴定，确定大宝山矿区地层从下往上的层序为：英安质熔岩→老虎头组砂岩→棋梓桥组泥岩、灰岩和沉凝灰岩，表明泥盆纪大宝山地区曾发生海侵。而矿体主要赋存在泥盆纪棋梓桥组的沉积洼地中，向两侧的老虎头组砂岩发生尖灭，矿体倾向也受到地层岩性界面的控制，表明老虎头组不是有利的成矿层位。

(4)建立斑岩型钨-钼矿化的脉系分带。根据钻孔编录，建立斑岩型钨-钼矿化脉系垂向分带，从深部到浅部的脉系分带依次为：石英-辉钼矿±黄铁矿脉带、石英-白钨矿±黄铁矿脉带、石英±方解石-闪锌矿±方铅矿±黄铜矿脉带、石英±方解石-磁黄铁矿-黄铁矿脉带。

(5)确认层状硫化物矿体受到斑岩型矿化叠加改造。燕山期的斑岩型钨-钼矿化对层状矿发生明显的叠加改造主要体现在两个方面：一是导致黄铁矿发生脆性破裂、重结晶，而黄铜矿发生再活化；二是后期斑岩型钨-钼矿化的石英-白钨矿脉穿切块矿，导致块状矿中的白钨矿富集成矿。

(6)采坑南部识别出似 VMS 矿床下盘的网脉状蚀变矿化补给带。总出入沟见到层状的铅锌矿，产状与地层相接近。矿体的下盘发育网脉状 Q-Py 带，似典型 VMS 矿床的下盘补给带。上盘的层状铅锌矿体与下盘的网脉带近于垂直相交，且下盘发生强烈的硅化、黏土化蚀变。而层状矿体的上盘为灰岩，并未发生明显的蚀变，局部见角岩化。黄铁矿发育胶状结构、鲕状结构，具有典型的增生边，表明其遭受后期热液叠加改造减弱。

2. 石人嶂矿区

(1)查明断裂 F_{29} 性质。根据井下编录，查明石人嶂矿区断裂 F_{29} 为右旋的平移正断层，建议在坑内沿北北东向施工倾斜坑内钻寻找错断矿体。

(2)在石人嶂西部异常区查明 1 处矿化点。矿化呈石英脉状，主要金属矿物为黄铁矿、磁黄铁矿和黄铜矿。含矿石英脉延伸超过 300m，具有一定的规模，值得进一步研究。

(3)圈定坪田和窑下 2 处找矿靶区。岩性构造填图在这两个地区发现含矿石英脉，主要为黄铁矿、黄铜矿和磁黄铁矿，土壤化探异常与磁法推测隐伏磁性地质体具有良好的对应关系，表明该地区具有良好的找矿潜力，可作为下一步找矿的优选靶区。

江西省安远地区铜铅锌多金属矿远景调查

提交单位：有色金属矿产地质调查中心

项目负责人：肖昱

档案号：1235

工作周期：2015 年

主要成果：

(1)通过 1∶5 万水系沉积物测量，编制了 Au、As、Ag、Cu、Pb、Zn、Sb、Bi、Cd、Hg、Sn、W、Mo、Cr、Ni、Co、F、La 共 18 种元素的地球化学图、组合异常图、综合异常图、找矿预测图等地球化学图件。共圈定综合异常 15 处，其中甲 1 类 2 处、乙 1 类 2 处、乙 2 类 6 处、乙 3 类 2 处、丙 2 类 3 处。区内综合异常的分布与岩体、构造关系密切，元素异常组合复杂，浓集中心明显，分布范围广。各异常均有一定的找矿前景，区内成矿可能性较大。

(2)通过 1∶5 万矿产地质专项填图，结合 1∶5 万水系沉积物测量成果，大致查明了调查区内地层、构造、岩浆岩及矿化特征，重点查明了与钼矿、银铅锌多金属矿、稀土矿等成矿有关的地层、构造、侵入岩和矿化蚀变的分布特征。新发现了甘地钼矿化点、三排银铅锌多金属矿点、社下湾铅矿点、魏屋铅矿点等一批矿(化)点。

本次填图划分了 11 个主要地层填图单元，划分了 8 个火山岩岩相，划分了 8 期次 19 个主要侵入岩体，并实地修正了其界线。11 个地层填图单元分别是中元古界桃溪岩组(Pt_2tx)、南华系沙坝黄组($Nhsb$)、下震旦统坝里组(Z_1b)、上震旦统老虎塘组(Z_2lh)、下寒武统牛角河组($\in_1n$)、中泥盆统峡山群云山组(D_2y)、下侏罗统水北组(J_1s)、上侏罗统上丁组(J_3s)、上侏罗统鸡笼嶂组(J_3j)、上白垩统圭峰群河口组(K_2h)、上白垩统圭峰群门山寨组(K_2m)。火山岩主要划分了溢流相(EFF)、爆发空落相(FOF)、空落堆积相(PDF)、火山喷发沉积相(BSF)、涌流堆积相(SFF)、次火山岩相(SIF)等岩相。侵入岩主要有新元古代片麻状花岗闪长岩($Pt_3\gamma\delta$)、晚侏罗世第一次侵入花岗闪长斑岩($J_3^a\gamma\delta\pi$)、晚侏罗世第一次侵入二长花岗岩类($J_3^a\eta\gamma$)、晚侏罗世第二次侵入黑云母花岗岩类($J_3^b\gamma\beta$)、晚侏罗世第三次侵入花岗斑岩($J_3^c\gamma\pi$)、早白垩世黑云母花岗岩类($K_1\gamma\beta$)、早白垩世石英二长岩类($K_1\eta o\pi$)等。

区内主要分基底和两套盖层 3 个构造层。中元古界桃溪岩组—寒武系变质岩系为构造基底；泥盆系碎屑岩为本区第一盖层，多呈飞来峰状覆盖于基底之上；侏罗系—白垩系陆相火山岩和碎屑岩为本区第二盖层，主要分布于龙头圩火山构造洼地和燕山期断陷盆地内。

区内以龙头圩火山构造洼地为界，两侧地层、构造的展布呈现不同的特征，洼地之北西，地层、构造的分布主要受近东西向版石复向斜控制；洼地之南东，地层、构造的分布主要受近南北向的上濂复向斜控制。

区内主要金属矿种有钼、铅锌银、稀土、铁矿等。钼矿以园岭寨钼矿规模最大，为大型斑岩型钼矿床，主要与晚侏罗世第三次侵入的花岗斑岩体($J_3^c\gamma\pi$)有关；甘地钼矿化点为岩浆热液型钼矿床，主要与早白垩世石英二长斑岩($K_1\eta o\pi$)及北东向断裂构造有关。铅锌银矿主要产出于三排-上廖屋(F_4)断裂的次级断裂及旁侧羽状断裂中，燕山期花岗岩接触带附近，与岩体、断裂构造密切相关。稀土矿主要为风化壳离子吸附型稀土矿，以重稀土为主，主要产出于燕山期(J、K)黑云母花岗岩的风化壳附近。区内铁矿为风化淋滤型，为产出于寒武系牛角河组($\in_1 n$)内的沉积型块状硫铁矿风化淋滤的产物。

(3)通过对三排铅锌银异常区、魏屋铅锌异常区、社下湾铅异常区、上坪铅锌异常区、徐屋钼异常区、上丁铅钼异常区、甘地铅锌钼异常区等 8 处地质-化探综合异常开展概略矿产检查，优选三排、魏屋、社下湾 3 地开展了重点矿产检查。

三排银铅锌多金属矿点揭露了 V1 矿体，矿体赋存在三排-上廖屋北西向 F_4 断裂东侧的次级断裂形成的硅化破碎带内，矿体产状与破碎带一致，呈脉状、透镜状，矿体围岩为南华系沙坝黄组(Nh*sb*)变质长石石英砂岩。V1 矿体为银铅锌多金属矿体，其中品位 Ag 354×10^{-6}、Pb 1.45%、Zn 0.72%，斜厚 1.50m，矿体产状 41°∠24°，走向延伸长度大于 100m。矿体上盘揭露到宽 3.80m 的铅矿化蚀变带，Pb 品位 0.12%～0.18%，平均品位为 0.15%。

社下湾铅矿点揭露了 V2 矿体，矿体赋存在晚侏罗世第一次侵入的花岗闪长斑岩($J_3^a\gamma\delta\pi$)与新元古代似斑状花岗闪长岩($Pt_3\gamma\delta$)的接触带附近，呈细网脉状产出于晚期岩体边缘的构造裂隙中。控制矿体走向延伸 350m，延深 106m。V2 矿体为铅多金属矿体，以铅为主，局部伴生锌、银等。Pb 品位 0.34%～1.32%，平均 0.71%。矿体厚度 1.41～1.85m，平均 1.63m，矿体产状 30°∠75°。矿体上、下盘见有铅矿化蚀变现象，Pb 品位 0.14%～0.22%(图 2-11)。

魏屋铅矿点揭露了 V3 矿体，矿体赋存在三排-上廖屋北西向 F_4 断裂东侧的羽状断裂形成的硅化蚀变带内，矿体产状与硅化蚀变带产状一致，呈脉状、透镜状，矿体围岩为晚侏罗世第二次侵入的中细粒黑云母花岗岩($J_3^b\gamma\beta$)。STC4 揭露到宽 0.70m(厚 0.68m)的铅矿体，Pb 品位为 0.92%，矿体产状 43°∠75°。矿体下盘可见有宽 0.70m 的铅矿化蚀变带，Pb 品位为 0.12%。

图 2-11　社下湾铅矿点矿体地表露头

(4)总结了区域矿产分布特征和典型矿床地质特征，确定了调查区的主要矿产预测类型，总结了园岭寨式斑岩型钼矿、金石嶂式中低温热液型银铅锌多金属矿的成矿模式和预测模型。

(5)圈定了园岭寨-车头钼铅锌钨铋金属矿Ⅰ级找矿远景区、下彭-铁山金锑多金属矿Ⅰ级找矿远景区、甘地-黄陂铋钼铅锌锡钨银多金属矿Ⅱ级找矿远景区和大水塘-甲背金砷锑多金属矿Ⅲ级找矿远景区 4 处找矿远景区。

(6)提交了车头-三排银铅锌多金属找矿靶区 1 处，初步概算资源量(334)银铅锌多金属矿石量 319.45×10^4t，其中铅金属量 26 674t、锌金属量 2951t、银金属量 145.11t。

江西大埠—盘古山地区矿产地质调查

提交单位：江西省地质调查研究院

项目负责人：罗小川

档案号：1236

工作周期:2013—2015 年

主要成果:

(1)在综合分析研究 1∶20 万、1∶5 万、1∶25 万区域地质矿产调查及有关的矿产地质科研成果资料的基础上,通过 1∶1 万矿产地质调查和异常检查,大致查明了调查区成矿地质条件。

调查区新元古代—早古生代褶皱基底地层的钨、锡含量为最高,认为是钨矿床的矿源层;泥盆系—二叠系以碳酸盐岩为主夹碎屑岩等的岩性特征,为岩浆热液接触交代型(矽卡岩型)矿床的形成提供了有利的围岩条件;燕山期岩浆岩 W、Sn、Bi、Cu、Pb、Ta 等成矿元素含量普遍较高,为有利于钨、锡多金属成矿的特征;区内矿床受北东—东西向构造复合部位控制,叠加北北东向、北西向、近南北向构造,构造控岩控矿作用十分明显。

(2)全面完成了小溪幅、盘古山镇幅 927km^2 的 1∶5 万地面高精度磁法测量工作,共圈定了 21 处局部磁异常,其中甲类异常 5 处、乙类异常 11 处、丙类异常 4 处、丁类异常 1 处。共推断 22 条线性构造;推断出隐伏(半隐伏)岩体 10 个。

结合重力、钻孔等已有文献成果资料分析认为,马岭岩体、盘古山岩体、铁山垅岩体深部可能相连,且南西埋藏较深,北东埋藏较浅。在盘古山矿区超千米以下存在隐伏低密度、强磁性岩体;CSAMT 电阻率反演成果显示,在于都县桠杈凹钨铋异常区地表以下 300～1000m 及以下都有中高阻电性特征,反演推断解释为花岗岩。

(3)全面完成了小溪幅、盘古山镇幅、重石圩幅 1400km^2 的 1∶5 万水系沉积物测量工作,圈出单元素(19 种元素)异常计 377 处,综合异常 22 处,其中甲 1 类异常 2 处、甲 2 类异常 4 处、乙 2 类异常 8 处、乙 3 类异常 4 处、丙 3 类异常 4 处。

W、Sn、Bi、Mo 等高温汽化元素异常主要分布于北东向断裂附近及其两侧,长轴多呈北东向展布,多分布于燕山期花岗岩及新元古代—晚古生代泥盆系、寒武系、震旦系和南华系中,常伴有 Cu、Pb、Zn 等元素异常,显示与中酸性侵入岩有密切关系的地球化学特征,指示在调查区南部的安远县白竹坜地区北东向蚀变细粒花岗岩脉中及内外接触带是找金的有利部位,钨、金等为区内主攻矿种。

(4)全面完成调查区的遥感地质解译工作,编绘了遥感解译地质图,丰富完善了本区地质信息,为后期地质、物化探等工作提供了一定的依据。共解译出线性构造 22 条,大小环形构造约 51 个。根据调查区的线-环构造特征和提取的蚀变信息,并结合地质、物化探信息,提出了 7 处找矿有利地段。

(5)对流水坑、桠杈凹、均竹、白竹坜、坝里、大窝坑、金堂、塘村、长河、粜米岽、石龙沽、横龙、张地坪、周屋排、流砂嶂、老围共 16 处异常进行了概略检查。优选流水坑、桠杈凹、均竹、白竹坜 4 处进行重点检查。

通过异常查证新发现了矿(化)点 2 处,其中金矿(化)点 1 处,钨多金属矿化点 1 处。提供流水坑钨矿化点找矿靶区 1 处,找矿效果较好。

流水坑钨矿化点:铁山垅地段的花岗岩中发现破碎带型钨多金属矿化 1 处,地表表现为铁帽,为一新的矿化类型。控制东西向破碎带宽 2～10m,长 10～50m,新发现 3 条钨多金属矿化体。Ⅰ号矿化体厚 1～3m,长约 30m,品位 WO_3 0.157%,Cu 0.197%,Pb 0.389%,Zn 0.327%,Au 局部达0.24×10^{-6};Ⅱ号矿化体厚 1m,长约 25m,品位 WO_3 0.14%,Cu 0.32%～0.41%,Pb 0.37%～1.9%,Zn 0.6%,Sn 0.15%～0.38%,Ag (33.7～178)×10^{-6},Bi 0.28%;Ⅲ号矿化体厚 2～3.85m,长约 30m,品位 WO_3 0.018%～0.073%,Cu 局部 0.15%～0.30%,Pb 0.14%～0.54%,平均 0.371%,Ag 局部达 160×10^{-6}。高排地段发现石英脉型钨锡矿化。

白竹坜金矿化点:金矿化受北东走向的细粒花岗岩脉内、外接触带控制,控制走向长约 750m,金品位为(0.11～0.58)×10^{-6}。

(6)充分收集了调查区已有地质、物化探及以往矿产勘查、科研等资料，并根据本次工作成果总结了区域成矿规律。

调查区钨成矿花岗岩为壳源重熔型花岗岩，钨矿床均分布于燕山期花岗岩体中及其外接触带的震旦纪—石炭纪地层中，成矿时间与成矿岩体同时或稍后，并依岩体向外由岩体型、矽卡岩型、石英脉型向破碎蚀变岩型规律分布。矽卡岩型钨矿产于岩体接触带附近及上石炭统（马平组）等钙质地层中；石英脉型钨矿床(点)，具有明显的分带性，一般常具有(三层)分带规律及(五层楼)分带模式。

岩控钨矿在分布上受成矿岩体的“岩突”近等距分布规律性控制。

各类物化遥综合信息大致吻合的区段是已知矿化较好的区域，如盘古山-铁山垅矿带、黄婆地-安前滩矿带、马几岽-营尾山矿带等矿床集中区。

(7)划分了5处成矿远景区，其中Ⅰ类成矿远景区1处、Ⅱ类成矿远景区3处、Ⅲ类成矿远景区1处。

(8)建立了主要矿种钨、金的找矿模式，利用“全国矿产潜力评价”的方法，对调查区的矿产资源潜力进行了较为详细的评价，经过优选后，调查区钨矿最小预测区总数为36个，金矿最小预测区4个，其中B类2个、C类2个。共圈定找矿靶区17处，钨多金属找矿靶区15处，其中A类找矿靶区6处、B类找矿靶区6处、C类找矿靶区3处；金找矿靶区B类2处。预测资源量钨416 315t、锡14 445t、金299.3t。

海南省昌江县石碌矿山密集区深部铁多金属矿战略性勘查

提交单位：海南省资源环境调查院

项目负责人：陈沐龙

档案号：1242

工作周期：2012—2014年

主要成果：

(1)根据地表构造填图及施工槽探、钻孔的岩性编录情况，武烈-鸡心区原划定的石炭系南好组(C_1n)厘定为石碌群第六层(QnS_6)。

(2)土壤化探工作在吉开岭获得单元素异常19处，综合异常3处，均为乙类异常，其中乙2类综合异常2处(CA－1、CA－3)，乙3类综合异常1处(CA－2)；金波-如翁区获得单元素异常共25处，综合异常3处，均为甲类综合异常(CA－1、CA－2、CA－3)。

(3)物探工作发现21处磁异常，其中吉开岭区5处，金波-如翁区7处，朝阳区9处。CSAMT低阻异常22处，其中吉开岭区4处，金波-如翁区3处，花梨山-鸡心区15处。

(4)在武烈-鸡心区地表发现坡积铁矿，施工浅井204个，圈定坡积铁矿分布范围0.24km^2，估算坡积铁矿精矿资源量9.83×10^{4}t，含坡积铁矿石层平均厚度约1.25m，最大可达3.10m(图2－12、图2－13)。

(5)在金波-如翁区施工槽探TC8－1见银铅锌矿体，矿体厚4.2m，矿体Pb平均品位8.26%，Zn平均品位0.1%，Ag平均品位111.72×10^{-6}；结合钻探施工ZK0202、ZK0203两孔见银铅锌矿体，共圈定2条银铅锌矿体(编号为Va、Vb)，探获银铅锌矿石总量为21 092.67t，银金属量1 636.12kg，铅+锌金属量319.89t，资源量级别为333。开展了成矿预测，共预测资源量银金属量52.12t，铅金属量0.26×10^{4}t，锌金属量0.76×10^{4}t，预测资源量级别为334。

图 2-12　武烈-鸡心区地表铁矿化

图 2-13　赤铁矿滚石野外露头（TFe 品位 48.40%）

（6）在金波-如翁区，通过企业勘查资金投入，已发现小型银铅锌矿床 1 处，并提交详查地质报告。探获银铅锌矿石总量 198 677.759t，银金属量 169 093.225kg，平均品位为 851.09×10^{-6}，铅金属量 14 873.42t，平均品位为 7.49%；锌金属量 25 974.03t，平均品位为 13.07%，铅+锌金属量为 40 847.45t。共探获伴生有用组分金（Au）金属量 306.429kg，铜（Cu）金属量 158.94t，镉（Cd）金属量 496.69t，硫（S）资源量为 16 410.78t。该详查报告已经海南省国土环境资源厅（现为海南省自然资源厅）组织评审备案，备案文号：琼土环资储备字〔2012〕48 号。

安徽省宿松地区矿产地质调查

提交单位：安徽省地质调查院，安徽省地勘局三一一地质队

项目负责人：王翔

档案号：1243

工作周期：2014—2015 年

主要成果：

一、基础地质

（1）通过对调查区与成矿有关地层、构造、岩浆岩、变质岩、矿化蚀变等特征的调查，取得了一些新的认识，确定了调查区的地层层序和地层名称，基本查明各时代地层的接触关系、地层时代和地层含矿性，了解地层的空间分布规律，对区内地层进行了划分，共划分和厘定出组级岩石地层单位 36 个；对调查区重要成矿地层则划分至段级，段级岩石地层单位计 5 个，如大新屋岩组划分为两段，高家边组划分为三段。

（2）在地质调查过程中，认为原大别岩群刘畈岩组、桥岭岩组及宿松岩群中虎踏石岩组主体应为变质变形侵入体，部分为变质火山岩，变质表壳岩出露较少，主要呈包裹体或残留顶盖形式产出。另外原蒲河岩组中也存在部分变质变形侵入体，本次工作对此进行了重新厘定。

（3）在构造剖面测制过程中，对大新屋次级向斜构造进行了厘定，为研究破坏严重的晋宁期复式

褶皱奠定了基础,褶皱要素基本清晰。该时期褶皱对宿松地区沉积变质型磷、锰矿产具有一定控制作用,矿产主要集中在向斜核部或翼部次级褶皱转折端分布。

(4)前陆褶冲带中逆冲推覆构造发育,在河塌乡西南发现与其伴生的构造窗,为推覆构造的判断提供有力证据,伴随着对逆冲推覆构造根带和前缘断裂的研究,认为河塌乡—长岭村一带呈北东向展布的志留系—泥盆系为上覆推覆岩片,属外来系统岩石,而河塌乡南西侧构造窗内中二叠世孤峰组和长岭村以南东志留系—三叠系为原地系统。

(5)调查区内脆—韧性断裂构造对区域内金属矿产控制作用明显,顺断裂充填的花岗斑岩脉、石英斑岩脉、石英脉、闪长(玢)岩脉等脉岩与内生金属矿产形成关系密切;断裂带内硅化、绢云母化、黄(褐)铁矿等蚀变现象较好;区内已知的界岭金矿、鸡鸣冲金矿点以及新发现酸枣岭金矿点、胡家岭金矿化点、廖河金矿化点均为构造蚀变岩型及石英脉型,其产出部位均受到区内脆—韧性断裂的控制。

二、化探测量

(1)根据1∶5万水系沉积物测量分析数据,编制了全区24种元素的地球化学图,组合异常图、综合异常图,客观地反映了调查区区域地球化学场特征、空间分布特征及其变化趋势。

(2)在区内共圈定1∶5万水系沉积物异常38处,其中甲2类异常2处,乙3类异常11处,丙类异常25处。Ag、As、Sb、Bi、Hg、W、Mo元素背景值在调查区北部变质侵入体中较低,在宿松岩群中较高,在古生代地层中最高;各元素异常主要富集在古生代地层中,元素组合性较好。Au、Pb、Zn、Cr、Co、Ni、Ti、Cd、Mn、P等元素背景值在调查区北部大别群变质变形侵入体中较低,在古生代地层中稍高,在宿松岩群中较高;各元素异常集中在宿松岩群中。Y、Nb、La、Cu共4种元素高背景值主要位于调查区西南部的古元古代变质侵入体中,其余地质单元总体含量较低。

三、矿产检查

(1)对区内已知主要金属、非金属矿点筛选10处进行矿点检查,以踏勘检查和资料收集为主,基本了解了矿床(点)地质条件、矿体特征及含矿岩层特征、找矿标志等,起到了指导区内找矿和评价工作的作用。

(2)对本次工作圈定出的10处无矿权的化探异常及部分单元素异常高值点进行了概略检查,确认酸枣岭地区(HS02)和柳坪地区(HS17)共2处综合异常有进一步工作的价值,并开展了重点检查工作。

(3)通过概略检查和重点检查发现金矿(化)点3处,均由槽探控制,并有1处样品达工业品位要求,定为矿点,其余2处为矿化点;发现轻稀土矿(化)点3处,均由槽探控制,并有2处样品达工业品位要求,定为矿点,1处为矿化点;发现钨钼矿化点1处,由拣块样分析得出。

(4)以往资料认为宿松地区金矿成矿类型主要为构造蚀变岩型,本次工作在太湖县刘畈乡酸枣岭地区发现多条金矿化石英脉,其中2条金含量达到工业品位,为石英脉型金矿。

四、综合研究

(1)对区域构造变形及控矿差异性进行了分析,建立了区域构造变形相带组合模式。

(2)通过对收集资料的整理和分析,野外地质测量、化探工作、矿产检查的成果的阶段性综合研究,初步了解了区域成矿规律、成矿控制条件及时空演化规律;初步确定了调查区内主要金矿、磷矿的矿床类型及矿床的分布规律;初步建立了区内构造蚀变岩型(热液型)金矿床与沉积变质型磷矿床典型矿床的成矿模式和找矿标志。

(3)对全区的金矿和磷矿进行了资源潜力预测，圈定最小预测区 13 个，其中 A 级 6 个、B 级 7 个；结合宿松地区实际情况，提交金矿找矿靶区 2 处，轻稀土找矿靶区 1 处，并对找矿靶区进行了评价和排序。

湖北省建始—松滋地区煤炭资源调查评价

提交单位：湖北省地质调查院

项目负责人：江为名

档案号：1246

工作周期：2013—2015 年

主要成果：

一、总结了前人煤炭工作成果，提出了新认识

(1)本区有价值的含煤地层时代为中二叠世梁山组沉积期、晚二叠世龙潭组沉积期。确定和统一了二叠纪含煤地层的岩石地层单位为梁山煤系(中二叠世梁山沉积期的含煤地层)和龙潭煤系(晚二叠世龙潭沉积期的含煤地层)。

(2)研究了主要(可采)煤层的煤岩学特征、煤化学性质、工艺性能。对主要煤质指标(灰分、硫分)的变化规律和相关关系进行了分析对比。归纳出本区二叠纪主要煤层均属中灰—高灰、中高硫—高硫煤。煤类较为齐全，虽有瘦煤、焦煤、肥煤，但均因煤质不佳，选别指标差，故不能作为炼焦用煤。

(3)确定了调查评价区赋煤构造单元属川鄂湘边赋煤带(Ⅱ级)，共有 8 个煤田(Ⅲ级)，在此基础上划分为 8 个含煤远景区，较好地反映了调查评价区煤炭资源分布格局。

(4)通过对典型的构造几何形态和形成机制的研究，认为影响本区煤层的控煤构造样式主要有 3 种，分别为褶皱断裂组合、逆冲断裂组合和反转构造组合，局部存在伸展构造组合。这一研究对于深入认识煤田构造发育规律，指导煤炭资源评价、找煤与勘查工作都具有指导作用。

(5)二叠纪两套含煤地层形成于海陆交互地带的障壁潮坪-澙湖沉积体系，确定成煤环境为泥炭坪环境。根据沉积环境和沉积体系，结合构造研究，分析了物源区及物源供给方向、海水进退过程，并圈定了赋煤区域，为预测区圈定及今后找煤工作提供了依据。

(6)通过收集区内煤田有关资料，对有关的水文地质、工程地质、环境地质及其他开采技术条件进行了评估；在钻孔施工过程中进行了动态水位观测，终孔后及时进行了稳定水位测量，对调查区深部含水层、相对隔水层厚度、地下水位有了大致了解。综合分析后认为：梁山组煤层埋藏较深，水文地质条件较为复杂；龙潭组煤层含煤层位较高，一般位于侵蚀基准面以上，水文地质条件较为简单；煤系中砂泥岩类质地较软，但一般很薄，故工程地质条件相对较为简单，环境地质条件属中等—复杂类型，其他开采技术条件较为简单。

二、新提交了可供勘查选区 2 处

在优选的鹤峰煤田(远景区)、长阳煤田(远景区)、红灯-云台荒煤田(远景区)鼓楼段开展了 1∶5

万矿产地质测量，了解了远景区含煤地质特征，并进行了煤岩层对比，在鹤峰煤田发现岩屋槽含煤有利地段。

通过对成煤有利地段的重点检查和预查，采用 1∶1 万矿产地质测量、地质剖面测量及槽探工程揭露等手段，初步了解了五峰县岩屋槽，建始县刘家包，长阳县蜂子岩、牛头背，以及巴东县火石垭 5 个煤检(预)查区内煤层的分布、形态、规模、产状和煤质特征。

其中在五峰县岩屋槽、建始县刘家包各施工一个钻孔，进行了深部工程验证，两钻孔钻探质量等级和测井质量等级均为甲级，估算了 $333+334_1$ 煤田资源量。合计提交煤炭资源量($333+334_1$) 4845×10^4 t。

通过本次煤的重点检查和预查，新增了五峰县岩屋槽预测区、建始县刘家包预测区。两个预测区共预测出 $333+334_1$ 煤资源量 $12\,546\times10^4$ t，面积 120.72km²。其中，600m 以浅 333 煤资源量 90×10^4 t，334_1 煤资源量 6860×10^4 t；600～1000m 334_1 煤资源量 2730×10^4 t；1000～1500m 334_2 煤资源量 2866×10^4 t。

三、按含煤地层单元对 7 个远景区进行了资源潜力预测及评级

收集、利用、整理前人划定的预测区 27 个；删除前人圈定的预测区 1 个(鹤峰县太平预测区)，重新圈定了预测区 2 个，总预测面积 1 097.14km²，共预测潜在资源量 $41\,537\times10^4$ t。

梁山组煤层划为Ⅰ类远景区的有龙坪煤田、云台荒煤田、鹤峰煤田；龙潭组煤层划为Ⅰ类远景区的有龙坪煤田、恩施-宣恩煤田、鹤峰煤田。其中龙坪煤田、恩施-宣恩煤田、鹤峰煤田潜在的煤炭资源量 $26\,884\times10^4$ t，占预测资源总量的 65%，丰度值高、煤质佳、外部条件较好，区内煤炭资源均已开发，局部勘查程度较高，预测依据充分，特别是岩屋槽预测区以及刘家包预测区可望在进一步勘查后，选择有利地段建设中小型矿井或作为矿井后备资源。

四、对煤系地层及附近地层中的共(伴)生矿产进行了综合评价

对煤系地层龙潭组、梁山组及附近地层中共(伴)生的沉积矿产硫铁矿和黏土岩及 Ni、Mo、V、Ag、Pb、Zn、Se 等元素进行了综合评价。硫铁矿层虽具有一定层位，但其厚度较小，且厚度及品位变化较大，连续性较差。黏土岩中 Fe_2O_3 含量超标，含有有害的 MgO，不能直接被工业利用。Ni、Mo、V、Ag、Pb、Zn、Se 含量也较低。

广东北市地区矿产地质调查

提交单位：广东省佛山地质局

项目负责人：林杰藩

档案号：1248

工作周期：2013—2015 年

主要成果：

(1)1∶5 万水系沉积物测量，按照 4～8 个/km² 的密度系统采集水系沉积物样品，平均采样密度为 4.31 个/km²，共分析测试了 19 种元素，获得北市地区 Au、Ag、Cu、Pb、Zn、As、Sb、Bi、Hg、Cd、Sn、

W、Mo、Cr、Ni、Co、F、La、Nb 的最新地球化学基础资料，为北市地区成矿地球化学研究奠定了基础。广东北市地区水系沉积物测量共圈出综合异常 44 处，其中甲 1 类异常 5 处、甲 2 类异常 1 处、乙 1 类异常 1 处、乙 2 类异常 9 处、乙 3 类异常 18 处、丙 1 类异常 3 处、丙 2 类异常 7 处。发现了受控于罗定-广宁大断裂带以及广宁复式岩体接触带的两条综合异常密集带，大部分综合异常以 Au 为主，多数显著或较显著综合异常区存在已知矿床、矿点或新发现矿点、矿化点。

(2)在北市地区南西部(即 1∶5 万古水幅整幅及凤岗圩幅的南段)开展 1∶5 万高精度地面磁法测量，面积 $800km^2$，按照 100m×500m 网度开展。共圈定 11 处局部磁异常，主要分布于工作区南部、北部，磁异常在一定程度上反映了与北市地区金成矿密切相关的硫化物矿化体、断裂构造带、隐伏岩体等成矿地质特征。

(3)采用 1∶1 万地质测量、1∶1 万土壤(剖面)测量和 1∶1 万地质剖面测量(草测)、地表槽探揭露等方法，对 6 处化探异常区和 1 处钨铋矿区(包含 2 个矿点)进行检查。大致查明 6 处化探异常成因，其中 5 处异常发现了金矿(化)体；查明了已知钨铋钼矿(化)体的具体位置并新发现了钨铋钼矿(化)脉体 9 条。了解了金、钨铋钼矿(化)体的分布范围、规模、形态、产状等特征以及与围岩蚀变的关系。

(4)通过资料收集、实地调查和综合研究，总结和提取了区内破碎-蚀变岩型金矿的区域成矿要素和找矿模型，以及脉型钨钼铋矿产的特征。通过对调查区和邻区地质矿产资料的综合研究，以调查区的成矿特征结合《广东省矿产资源潜力评价报告》的研究成果，对北市地区的金、钨矿资源量进行了预测，对调查区总体资源潜力进行了初步评价，金为调查区的优势矿种，银可能成为新的优势矿种，钨多金属等也有一定的找矿潜力。通过对矿产、化探、地质、物探等综合研究，选取 7 处成矿最有利区段开展矿产检查或异常检查，新发现金银多金属矿点 3 处，新发现矿(化)体或矿化线索多处。综合研究认为，区内主要矿种和主要矿床类型为：金矿主要有破碎-蚀变岩型和石英脉型；钨(钼铋)矿主要有石英脉型及破碎-蚀变岩型；铌钽矿为伟晶岩型。通过多维度成矿条件与矿化信息的综合研究，划分出最有前景的 A 类找矿远景区 2 处、较有前景的 B 类找矿远景区 2 处、有一定前景的 C 类找矿远景区 1 处，优选出找矿靶区 2 处，提交了 2 处找矿靶区的预期成果任务。

广东信宜贵子地区矿产地质调查

提交单位：辽宁省第十地质大队
项目负责人：赵朋
档案号：1250
工作周期：2012—2014 年
主要成果：

一、基础地质

(1)地层：根据岩石组合、岩石地球化学特征和接触关系，并结合同位素测年资料，厘定了调查区岩石地层及地貌成因填图单位，划分出 9 个正式填图单位和 5 个非正式填图单位，建立了地层层序，提高了岩石地层的研究程度。

(2)岩浆岩：依据岩石组合、岩石地球化学特征和接触关系，并结合同位素测年资料，将调查区岩浆岩划分为7个期次，建立了19个填图单位，并对岩浆岩成因类型和形成的大地构造环境及演化机制进行了探讨。

(3)构造：通过野外地质调查和遥感、高精度磁测、激电中梯测量的解译和解释，总结了各类构造行迹的力学性质、特点及相互切割关系和活动时间，划分断裂构造36条，褶皱构造8个，建立了调查区构造格架。

(4)火山岩：对分布于坑坪—龙虎岗一带的细碧-角斑岩组合(混杂岩)，依据岩石组合和接触关系认为相当于蛇绿岩套建造，并遭受多期构造变形改造，属于一套无序的构造残片。通过本次采集2个细碧岩同位素样品，采用LA-ICP-MS锆石U-Pb测年，年龄分别为(911.7±6.7)Ma和(960.0±6.4)Ma，形成时代厘定为新元古代早期，该结果是本次对调查区内细碧-角斑岩系研究的一项重要进展。

二、物探

(1)通过1∶5万高精度磁法测量，对调查区不同岩石类型磁参数进行了测定，划分出3个磁场分区，圈出异常区17处，局部异常86处，推断解释出断裂构造17条，为调查区构造格架的建立提供了依据。

(2)通过对调查区大蕴—渤垌地区1∶5万激电中梯测量，圈出激电异常7处，其中JD-5、JD-7号异常规模相对较大，异常值一般在3.0%～4.7%之间，与化探组合异常吻合较好，推测由金属硫化物引起，具有较好的找矿前景。

(3)通过对榕垌—渤垌地区1∶5万激电中梯测量剖面测量和激电中梯测深，推断异常体5条，与地表矿体对应，推测由金属硫化物引起，指出找矿方向，具有进一步勘查意义。

三、化探

(1)1∶5万水系沉积物测量工作。通过1∶5万水系沉积物测量，查清了调查区主要成矿元素类型，圈定出单元素异常553处，组合异常28处，划分出甲类异常6处，乙类异常9处。根据异常规模、强度、元素套合情况及所处地质构造背景条件并结合高精度磁法测量成果，圈定了4个成矿远景区，分别为佛子坑-贵子铁、铜成矿远景区(Ⅱ-1)，旗山-托盘垌锡、铁成矿远景区(Ⅰ-1)，双德-连州金、锡、锰成矿远景区(Ⅰ-2)，渤垌-锡坪锡成矿远景区(Ⅰ-3)，钱排-银岩金、锡成矿远景区(Ⅰ-4)。通过对水系沉积物测量异常进行分析，调查区内Au、Sn、Bi元素浓集系数最大，位列前三，浓集系数均大于2，Au元素浓集系数最高；Bi元素变异系数最大，其次为Au元素，Cu、Mo、Zn、Ni、Pb等元素富集和变异程度均较弱，表明Au、Ag、Sn、Bi元素是区内主要富集成矿元素。

(2)土壤测量工作。通过在竹垌检查区(HS-16)开展土壤测量工作，圈定2处土壤组合异常，异常沿早石炭世侵入岩与蓟县系云开群接触带呈北西向展布，具有较好的找矿前景。通过在大蕴(HS-15)找矿靶区开展土壤测量工作，圈定了1处土壤组合异常，该异常位于早蓟县世侵入岩与蓟县系云开群接触部位，为成矿有利部位。

四、遥感解译

(1)根据SPOT5断裂解译标志解译出断裂450条，主要断裂4条。断裂构造依其空间展布方位主要有北东向、北西向和近东西向3组。根据环形构造解译标志解译出环形构造36个。环形构造具有导矿构造的作用，环形构造内部及环形构造边缘为重要的成矿场所。

(2)根据 ETM 遥感异常的不同强度、不同类型的套合程度解译重点查证的异常区 2 个。

五、矿产检查

通过对全区内已有矿点开展矿点检查工作，优选出 8 处矿点开展路线地质调查及矿点检查工作，分别为龙湾镇锡矿点、平塘镇麻场村金矿点、平塘镇石山村铁矿点、平塘镇石山村铅锌矿点、平塘镇石山村铅锌铜矿点、金田(三丫坑)铅锌铜矿点、贵子秋风根锡铁矿点、新榕镇黑泥山锰矿点，通过地表路线地质调查、矿点检查及采样化验分析，大致查清了各矿点矿体品位、矿石类型、围岩蚀变等地质特征。通过对化探组合异常进行分析、筛选，分别在旺茅、竹垌、古榄-马安山、托盘垌、美河村-三叉顶、黄豆坪村-天子地顶、钱排道班-双河村、钱新村-中龙茶场、马安村-白花窝共 9 处异常区开展异常查证工作。在对物探、化探、遥感及区域成矿背景综合分析的基础上，通过野外地质路线调查等工作，本次工作新发现矿点 4 处，确立了找矿靶区 4 处，分别为渤垌找矿靶区、山塘面找矿靶区、大蕴找矿靶区及三叉坑找矿靶区，为今后地质找矿和进一步勘查工作提供了线索和方向。

六、综合研究

(1)调查区经历了漫长的演化历史，具有多旋回演化的特点，依据区内沉积作用、岩浆作用、变质作用和构造运动及其相互关系，本区构造演化可划分为 4 个阶段，即新元古代早—中期的板块俯冲-碰撞阶段、早古生代晚期的陆内褶皱-造山阶段、晚古生代—中生代三叠纪陆内褶皱-推覆-花岗岩浆活动阶段和中生代侏罗纪—新生代构造转换-岩浆活动阶段。

(2)随着地质历史的演化，不同成矿时代形成不同的矿产类型：新元古代以沉积变质型、沉积变质-热液型铁矿为主，晚古生代以沉积型锰矿及石灰岩矿为主，中生代主要以热液充填型锡、金、银、铜、铅、锌矿为主，新生代主要以松散堆积冲洪积型砂锡矿为主。

湖北麻城福田河—白果镇地区矿产地质调查

提交单位：湖北省地质调查院
项目负责人：曾小华
档案号：1253
工作周期：2014—2016 年
主要成果：

(1)通过 1∶5 万矿产地质测量(实测面积 1443km^2)，了解了各地层、岩浆岩分布特征及与成矿的关系，以及构造对岩体、矿体的控制作用；查明了调查区成矿地质背景，总结了成矿控制因素。新发现了 6 处找矿线索，其中热液型钨矿点 1 处(两路口)、蚀变岩型金矿点 4 处(双庙关、大松树岗、成家山、香椿树湾)、矽卡岩型钨矿点 1 处(土楼)。

(2)通过 1∶5 万水系沉积物测量(测量面积 1411km^2)，圈定各类单元素异常共计 380 处，其中 W 异常 26 处、Mo 异常 23 处、Au 异常 40 处、Ag 异常 28 处、Cu 异常 17 处、Pb 异常 3 处、Zn 异常 4 处及其他，并圈定以 Au、Au-Ag、Mo-Au、W-Mo-Au 为主的各类综合异常 38 处，编制了一系列基础性化探异常图；按区内异常所处地质环境、找矿意义和工作程度进行异常价值分类，并结合异常评序结果及全区地层岩性、构造、岩浆岩特征和区域成矿规律,在调查区划分出两路口 W－Mo 成矿远景区 A1、双庙关 Au 成矿预测区 A2、大松树岗 Au 成矿预测区 B1、石门畈 Au 成矿预测区 B2、牛占鼻 W－Mo 成矿预测区 B3、白鸭山 Mo－W 成矿预测区 B4 共 6 处不同级别的重要成矿远景区,其中 A 类 2 处,B 类 4 处。

(3)通过遥感地质解译,建立了工作区地层、构造、岩石的解译标志,在区内大体划分了第四系松散沉积物、碎屑岩、片麻岩、花岗岩等几大类。利用 8 个波段的遥感影像进行 band1、band2、band3、band4、band5、band7 共 6 个波段的融合,通过噪声去除、大气校正、辐射校正,以及去除云、霾、水体、植被等干扰的影像预处理后,采用 ETM1、ETM4、ETM5、ETM7 波段提取羟基为主的基团异常,ETM1、ETM3、ETM4、ETM5 波段提取以铁染为主的变价元素异常处理,圈定了铁染异常 14 处、羟基异常 7 处、钨矿异常 6 处、钼矿异常 8 处、金矿异常 9 处。

(4)优选出 17 处具有较大找矿潜力的异常或成矿远景区开展以异常查证为主的矿产检查工作,矿产检查遵循先概略检查,再重点检查,先后开展矿产检查的有两路口、双庙关、大松树岗、蔡家寨、栗子岗、成家山、桥头湾、伍家岗、白鸭山、土楼、香椿树湾、程家寨等;发现了两路口中型钨矿点、双庙关金矿点等一批有进一步勘查价值的矿点。通过本次工作,预计提交两路口钨矿矿产地 1 处;提交两路口检查区、双庙关检查区、土楼检查区、白鸭山检查区可供进一步工作的找矿靶区 4 处。其中两路口钨矿为本次矿产调查工作发现,已圈定了 2 条钨矿体、4 条钨矿化体,1 条钼矿化体,主矿体 $Ⅰ_{w1}$ 资源量 WO_3(333＋334)达 11 197.02t,$Ⅱ_{w2}$ 资源量 WO_3(334)达 2 959.48t;达到中型钨矿床规模。

(5)通过综合研究,结合区内已有典型矿床及本次工作新发现矿点,确定本区矿产预测类型为蚀变岩型金(银)矿,热液型钨、钼、铜矿,接触热液变质型钨矿。在此基础上,结合区内地质、物探、化探、遥感资料,在调查区内划分出 8 个Ⅴ级成矿远景区,其中 A 级成矿远景区 3 个(Ⅴ－1 两路口-双庙关钨钼金成矿远景区 A1、Ⅴ－2 张店西金铜成矿远景区 A2、Ⅴ－3 白鸭山钨钼成矿远景区 A3),B 级成矿远景区 3 个(Ⅴ－4 石门畈北铅锌银多金属成矿远景区 B1、Ⅴ－5 八磊公社钨铜镍铬铁矿成矿远景区 B2、Ⅴ－6 龟峰山南金铜镍铬铁矿成矿远景区 B3)、C 级成矿远景区 2 个(Ⅴ－7 伍家湾铜镍铬铁矿成矿远景区 C1、Ⅴ－8 舒家畈西金银磁铁矿成矿远景区 C2)。

第三章　水工环地质类

海南国际旅游岛水文地质工程地质调查评价(海口-文昌片区)

提交单位:海南省地质调查院

项目负责人:阮明

档案号:1154

工作周期:2012—2014 年

主要成果:

一、对地下水类型进行了重新划分,对含水岩组结构、富水性及主要水文地质参数进行重新厘定和区划,为地下水资源评价提供了基础资料

(1)将调查区地下水总体划分为松散岩类孔隙潜水、松散-半固结岩类孔隙承压水、火山岩类孔洞裂隙水、基岩风化裂隙水、构造裂隙水 5 种类型。首次将基岩风化裂隙水进行了单独划分;根据供水意义大小,将文昌翁田、昌洒一带部分冲洪积层孔隙潜水与基岩风化裂隙水进行了归并。

(2)通过 973 个钻孔数据的重新厘定,对调查区特别是琼北盆地海口地区的含水岩组结构特征有了更高程度的控制,对承压水盆地边界进行了修正;编制了各承压含水层的埋深等值线图、厚度等值线图;建立了三维可视化水文地质结构模型。

(3)基于民井简易抽水、钻孔抽水、枯季测流、泉流量监测等工作,对含水岩组富水性进行了划分。

(4)首次在考虑井损、水跃等条件下,综合采用公式法、半对数图解法、标准曲线拟合法(基于 Aquifer Test 2015 软件)对含水岩组饱和渗透系数、导水系数进行了系统计算和分区,编制了潜水含水岩组渗性分区图、承压含水岩组导性分区图。

二、进行了地下水系统分区,按系统对地下水补径排条件、水资源量进行了评价,为区域地下水资源开发保护提供了依据

(1)基于"地下含水系统"和"地下水流系统"理论,将研究区总体划分为 2 个含水亚系统、5 个水流子系统。含水系统分别为:琼北盆地澄迈-海口-文昌含水亚系统、琼东北部沿海文昌含水亚系统。琼北盆地澄迈-海口-文昌含水亚系统进一步划分为澄迈-海口、文昌、雷鸣 3 个地下水流子系统;琼东北部沿海文昌含水亚系统进一步划分铺前-东郊、宝芳-清澜 2 个地下水流子系统。

(2)分别对含水亚系统、子系统内的各类地下水之间的补径排关系进行了总结。

(3)综合采用比拟法、降雨入渗法、均匀布井法对各含水系统地下水资源进行了计算,对资源潜力进行了评价。

(4)琼北盆地澄迈-海口-文昌含水亚系统,基于 2007—2009 年建立的数值模型,在考虑开采程度差异的情况下,采用比拟法对各层水资源量进行了计算。计算结果:天然资源量为 $21.54\times10^8m^3/a$,其中潜水 $18.20\times10^8m^3/a$,承压水 $3.34\times10^8m^3/a$;可采资源量为 $5.65\times10^8m^3/a$,其中潜水 $3.42\times10^8m^3/a$,承压水 $2.23\times10^8m^3/a$。

(5)琼东北部沿海文昌含水亚系,采用降雨入渗法、均匀布井法对系统资源量进行了计算。计算结果:天然补给资源量为 $4.84\times10^8m^3/a$,可采资源量为 $0.54\times10^8m^3/a$。

(6)地下水开采潜力系数为 2.16~25.4,开采潜力大。

三、基于统计学、地下水流系统的原理,对地下水化学、水质特征进行了总结和分区

(1)调查区地下水类型主要包括 HCO_3 型、HCO_3-Cl 型、$Cl-HCO_3$ 型、Cl 型共 4 类。浅层地下水水化学特征与补径排条件关系密切,自补给区—径流区—排泄区,地下水化学类型逐渐由 HCO_3 向 HCO_3-Cl 型、$Cl-HCO_3$ 型过渡,反映了降雨溶滤-混合、浓缩作用的结果。深层承压水水化学特征比较稳定,以 HCO_3-Cl 型为主。

(2)浅层地下水中,大部分属Ⅰ~Ⅲ类水,面积约 $4835km^2$,占调查区总面积的 96.7%,Ⅳ类、Ⅴ类水主要分布于沿海养殖区周边,以松散岩类孔隙潜水为主,少量火山岩孔洞裂隙水,超标组分包括 NH_4^+、NO_3^-、Cl^-、SO_4^{2-}、矿化度、Fe、Mn、F^-、Hg 等,分布面积约 $165km^2$,占调查区总面积的 3.3%;第Ⅰ承压水以Ⅲ类水为主,第Ⅱ承压水以Ⅲ类、Ⅳ类为主,第Ⅲ+Ⅳ承压水以Ⅴ类水为主,其中第Ⅱ、Ⅲ+Ⅳ承压水主要为 Fe 超标,Mn 次之。

四、圈定了 4 处地下水应急(后备)水源地,并进行了初步评价,为城市和重大工程建设应急供水提供了依据

(1)圈定文昌航天城应急水源地 2 处,分别为月亮湾应急水源地、东郊应急水源地,面积分别为 $19km^2$、$4km^2$。经计算,月亮湾应急水源地的应急开采量为 $10\ 000m^3/d$,东郊应急水源地应急开采量为 $5510m^3/d$,基本可以满足文昌航天城应急供水需要。

(2)圈定海口城市后备水源地 2 处,分别为长流后备水源地、江东区后备水源地,面积分别为 $70km^2$、$74km^2$。经计算,长流后备水源地可开采量 $14\times10^4m^3/d$,江东区后备水源地可开采量 $5\times10^4m^3/d$,能满足海口城市 90%左右的供水量。

五、对区内岩土体进行了综合分类、分区,对工程地质环境稳定性进行了综合评价,为工程建设选址规划提供了基础资料

按岩性组、岩性综合体、综合体工程性质将土体划分为 13 个岩性综合体和 19 种类型,岩体划分为 9 个岩性综合体。按成因、工程性质、区位等条件将调查区划分为 10 个工程地质区和 33 个亚区,并分区进行了评价。

选取区域地壳稳定性、地面稳定性、地基稳定性 3 项评价指标和 7 个评价因子,对调查区工程地质环境稳定性进行定性—半定量评价。评价结果:区内工程地质环境大部分属基本稳定区,澄迈金江西北部、澄迈—定安南渡江沿岸、海口荣山、秀英—海甸岛—东营—桂林洋一带、东寨港周边、珠溪河

沿岸—木兰头沿海、翁田—昌洒沿海沙堤等地区，存在地质灾害隐患或分布有淤泥质土、松散状饱和液化砂土等软弱土层，工程地质环境较不稳定，工程建设需采取相应防治措施。

六、对研究区高Fe水、弱酸性水、咸水的分布和成因进行研究，提出了处理对策，为地下水环境保护与防治提供了依据

浅层高Fe水主要分布于翁田、昌洒、东郊一带，深层水高Fe在第Ⅱ、Ⅲ+Ⅳ承压水均有发现。研究认为，玄武岩风化红土、中更新统冲洪积物(以褐红色黏土质砂为主)是地下水中Fe元素的物质基础；径流速度与地下水循环深度共同决定地下水中Fe的富集程度，第Ⅱ承压水普遍出现高Fe现象，推测是由于混层开采、降落漏斗处的越流引发。

酸化程度较高(pH小于5.5)的浅层地下水集中分布在文昌蓬莱—南阳—大致坡—海口三门坡一带火山岩台地、剥蚀堆积平原区，研究认为降雨是外来最活跃的因素，入渗与含水介质酸碱度是导致酸化程度差异的关键因素。区内咸水大部分由海水养殖污染引发，东营一带的第Ⅰ承压水咸化推测为混层开采引发。

七、在总结以上调查成果的基础上，针对地下水资源开发与保护、重大建设工程与旅游开发区建设、海岸带地质环境保护提出了具体的对策和建议

(1)在地下水开发方面，建议积极推进地下水应急(后备)水源地建设，打造长流、月亮湾水源地示范点，充分开发火山岩大泉；地下水保护方面，建议划定地下水资源保护区、严格限制承压水混层开采，加强地下水资源综合管理，并对保护区范围、保护措施提出了具体方案。

(2)建议文昌航天城将月亮湾、东郊地下水应急水源地纳入片区整体规划，优先考虑月亮湾水源地建设；对八门湾—东郊—龙楼片区环境进行综合整治，关停东郊海水养殖、修复八门湾红树林。

(3)在清澜港淤积防治方面，建议加强入湾河流沿岸的植被保护，论证在八门湾和清澜港之间设置滤沙工程的可行性，加强航道泥沙、周边海岸线变化监测。

(4)在木兰湾，建议加强沙堤潜水保护、消除严重液化砂土影响、加强土地修复。

(5)在月亮湾，建议将应急水源地纳入片区规划，工程消除液化影响，片区统筹规划取土场，控制开发密度以及防风林修复与保护。

桂中地区岩溶塌陷调查

提交单位：中国地质科学院岩溶地质研究所

项目负责人：罗伟权

档案号：1156

工作周期：2012—2015年

主要成果：

(1)查明了岩溶塌陷发育地质背景，为开展岩溶塌陷易发性评价奠定了基础。

厘清了调查区可溶岩与非可溶界线。在柳州地区圈定可溶岩面积1 449.5km²，占整个调查区的

61.8%,其中覆盖岩溶区面积 1 013.1km²,占碳酸盐岩分布区面积的 69.9%。在南宁地区(坛洛圩幅)圈定可溶岩面积 311.06km²,占整个调查区的 65.6%,其中覆盖岩溶区面积 282.56km²,占碳酸盐岩分布区面积的 90.8%。在来宾地区(良江幅)圈定可溶岩面积 436.1km²,占整个调查区的 92.8%,其中覆盖岩溶区面积 234.1km²,占碳酸盐岩分布区面积的 53.7%。

查明了调查区可溶岩空间分布特征和岩溶发育程度。柳州地区北部碳酸盐岩总体呈北西向展布,岩溶发育标高－170～100m,钻孔遇洞率 41.9%;中部总体呈北东向展布,岩溶发育标高－170～100m,钻孔遇洞率 18.5%～52.6%;南部总体呈南北向展布,岩溶发育标高－140～90m,钻孔遇洞率 30.8%。南宁地区(坛洛圩幅)碳酸盐岩总体呈南北向展布,岩溶发育标高－70～100m,钻孔遇洞率 41.9%。来宾地区(良江公社幅):除了东北部及西南角外,碳酸盐岩广布于调查区各地,其中纯碳酸盐岩(主要是灰岩)大面积连续分布于中部及北部地区;北部残峰残丘平原区下伏灰岩岩溶层组,岩溶发育标高以 40～80m 为主,钻孔遇洞率达 46.15%,平均线岩溶率为 7.5%;中部峰丛洼地谷地区,地表岩溶形态如洼地、落水洞、溶洞、岩溶泉等较为发育;其他地区岩溶发育较弱。

查明了调查区土层厚度和结构特征。柳州地区土层厚度总体以中薄层为主,近 2/3 的地区土层厚度小于 20m,仅在柳江两岸阶地附近土层厚度超过 20m;土层结构以单层为主,岩性多为含铁锰质结核黏土,占隐伏岩溶区面积的 84.39%,双层结构占 14.12%,岩性为“上黏、下砂”(卵砾石),多层结构占 1.49%,岩性多为卵砾石-黏土-卵砾石。南宁地区(坛洛圩幅)第四系分布较广泛,厚 3.6～26m,平均厚 12.5m,总体上以小于 15m 为主;土层结构以单层为主,局部含少量铁锰质结核,占隐伏岩溶区面积的 73.6%;双层结构占 26.4%,岩性为“上黏、下砂”(卵砾石)。来宾地区(良江公社幅)土层厚度以 5～15m 及 15～30m 为主,仅在新龙—吉利—山背地带土层厚度超过 30m,最大厚度可达 80 余米(断层破碎带);土层结构为单层结构,除新龙—吉利—山背地段为全—强风化硅质岩碎石土或断层破碎带硅质岩角砾外,其他地区均为黏土、含碎石黏土。

查明了调查区水动力条件。柳州地区的岩溶水位自然波动幅度较小,多在 5m 以内;区内存在地下水开采现象,且存在降落漏斗,最大漏斗面积 8km²,位于柳州车辆厂。南宁地区的岩溶水位自然波动幅度较小,一般小于 10m。其中,西部地区水位变幅小于 5m,中东部水位变幅一般为 5～10m。区内对地下水的开采强度较大,以装泵抽提水为主,主要集中于古潭乡中真村、大滕村—富庶—坛洛一带。来宾地区(良江公社幅)地下水动态属气象型,水位变化受降雨和季节影响明显,岩溶地下水水位在中部峰丛洼地谷地区以及吉利—山背一带变幅较大(>10m),其他地区水位变幅一般小于 5m。区内对地下水的开采强度不大,以农村家庭为单位的分散用水(民井、溶井、溶潭等)为主,良江镇政府在良江岩溶大泉(SD074)处开凿机井直接抽取岩溶泉水,供镇政府、学校、良江街居民及附近村庄生活用水。

(2)查明了调查区岩溶塌陷发育现状、时空分布特征,为地方政府防灾减灾提供了数据支撑。

柳州地区共调查岩溶地面塌陷 534 个,塌陷在空间分布上具有明显的聚集性,且多围绕人类活动点集中发生;塌陷在时间上多发生于 4—6 月,与降雨密切相关。

南宁地区(坛洛圩幅)共调查岩溶塌陷(群)25 处,塌陷坑 63 个,均为土洞型塌陷。平面上主要分布于莲塘—坛洛—群南和古潭—富庶—三景一带孤峰残丘平原区,且多具有群发性;从发生时间来看,主要发生于 5—10 月;在上石炭统马平组(C_2m)灰岩中最为发育,受北东向构造影响明显,主要由人为因素诱发,其中人为抽取地下水是最主要成因;规模上以小型为主,中型 6 处,大型 1 处(马重坡塌陷群);在形态上,平面以圆形为主,剖面主要为坛状。

来宾地区(良江公社幅)调查岩溶塌陷坑(含沉陷)73 个,除了吉利塌陷群外,其他地区均为分散分布。吉利塌陷群为一个大型塌陷,共有塌陷坑 33 个;塌陷坑平面形态以圆形、椭圆形为主,直径以小于 10m 为主，剖面形态以圆柱状、坛状为主，吉利塌陷区塌陷深度以 3～10m 为主，最大深度达 35m，其他地区塌陷深度大部分小于 3m；平面上主要分布于吉利—山背地区，其次为龙安—中团、那蓬一带，吉利—山背地区为群发性塌陷区。时间上，主要发生于 4—6 月；下石炭统(C_1)断层破碎带、中石炭统黄龙组(C_2h)灰岩中塌陷最为发育，上石炭统(C_3)塌陷 34 处，但分布比较分散；吉利典型岩溶塌陷为特大暴雨诱发形成，塌陷坑 18 个；其他地区岩溶塌陷主要的诱发因素为地下水天然水位波动引起；地面荷载与震动、钻探施工、水库蓄水等人为因素诱发塌陷 4 处。

(3)建立了 4 种岩溶塌陷发育地质模式和 3 种岩溶塌陷发育动力模式，分析了其成因机制和形成演化规律，为岩溶塌陷监测预报提供了理论依据。

根据岩溶塌陷形成的地质条件(上覆土层性质、结构与下伏基岩类型)，将工作区岩溶塌陷的地质模式归纳为单层结构的“黏土、粉质黏土＋灰岩”型和“黏土、粉质黏土＋白云岩”型、双层结构的“黏土、粉质黏土＋砂、卵石土＋灰岩”型以及““黏土、粉质黏土＋砂、卵石土＋白云岩”型 4 种基本岩溶塌陷发育地质模式。

根据天然状态下岩溶水位埋深与基岩面关系及水位变幅情况，将诱发岩溶塌陷的地下水动力模式分为 3 种类型：地下水在基岩面以下波动(无压波动)、地下水在基岩面附近波动(承压-无压波动)、地下水在基岩面以上波动(承压波动)。

(4)运用钻孔雷达等新技术方法进行岩溶塌陷调查探测，创新了岩溶塌陷调查方法，提高了工作效率和参数精度。

运用钻孔雷达，实现塌陷坑跨孔探测，查明地下岩溶发育形态、规模和优势方向。通过高新技术方法的成功运用，提高了工作效率和参数精度，为开展岩溶塌陷精确评价和精准预报提供了数据支撑。

(5)进行了岩溶调查评价等一系列基础和应用性图件编制，提出了防治对策建议，填补了调查区岩溶塌陷地质调查研究空白，为地方政府决策和工程建设选址提供了指导。在岩溶塌陷综合地质调查的基础上，以地球系统科学理论为指导，从需求服务角度出发，综合考虑“岩-土-水”和人类活动的相互作用和影响，编制了岩溶发育程度分区图、岩溶塌陷易发性评价图、岩溶塌陷防治区划图等一系列基础和专业性图件，为地方城镇化建设过程中的国土规划布局、重大工程建设选址以及防灾减灾提供了基础地质依据。

(6)研究了极端气候条件和人类工程活动与岩溶塌陷的对应关系，丰富了岩溶塌陷研究领域与方向。以良江公社幅基岩塌陷为例，从极端气候条件和人类工程活动与岩溶塌陷的对应关系出发，研究巨型岩溶塌陷的地质模式和形成演化机制，丰富了岩溶塌陷的研究领域与方向。

(7)建立了岩溶塌陷信息系统和服务平台，提升了岩溶塌陷社会服务水平。研发了岩溶塌陷野外信息采集软件、综合信息系统和服务平台，提高了岩溶塌陷社会服务水平。

湖北重点岩溶流域水文地质及环境地质调查(唐家村幅、沙道沟幅)

提交单位：湖北省地质环境总站

项目负责人：周宁

档案号：1161

工作周期:2010—2015年

主要成果:

一、岩溶环境地质条件

(1)工作区位于鄂西南恩施州南部,行政区域上属于恩施州鹤峰县和宣恩县辖区,流域上属于洞庭湖水系支流酉水、澧水三级流域部分范围,全区面积880km^2,为少数民族地区,以土家族为主的人口约占全区人口的43%,苗族次之,为7%,其他少数民族占0.5%。属亚热带季风性山地湿润气候区,多年平均气温为13.6℃,多年平均日照由1070h递增到1510h,多年平均降水量值从河谷往分水岭地带由1490mm递增到1825mm。

(2)工作区地层岩性全为沉积岩。除缺失上志留统、下泥盆统和下石炭统外,自新元古界至第四系均有出露。其中下寒武统至上奥陶统、石炭系至下三叠统的碳酸盐岩地层,分布面积为602.58km^2,占总面积的68.5%。志留系与泥盆系及其他地层的碎屑岩,分布面积为277.42km^2,约占总面积的31.5%。第四系松散堆积物则零星分布于流域内的河流河床及山间洼地中。区域构造上位于上扬子地台八面山台褶带中的北东向恩施台褶束和东西向长阳台褶束交会地带,以湾潭—五里一线为界,以西主要表现为一系列北东向弧形褶皱,以东主要表现为近东西纬向构造。背斜多属紧闭线状,向斜区一般较开阔,多为复式向斜,向背斜组合呈平行斜列式展布。

二、岩溶水文地质特征

(1)通过对不同时代的碳酸盐岩取样分析和岩矿鉴定,区内碳酸盐岩的化学成分仍以CaO、MgO为主。按方解石、白云石、CaO/MgO、SiO_2、R_2O_3的百分含量或比值特征将碳酸盐岩划分为灰岩、白云岩、云灰岩和不纯碳酸盐岩4种类型共10种岩石名称。在各时代地层中,都或多或少存在有不纯碳酸盐岩。其中下三叠统中的不纯碳酸盐岩单层厚度一般在8~19m之间,累计厚度占其地层总厚度的5%~10%,其溶蚀率在10.03‰左右,比纯灰岩稍低,影响岩溶发育的程度有限。

(2)工作区是我国南方典型的裸露型岩溶石山地区之一。地表岩溶个体形态组合形成了区内峰丛盲谷、峰丛槽谷、溶丘洼地等岩溶地貌类型,这些岩溶地貌类型在各种因素的控制作用下,形成了本区波状溶丘高台原、干流峰丛峡谷溶洞、溶丘洼地峡谷溶洞、丘丛洼地沟谷地貌、峰丛槽谷盲谷洼地五大岩溶地貌组合区,并相应形成了区内岩溶发育的多系统性、向深性、不均匀性和成层性特征。

(3)流域土壤种类繁多,垂直分带明显,组成土壤颗粒的主要是粉砂粒,次为砂粒和黏料,显示土壤的砂化程度较高;土壤的化学成分主要是Ca^{2+},其他金属离子含量较少,但其有机质含量较高,多在1.45%~2%之间;土壤中的污染元素Hg、Pb、As、总Ge及有机毒物的含量都分别高于南方区域背景值,但离临界值还有一定距离;土壤的固、液、气三相与土壤质地基本一致,所占比重合理,氮、钾、钙含量丰富,含盐量偏低,磷素普遍缺乏,由土壤构成的土地在区内坡耕地仍然较多,易导致土壤产生流失,其土壤肥力保持差,故流域土壤的总体质量为中等偏底,但区内水热条件丰富,植被发育,湿度大,仍然适宜多种植物的生长发育。

(4)根据碳酸盐岩含水层组的岩溶发育程度、富水性和水文地质特征的不同,将区内出露的碳酸盐岩地层划分为3个含水岩组。首先是岩溶强烈发育的纯碳酸盐岩强富水层组,包括嘉陵江组(T_1j)、大冶组上段(T_1d^2)和中上寒武统($\in_{2+3}$);其次是岩溶发育的次纯碳酸盐岩中等富水层组,主要是下二叠统(P_1)、下奥陶统(O_1)及背斜核部的下寒武统($\in_1$);最后是岩溶弱发育的不纯碳酸盐岩弱含水层组,包括上二叠统(P_2)、中石炭统(C_2)及中、上奥陶统(O_{2+3})、巴东组第一段(T_2b^1)、大冶组下段(T_1d^1)。

(5)本区岩溶地下水赋存并径流于裂隙、溶隙、溶孔和岩溶管道中,由于赋水介质的空间差异而导致岩溶水的补径排条件及其动态特征也有很大的不同,故形成了区内岩溶管道水、溶隙脉状水、网状裂隙水3种岩溶水类型。岩溶水含水介质不均匀至极不均一,地下水深埋变化大,无统一的地下水径流场,具非连续流和三维流特点。

三、岩溶水系统及水资源

(1)根据系统论和岩溶水类型的差异,将区内地下水系统划分为5个四级系统,按五级地下水系统划分原则在工作区范围内细分出10个地下河系统、21个岩溶大泉系统以及5个分散径流排泄系统。

(2)采用水文地质分析法求出全区地下水天然资源多年平均值为23 062.77×10^4m^3、平水年为21 053.78×10^4m^3、偏枯年为18 446.83×10^4m^3、特枯年为15 638.36×10^4m^3,全区碳酸盐岩类岩溶水的多年平均资源量为21 254.59×10^4m^3,碎屑岩多年平均资源量为1 808.18×10^4m^3。

(3)经计算,全区地下河、岩溶大泉和表层带岩溶泉的允许开采资源量为15 181.34×$10^4m^3/a$,可开采地下水资源量为9 149.14×$10^4m^3/a$,难开采地下水资源量为6 032.21×$10^4m^3/a$。其中,全区为开采潜力丰富区($P_潜$>2.5)有冷水溪流域、芭蕉河流域,开采潜力较丰富区($P_潜$=1.5~2.5)有白水河流域、龙潭河流域。

(4)工作区多数地下水无色、无味、透明,水温10~18℃;水化学类型以HCO_3-Ca型为主,个别点出现HCO_3·SO_4-Ca·Mg型;为弱碱性、微硬、低矿化度淡水,绝大部分水样的各单项组分都为Ⅰ类水或Ⅱ类水,水质属"优良"级至"良好"级。

(5)项目实施过程中,积极了解地方需求,根据需求进行成果转化,对重点缺水乡村地区开展了探采结合的地下水水源地勘查工作,先后成井6口,日总出水量546.11m^3,缓解缺水人口5500人、缺水牲畜1080头、缺水农田1430亩(1亩≈666.7m^2)的用水难问题。井水物理性质良好,为微硬、弱碱性、耗氧量很低、适合于各种用途的淡水。

四、岩溶环境地质问题

(1)工作区内严重的干旱缺水问题,一直是制约当地经济发展和居民脱贫致富奔小康的重要因素。大气降雨后便很快地从众多的岩溶洞隙中灌注地下,兴建的蓄水工程也常因岩溶渗漏问题而失效,造成地表严重干旱缺水。地表河水也多径流于深切峡谷底部,人们也难以利用。而岩溶地下水埋深很大且其介质含水又极不均一,打井取水难度很大,缺水不仅使区域内75%的粮食耕地产量降低,就连人畜饮水也有断源的可能。目前工作区涉及2县5个乡镇范围内缺水人口达3.76万人,占总人口的23.9%;缺水牲畜6.26万头,占总牲畜的22.4%;缺水耕地2.95万亩,占总耕地面积的28.3%。

(2)岩溶盲谷、槽谷及洼地内是洪涝灾害多发处,每当大雨、暴雨时,各方洪水一涌而来,各消水洞不能及时排走洪水而致灾。这些地方常是山区居民和农田集中分布地带,洪涝给当地经济社会发展造成较大的损失。据初步统计,工作区共有洪涝灾害点122处,其中非岩溶内涝灾害点5处,岩溶内涝灾害117处。岩溶内涝灾害淹没土地总面积12 452亩。单个岩溶内涝洼地中遭受淹没的耕地面积规模大多数为5~200亩,最大者是鹤峰县太平镇的内涝槽谷,面积达6500亩,最小的为2亩。

(3)工作区现有工业污染源、生活污染源和面状农业污染源三大类。根据2013—2014年所取110组地下水水样水质化验结果,采用单因子指数法进行评价,工作区内部分水样水质质量级别属"优良"

级至“良好”级,适用各种用途的Ⅰ类、Ⅱ类水样点 109 处,占调查样品总数的 99.9%;工作区水质总体优良,将来随着城镇规模的不断扩大和人口数量的不断增多以及工矿企业的发展壮大,排污量相应增大,地下水污染程度可能向不断恶化的方向发展。

(4)根据工作区的环境水文地质特点、需水情况、开发利用潜力和条件及环境地质问题分布等因素,以岩溶流域为单元,划分出以环境问题防治为主的岩溶水开发综合整治区、以岩溶水开发为主的环境问题防治综合整治区、以岩溶水开发为主的环境问题预防综合整治区。

鄂北丘陵山区严重缺水地区随县、应城市(北部)水文地质调查

提交单位:湖北省地质环境总站

项目负责人:刘云彪

档案号:1165

工作周期:2013—2015 年

主要成果:

一、查明了工作区水文地质条件

通过 1∶5 万水文地质基础地质调查,查明了工作区水文地质条件,提高了工作精度。

工作区内前人曾开展过 1∶20 万水文地质普查和部分 1∶5 万图幅区域地质调查工作,水文地质工作程度较低,通过本次水文地质调查,基本查明了工作区水文地质条件,提高了水文地质工作精度,可为地方国土资源管理等领域提供有力的技术支撑。

根据地下水赋存条件,工作区内地下水类型主要有 5 种类型(亚类),分别为松散岩类孔隙水、碎屑岩裂隙水孔隙、基岩裂隙水(变质岩基岩裂隙水、岩浆岩基岩裂隙水、碎屑岩类裂隙水)、碳酸盐岩类岩溶裂隙水和新近系掇刀石组裂隙孔隙水,其中变质岩基岩裂隙水、岩浆岩基岩裂隙水、碳酸盐岩类岩溶裂隙水分布于工作区北部的随州市,新近系掇刀石组裂隙孔隙水分布于工作区南部的应城市。

二、基本查明了区内地下水富集条件及规律

鄂北丘陵山区地下水资源十分缺乏,但在局部水文地质条件有利地段,存在富水块段。富水块段的形成在地层岩性、地质构造和地形地貌组合上具有明显的规律性。

工作区内广泛分布的白垩系红层总体来说富水性较差,断裂构造一般不发育,脆性硬质岩层和可溶性岩层与有利地貌部位组合地带往往赋存一定量的孔隙裂隙水,是红层找水的重点靶区。区内大面积分布的变质岩-侵入岩地下水极其贫乏,但在构造有利部位可能存在相对富水带。基岩裂隙水富集一般要具备 3 个条件:一是一定的补给面积(地表汇水面积);二是导水通道(断裂构造带或裂隙、岩溶发育带);三是储水空间(构造裂隙发育岩层或岩溶发育地层)。随县碳酸盐岩分布于秦岭褶皱系与扬子准地台的接触部位,地形起伏不大,多属低山丘陵,岩溶发育程度一般,富水性较好,在地貌有利部位(如沟谷交会处)和断裂破碎带等部位一般都能形成富水块段。

三、初步查明了区内地下水开发利用状况及其相关生态环境地质问题

工作区北部的随县以农业经济为主,人类工程活动相对较弱,干旱缺水严重,供水形式单一,饮水

安全风险增大，其他环境水文地质问题相对较少。工作区南部的应城市，是我国重要的盐化工基地，工业发达，经济快速发展加之环境保护意识不强、保护措施不力，导致生态环境恶化，水土质量大幅降低，污染日益严重，地下水过量开采导致地下水位下降形成降落漏斗。

四、完成了地下水资源评价，并进行了开发利用区划

在基本查明工作区水文地质条件的基础上，完成了地下水资源评价，分别计算了天然资源量和可开采资源量，并进行了地下水开发利用区划。

随县：地下水天然资源量多年平均值为 35 557.51×$10^4 m^3/a$，全县多年平均可开采资源量为 8 889.38×$10^4 m^3/a$；主要蓄水构造为襄广大断裂富水带及随州盆地富水带，可开采资源量分别达到 141.60×$10^4 m^3/a$ 和 886.34×$10^4 m^3/a$。全县划分为地下水具备开采潜力可规模开采区、地下水开采潜力较小可适当开采区、地下水零星开采需要规划区等。

应城市北部：地下水天然补给资源量为 3 154.58×$10^4 m^3/a$，地下水可开采资源量为 1 849.39×$10^4 m^3/a$。全市划分为地下水具备开发潜力可规模开采区、可适当开采区、采补失衡调节开采区和地下水零星开采需要规划开发区等。

五、完成了工作区水文地质空间数据库建设

本次数据库建设严格按照中国地质调查局水文地质环境地质调查中心的技术要求，利用"严重缺水区和地方病地下水勘查与供水安全示范数据库采集平台"，完成了鄂北严重缺水地区 1∶5 万水文地质调查野外调查数据、技术方法数据、样品测试数据的采集工作，提交了项目空间数据库和系列成果图件。

该成果资料可为当地"十三五"城镇化建设、矿产开发、投资建厂等规划发展提供基础地质依据，在调查期间，地方政府对此次调查项目产生了浓厚兴趣，多次邀请本项目组为地方投资建厂、乡镇村落水源地安全用水规划提供有力帮助，得到了随县及相邻县市政府的高度关注。

广西郁江流域中游横县段 1∶5 万水文地质环境地质调查

提交单位：广西壮族自治区水文地质工程地质队

项目负责人：邓忠

档案号：1172

工作周期：2015—2016 年

主要成果：

一、查明了工作区地貌特征

工作区属珠江水系郁江流域，地貌以岩溶平原为主。工作区位于郁江流域中游横县段北面，大桥江、云表河为区内主要河流。区内属广西桂东—桂南系列紧依升降侵蚀-溶蚀地貌区，地势总体北高南低，地貌以岩溶平原为主，次为低山-丘陵。

二、查明了工作区水文地质特征

(1)按出露地层岩性及其组合、含水介质特征，本区含水岩组划分为碳酸盐岩岩组、碎屑岩岩组和松散岩岩组三大类。其中碳酸盐岩含水岩组分布最广，主要分布于孤峰平原、岩溶丘坡地貌区，面积 547.00km^2；碎屑岩含水岩组主要分布于低山丘陵地貌区，面积 382.57km^2；松散岩类含水岩组主要分布于平原地貌区，覆盖于碳酸盐岩含水岩组之上，面积 125.02km^2(包含在碳酸盐岩面积中)。

(2)根据地下水的赋存条件、水理化性质及水力特征，将地下水划分为碳酸盐岩类岩溶水、基岩裂隙水、孔隙裂隙水和松散岩类孔隙水四大类；岩溶水根据埋藏条件，划分为裸露、覆盖、埋藏 3 种类型。

裸露型碳酸盐岩裂隙溶洞水：D_2d、P_1q、C_3、C_2d、C_1d、C_1y 组成的含水岩组富水性丰富，分布面积 54.31km^2；C_2h、C_2d、D_3 等组成的含水岩组富水性中等，分布面积 210.76km^2；D_1y^1 组成的含水岩组富水性贫乏，分布面积 156.91km^2。

覆盖型碳酸盐岩裂隙溶洞水：D_2d 组成的含水岩组富水性中等，分布面积 5.99km^2；D_1y^2 组成的含水岩组富水性贫乏，分布面积 125.02km^2。

埋藏型碳酸盐岩裂隙溶洞水：D_2d 组成的含水岩组富水性丰富，分布面积 1.37km^2；E_1、K_2 组成的红层钙质砾岩含水岩组富水性丰富，分布面积 17.46km^2。

碎屑岩孔隙裂隙水：以 K_1x、K_1x^1 组成的含水岩组，为富水性丰富的含水岩组，分布面积 48.09km^2。

基岩裂隙水(构造裂隙水)：D_1y^1、D_1n、D_1l 组成的含水岩组富水性中等，分布面积 252.12km^2；Z_2c、$\in_1c$、$\in_2b$、E_2 等组成的含水岩组富水性贫乏，分布面积 74.98km^2。

基岩裂隙水(花岗岩网状裂隙水)：以 $\gamma\delta\mu_5^{2a}$ 组成的含水岩组，为富水性贫乏的含水岩组，分布面积 7.38km^2。

松散岩类孔隙水：由第四系全新统组成的含水岩组，多为透水不含水，富水性贫乏，分布面积 125.02km^2。

(3)地下水补、径、排条件。工作区地下水主要补给来源为大气降水，另外区内地表河、溪沟、山塘、水库等地表水较为发育，地表水侧渗补给亦为地下水补给来源之一，图幅中部的岩溶区还受北部碎屑岩区侧向补给。平原区地下水埋藏较浅，水位埋深一般小于 10m，水力坡度平缓。本区的岩溶形态以溶隙及溶隙状溶洞为主，决定了地下水径流方式以裂隙流为主，以分散流形式排泄。整个工作区虽然出露多个天然水点，但没有地下河发育。

(4)地下水动态特征。地下水动态除受大气降水影响外，区内树枝状分布的地表水系对地下水动态变化也有较大影响。降雨为地下水主要补充来源，地下水水位涨落、水点流量增减均与降雨量密切相关，大部地区地下水动态呈气象型，但在石塘镇陈汶水库、青年水库及云表镇的六蓝水库、云表水库等的下游地下水动态往往受到水库放水的影响。

平原区地下水丰、枯季水位埋深大部分小于 10m，年变幅一般在 3～5m 之间，地下水位在短期内波动一般在 1m 以内；泉丰水期、枯水期流量变化量比值为 2～5，但也有如石塘 268、云表 327 等个别上升泉常年保持稳定流量状态的特例。

三、查明了工作区岩溶发育特征

工作区岩溶发育具沿断层、岩溶结构面发育的特点，同时岩溶发育程度跟岩性有关。本区岩溶强发育区位于云表向斜轴部、南北走向蒙公-百合大断层附近，北北西向、北北东向横切蒙公-百合大断层的交会处也是岩溶强发育地段；另外良圻农场、九凌水库东北 D_2d 纯碳酸盐岩分布区亦为强岩溶发育区。垂向上，裸露型、覆盖型岩溶区强岩溶发育主要位于地下 100m 以上区段，其中地下 0～50m（标高 30～80m）段最为发育，但在良圻农场埋藏型岩溶区勘探至 197m 处还遇到溶洞，该深度远低于当地侵蚀基准面。

四、对区内地下水系统进行了划分，并进行了水资源评价

区内地下水补给以大气降水为主，根据地表水系和地下水系及地层岩性、地质构造等综合分析，全区共划分为 17 个五级岩溶水系统。

对不同保证率（P）条件下地下水天然补给量进行了计算，结果显示 $P=50\%$、$P=75\%$、$P=95\%$ 的年份地下水天然补给量分别为 21 723×$10^4 m^3/a$、19 278×$10^4 m^3/a$、16 779×$10^4 m^3/a$，其中岩溶水地下水资源量分别为 18 839×$10^4 m^3/a$、16 719×$10^4 m^3/a$、14 554×$10^4 m^3/a$。采用地下水径流模数法对地下水资源量进行了计算评价，计算结果为 21 453×$10^8 m^3/a$，其中岩溶水资源量为 18 495×$10^8 m^3/a$。

采用枯季径流模数法对地下水资源可开采量进行了计算，经计算地下水可开采资源总量为 9671×$10^4 m^3/a$，其中岩溶水可开采资源量为 8441×$10^4 m^3/a$，基岩裂隙水可开采资源量为 534×$10^4 m^3/a$，孔隙裂隙水可开采资源量为 589×$10^4 m^3/a$。

五、根据地下水出露条件及储水构造富水性划分富水区段

根据地下水出露条件及储水构造富水性，划分出工作区内具有开发潜力的富水区段有 2 个，即良圻农场红层埋藏型岩溶含水层区、云表向斜岩溶蓄水构造区。两个区段的水资源量、水质均具备作为备用水源地的条件。

六、工作区环境地质问题

工作区显著的环境地质问题为岩溶干旱、地下水污染、岩溶塌陷。

岩溶干旱主要分布在云表镇郭祥村—凤凰山、校椅镇北部及良圻农场一带，共发现 5 处干旱片，总面积为 23 090 亩，最大干旱片面积为 5991 亩，最小面积为 1925 亩。干旱原因主要为工程性缺水，其次为资源性缺水，其中工程性缺水面积 16 785 亩，资源性缺水面积 6305 亩。工作区内地下水指标超标的项目有 pH、总硬度及亚硝酸盐等，邻近养殖厂、糖厂附近悬浮物、COD、氨氮等超标。污染程度主要以轻度污染和中度污染为主，污染范围呈零星斑块状分布。污染来源主要为农业污染源和生活污染源。本次调查发现岩溶塌陷 17 处，其中 14 处为近期发生，3 处为老塌陷，主要分布于良圻农场、青桐镇、五里镇东流村、云表镇新旺村等地，多数塌陷为自然因素引起，3 处为人为因素（抽水）引发。

七、地下水开发利用区划

根据地下水、地表水的富集程度及地下水出露与开发条件，以流域为单元进行了地下水开发利用区划。

工作区水资源开发主要根据水资源分布与开发利用条件，以解决社会经济发展需求，采取因地制宜的原则。针对不同类型岩溶区的需水情况进行区划，共划分出以抽、提地下水为主的开发区，以泉、溪沟引水为主的开发区和以地表水为主的开发区。

三峡库区巫山地质灾害调查监测

提交单位:中国地质调查局水文地质环境地质调查中心

项目负责人:张俊义

档案号:1175

工作周期:2013—2015年

主要成果:

(1)通过巫山示范站运行与维护、三峡库区地质灾害监测技术方法调研与综合研究、巫山县幅(H49E006008)地质灾害及孕灾工程地质条件调查,取得了一批基础地质调查和监测数据与成果,提高了三峡库区地质灾害监测技术研究程度,提高了巫山县幅地质灾害及工程地质调查精度,全面完成了地质调查工作任务。

(2)通过精心维护,保证了巫山示范站稳定运行,获取了大量有效监测数据,起到了示范运行效果;利用监测数据,对监测对象稳定性进行了评价。结果表明:巫山县向家沟滑坡、玉皇阁崩滑体和四道桥滑坡目前均处于基本稳定状态,显示滑坡治理效果良好;邓家屋场崩滑体变形相对较大,处于匀速变形阶段,潜在不稳定状态;巫山国宾酒店前桥、巴东县沿江一号、三号桥运行安全;残联滑坡已被改造为公园,近几年监测未发现明显变形,滑坡体总体处于基本稳定状态。监测结果为地方政府防灾减灾决策提供了可靠依据,为地方民生经济发展和社会稳定做出了重要贡献。

(3)以遥感调查为先导,通过巫山县幅地质灾害及其孕灾工程地质条件调查与填图,查明了地质灾害及隐患的类型、发育特征、危害对象和分布规律,编制了地质灾害及隐患分布图(1∶5万),用实体勾绘法直观表达了各类地质灾害的类型、位置、形态、规模、滑动方向、威胁范围和稳定性状况,为巫山县地质灾害防治提供了基础依据。图幅范围内共查明崩塌(危岩体)、滑坡、泥石流等地质灾害点197处,以崩塌(危岩体)和滑坡为主,其次为泥石流。滑坡以地表松散层土质滑坡为主,规模多为大、中型,降水、库水位变化等为主要诱发因素,主要发育在低山丘陵区和深切背斜的峡谷中下部,分布高程多在150~450m之间,以三叠系和志留系的粉砂质泥岩、粉砂岩、页岩等软弱岩层中最为发育;崩塌均为岩质崩塌,多为大、中型,降水和人工切坡或采煤等为主要诱发因素,主要分布在巫峡峡谷两侧高陡斜坡或陡崖地段,同时在人工切坡强烈的交通沿线崩塌灾害较为发育,主要发育横石溪背斜两翼的二叠系—下三叠统的中—强岩溶化灰岩与白云岩或软(泥岩、页岩和煤层)硬(灰岩)互层的地层中;泥石流有2处,暴雨为主要诱发因素,均发育在人工切坡等工程扰动强烈、沟谷内松散物质储量丰富的"V"形冲沟内。

(4)系统划分了巫山县幅斜坡结构类型和工程地质岩组,论证了地质灾害形成的工程地质条件,编制了专门工程地质图(1∶5万)和地质灾害易发程度分区图(1∶5万),为地质灾害早期识别与防范提供了基础依据。从综合体现斜坡坡度、坡向与地层产状等的空间关系及组合形式出发,将图幅内的斜坡结构划分为岩质斜坡和岩土复合斜坡2个一级类型,并将岩质斜坡进一步划分为顺向坡、顺斜坡、横向坡、逆斜坡、逆向坡和近水平层状坡6个二级类型,其中斜坡结构类型为顺向坡和顺斜坡的斜坡易发生滑坡灾害;近水平层状斜坡易发生崩塌灾害。根据调查区出露的地层岩性及其组合、结构面特征与类型、岩土体力学强度,以及岩溶、构造和风化特征,将调查区岩土体划分为松散土体(Ⅰ)与岩体(Ⅱ)两大类,在土体中,残坡积碎石土、崩塌滑坡碎石土和粉土(巫山黄土)为易滑土体,在坡度大于

15°的斜坡地段易因降水或库水位变化而诱发滑坡；岩体中软弱薄—中厚层状(粉)砂岩、粉砂质泥岩岩组和较软弱中厚层状泥质灰岩夹薄层泥岩或粉砂岩岩组为主要易滑岩体；坚硬中厚—厚层状灰岩、白云岩夹泥(页)岩或煤层岩组和坚硬中薄—厚层状白云岩夹块状岩溶角砾岩岩组为主要易崩岩体；坚硬薄—厚层状岩溶化灰岩和白云岩岩组和坚硬薄—厚层状灰岩岩组为较易滑易崩岩体。

(5)系统总结了三峡库区已监测滑坡所采用的监测方法的应用效果、优缺点及适宜性，给出了主要监测仪器的安装方法；在滑坡灾害成因背景的基础上，结合滑坡变形运动特征，三峡库区滑坡可分为推移式降雨型土质滑坡、牵引式降雨型土质滑坡、整体式降雨型土质滑坡、牵引式库水型土质滑坡、整体式水库型土质滑坡、牵引式降雨型岩质滑坡、整体式降雨型岩质滑坡、牵引式水库型岩质滑坡和整体式水库型岩质滑坡共9类。根据滑坡的岩(土)体类型与变形运动特征，结合滑坡体岩(土)体性质、形态特征、规模等特征，按重点布控与总体控制相结合和变形监测与诱发因素及相关因素监测相结合的原则，提出了不同类型滑坡监测技术方法组合、监测网布置与监测周期选择方案，为地质灾害监测预警工作提供了参考依据(图3-1)。

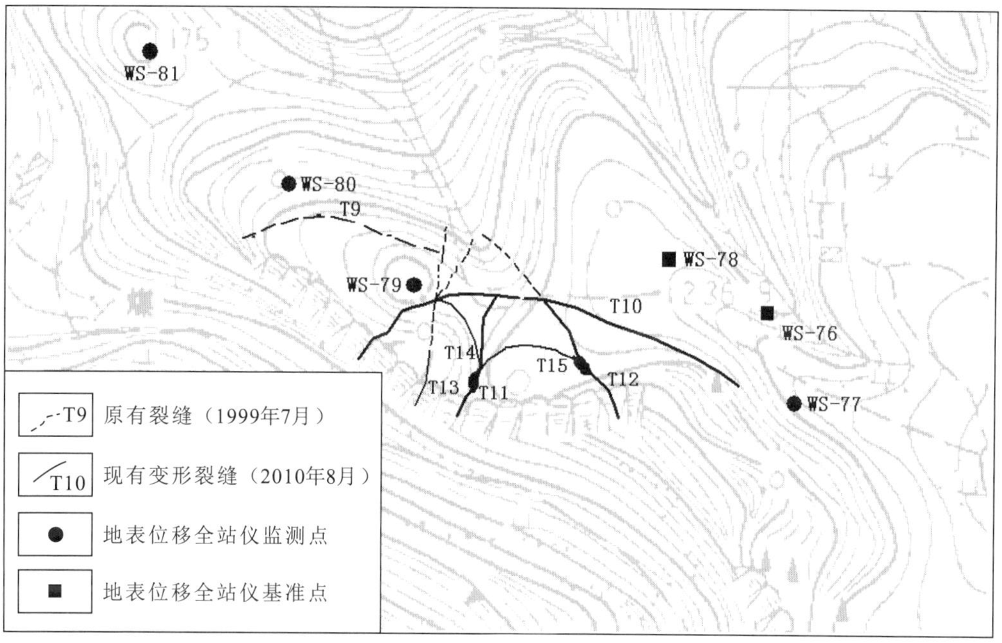

图3-1 望霞危岩区主要控制性结构面及监测点分布图

(6)系统阐述了巫山县幅内地质灾害的形成机理、破坏方式、变形运动特征和致灾模式，结合调查成果，采用信息量法客观评价调查区地质灾害易发程度，选取调查区内影响地质灾害发生的主要因子，包括地形地貌、工程地质岩组、斜坡结构类型、地质构造、植被和冲沟发育情况与地表水等，充分考虑地质灾害体活动程度，将调查区划分为地质灾害高易发区、中易发区、低易发区和不易发区4类；对重点调查区，在地质灾害易发性分区评价的基础上，以降雨条件为主要诱发因素，并考虑库水位变化和人类工程活动的影响，通过定量评价和定性评价相结合的方法，计算在不同降水条件下地质灾害的危险性特征，划分为高危险区、中危险区、低危险区范围；结合调查统计的各个地质灾害体可能造成的人、财、物损失，考虑地质灾害变形强度、扩展范围及可能引发涌浪等情况，以定性评价为主，划分高风险区、中风险区、低风险区范围。在地质灾害易发性、危险性和风险评价的基础上，提出了地质灾害防治规划建议。

(7)按照《崩塌滑坡泥石流调查评价信息化成果技术要求与编图指南》要求，建立了巫山县幅(H49E006008)地质灾害调查评价数据库。

云南重点岩溶区1：5万水文地质调查(阿舍大寨幅、鸣就幅)

提交单位：桂林理工大学

项目负责人：李社宏

档案号：1176

工作周期：2014—2015 年

主要成果：

(1)工作区位于南盘江水系与红河水系分界处，是云贵高原东南侧山区的一部分。从整体上来看，地势具有中部高、南北两侧低的特征。最高为北东侧大黑山，海拔 2 319.2m，最低为东南老腊底河，海拔 1380m。全区地貌共划分为构造侵蚀中山地貌、侵蚀溶蚀中山地貌、岩溶地貌三大成因类型。其中岩溶地貌可分为峰丛洼地、溶丘洼地、峰林地貌、溶蚀槽谷 4 类。

(2)出露的最老地层为下寒武统，其次有泥盆系、石炭系、二叠系、三叠系、古近系和全新统等地层。其中$\in_3$、D_2d(E)、D_3、C_{1-3}、P_1、T_2g^{1-3}为纯碳酸盐岩地层，$\in_2s$、$\in_2g$、D_1p、D_2d(W)等地层为灰岩、白云岩与砂岩、泥岩、粉砂岩、板岩等互层或夹层，$\in_1$、T_2f、N 和 E 主要为砂岩、粉砂岩、泥岩、砾岩等纯碎屑岩。区内构造走向整体以北东向、北西向为主，南部和东部碳酸盐岩区以东西向和南北向为主。本次工作发现在晚石炭纪地层中含有锰铁矿化点各 1 处。

(3)将工作区内地下水划分为松散岩类孔隙水、基岩裂隙水、岩溶水、覆盖型岩溶水和埋藏型岩溶水五大类。其中岩溶水根据含水介质划分为纯碳酸盐岩裂隙溶洞水、碳酸盐岩夹碎屑岩裂隙溶洞水和碎屑岩夹碳酸盐岩裂隙水 3 个亚类。

孔隙水主要分布在第四系松散堆积物中，为含水贫乏的孔隙水。

基岩裂隙水主要分布在$\in_1$、T_2f、N 和 E 中，为含水贫乏的基岩裂隙水。

覆盖型岩溶水主要分布在盆地和溶蚀槽谷的第四系堆积物中，盖层厚度 0～8.5m，深部为纯碳酸盐岩，含水流量小于 10L/s。

埋藏型岩溶水主要分布在条带状 T_2f 分布区，深部为 T_2g 和 C 纯碳酸盐岩，含水量不清楚。

纯碳酸盐岩裂隙溶洞水分为含水丰富的纯碳酸盐岩裂隙溶洞水[含水岩组为$\in_3$、D_2d(E)、C_{1-3}、P_1、T_2g^{1-3}等]和中等的溶洞裂隙水(含水岩组为 D_3)。

碳酸盐岩夹碎屑岩裂隙溶洞水可分为两个亚类：一类是$\in_2s$(E)含水岩组，为含水中等的碳酸盐岩夹碎屑岩溶洞裂隙水；另一类是 D_2d(E)含水岩组，为含水较弱的碳酸盐岩夹碎屑岩裂隙水。

碎屑岩夹碳酸盐岩裂隙水可分为 3 个亚类：第一类为 D_1p(E)含水岩组，为富水中等的碎屑岩夹碳酸盐岩裂隙水；第二类为$\in_2s$、$\in_2g$ 含水岩组，为含水性较弱的碎屑岩夹碳酸盐裂隙水；第三类为 D_1p、$\in_1$ 含水岩组，为含水性贫乏的碎屑岩夹碳酸盐岩裂隙水。

(4)工作区处于红河和南盘江分水岭处，总体属于补给区。各个系统的地下水补给来源主要有降雨垂直渗流、地表水侧向补给和重复补给。其中地表水补给地下水特征明显，区内最大径流杨柳河全部补给给石洞地下水系统。地下水径流具有以管流、裂隙流为主，地下水、地表水交替等特征。径流方向主要受构造、地貌和岩性控制，以急变流-聚变流为主。地下水径流在水平面上存在单管、树枝状、网状等形式，在垂向上存在单层结构和双层结构。地下水排泄方式以平排为主，受地形、构造、岩性和基准面控制。

(5)根据综合分析将区内划分为南洞、六郎洞、德厚河、大桥河和白溪河 5 个一级岩溶系统，并进一步划分出 11 个二级岩溶水系统、13 个三级岩溶地下水系统。其中，南洞岩溶水系统出露有平石板、大黑水洞和黑龙潭 3 个二级岩溶水系统；六郎洞岩溶水系统包括中和营大龙潭和平原街 2 个二级岩溶水系统；德厚河岩溶水系统出露有白鱼洞和羊皮寨 2 个二级岩溶水系统；大桥河岩溶水系统出露有老腊底和五里冲 2 个二级岩溶水系统；白溪河岩溶水系统出露有菲白水库和庄寨水库 2 个二级岩溶水系统。

(6)区内共调查岩溶泉 146 个，流量大于 2L/s 的泉共 69 个，总流量 1 187.3L/s，其中岩溶大泉 25 个，总流量 1 082.6L/s，水下泉 2 个，流量 29.88L/s。泉水主要受岩性、地形和构造因素控制，其中 $\in_2 s$ 和 $D_1 p$ 中泉水最发育。地下水类型以 $HCO_3-CaO\cdot Mg$ 型和 HCO_3-Ca 型为主。

(7)本次工作共调查 3 条地下河，主要发育在 $T_2 g$ 和 $D_2 d$ 的纯碳酸盐岩中，地下河总流量达到 2 677.3L/s，最长地下河为石洞地下河，区内长度 38.2km。地下河水平面上呈树枝型、单管型和网络型，垂向上具有单层结构和双层结构。主要受构造、岩性和岩石裂隙等因素控制。

(8)动态监测限时地下水动态变化较大，流量动态曲线类型分为 3 种：多峰型、单峰型、平缓型，其中以单峰型为主。

(9)洞穴探测 2100m，多数洞穴内地下河平缓，有大量蝙蝠等生物寄居。入口多具有双层结构。地下河出口多在图幅外，调查区地下河主要为入口。采用 ^{14}C 测年显示，年龄主要在 29 690～2530a 之间。

(10)区内岩溶地下水资源丰富，采用入渗系数法计算获得天然资源量，50％概率为 $2.98\times10^8m^3$，75％概率为 $2.69\times10^8m^3$，90％概率为 $2.5\times10^8m^3$。径流模数计算天然资源量为 $2.26\times10^8m^3$。其中岩溶水 $2.216\times10^8m^3$，孔隙裂隙水 $0.048\times10^8m^3$，岩溶水占 97.4％。枯季径流模数计算可采资源量为 $0.957\ 8\times10^8m^3$，其中南洞岩溶水系统为 $0.29\times10^8m^3$。区内 5 个地下河出口流量合计 2.45L/s，7 个地下河入口和天窗合计流量 3.31L/s，区内 27 个主要消水溶洞将地表水流量 2.951L/s 转为地下水。

(11)开发利用现状调查表明，目前已形成鱼泽坡、阿优、泥龙拱、回龙、庄寨、菲白、西甲冲和小红岩 8 个水库。总库容为 $4\ 380.1\times10^4m^3$，合计汇水面积 $298km^2$。地下水以引流和围堰为主，部分采用抽水和提水方式开发。区内地下河出口和天窗合计流量 2.64L/s，其中 2.4L/s 进入水库，小寨和五谷冲天窗合计流量 240.6L/s，可灌溉 100 亩农田。区内流量大于 2L/s 的泉 69 个，流量合计 1 187.3L/s，已经开发利用 649.2L/s，开发利用量为总量的 54.7％。

(12)根据地下水出露条件及储水构造的富水性，本区划分出期不底、鲁都克、地者恩、五谷冲、阿优、小寨、泥龙拱、回龙水库、杨柳河村、老鸣就、石洞、杨柳井、芷村大龙潭、它次邑、白诗、颇者和庄寨 17 个富水块段。目前工作区已经采用杨柳河引水工程、修建水库、围泉、引流和提水等方式进行地下水开发。建议对小寨、阿舍小寨、五谷冲、鲁都克、三梅棵、杨路河村、芷村大龙潭、歇平寨地下河、老腊底河和落水洞村共 11 处地区的规模较大和较集中的地下水进行开发利用。

(13)丰水期和枯水期地下水质分析显示，地下水主要以Ⅰ类和Ⅱ类水为主，丰季时Ⅲ类水主要在庄寨水库和期不底附近。枯水期Ⅲ类水面积增大，在期不底、扎门小泉出现Ⅳ类和Ⅴ类水，主要为 Mn 和 NH^{2+} 超标。总体上工作区地下水质较好。

(14)工作区石漠化主要分布在西北地区和南侧，其中严重石漠化区主要分布在西北地区。潜在石漠化和轻度石漠化区较多，需要防止过渡开垦引起重复石漠化现象。区内缺水区主要分布在西北地区和南侧岩溶发育区,地表径流少,岩溶水埋深较大,尤其西北地区岩溶发育深度超过100m,部分村寨主要靠接雨水当生活用水。

(15)区内还存在滑坡、崩塌和泥石流隐患。滑坡和泥石流主要分布在区内相对落差大的村村通土路边和植被覆盖较少的山腰地区。塌陷主要分布在白岩石—查尼皮一带,与北西向隐伏正断层有关。

(16)按照《岩溶地区专业图系图式图例标准》及相关标准完成了数据的建库工作,建立图形空间数据库,以1∶5万空间数据为主体,包括岩溶地区的基础地质、水文地质、岩溶水文地质、水文地质参数、生态环境地质等方面,实现了基础地学数据共享及社会化服务的目标,为地质科学的信息化建设提供数据源,为保护人类赖以生存的地质环境提供有效的信息,起到了支撑国民经济与社会发展、保障国家基础资源和战略资源安全的作用。

三峡库区巫山段危岩体调查

提交单位:中国地质调查局水文地质环境地质调查中心

项目负责人:乐琪浪

档案号:1177

工作周期:2013—2015年

主要成果:

(1)对三峡库区巫山段开展地质灾害调查工作,按3个层次不同精度开展调查和勘查工作,针对一般调查区开展1∶5万的地质灾害与孕灾工程地质条件调查,针对重点区开展1∶1万调查并开展地质灾害风险评价,在地质灾害高易发区内选择重大灾害体和典型剖面开展工程地质勘查及工程地质剖面测量,查清灾害体稳定性及工程地质条件。调查以地质灾害隐患点和孕灾条件为重点,有效地提高了地质灾害调查精度,提高地质灾害早期识别水平,为地方地质灾害防治提供更高精度的调查数据,提高地质灾害防治的针对性和有效性。

(2)调查区内主要以滑坡灾害为主,占到地质灾害总数的90%,其中确定的滑坡灾害隐患点占47%,这些点位具有更强的隐蔽性和致灾性,多数不被关注,时常造成严重的破坏,导致"查而不滑""滑而未查"的结果,调查区防治重点应在巫山、巫溪、奉节等县域的山区城镇,主要集中在大昌镇、双龙镇、平河乡、福田镇、龙溪镇、蒲莲乡、三溪乡和岩湾乡8个乡镇,以滑坡灾害为主,集中在大宁河、长溪河、福田河以及次级沟道两岸区域和S301省道、S401省道、沿江公路等区段,针对地质灾害隐患区段,应加强地质灾害监测预警,构建有效的群测群防体系,加强宣传和培训工作(图3-2),避免出现群死群伤的灾难性事件。

(3)调查区地质灾害高发、频发,并具有特定性,其易发程度主要受控于4个基本要素:第一,工程地质岩组是形成滑坡灾害的基本条件,三叠系巴东组构成的中厚—薄层状软弱泥灰岩夹页岩岩型和中厚—薄层状较软弱砂质泥岩与细砂岩互层状岩型为该区域内主要易滑地层,其风化堆积层易形成土岩界面滑坡,规模以大—中型为主,物质成分主要为第四系残坡积成因的碎石土和滑坡崩塌堆积的碎块石土;第二,斜坡结构类型控制滑坡的基本特征,大型滑坡多数发育在顺向坡和顺斜坡区段内,特别是在长溪河、大宁河、福田河的两岸及岩湾乡场镇的周边发育大量该类型斜坡,滑坡灾害发生的可能性较大,风险也较大;第三,地形地貌对滑坡灾害的形成提供必要条件,调查区内地质灾害多与地下

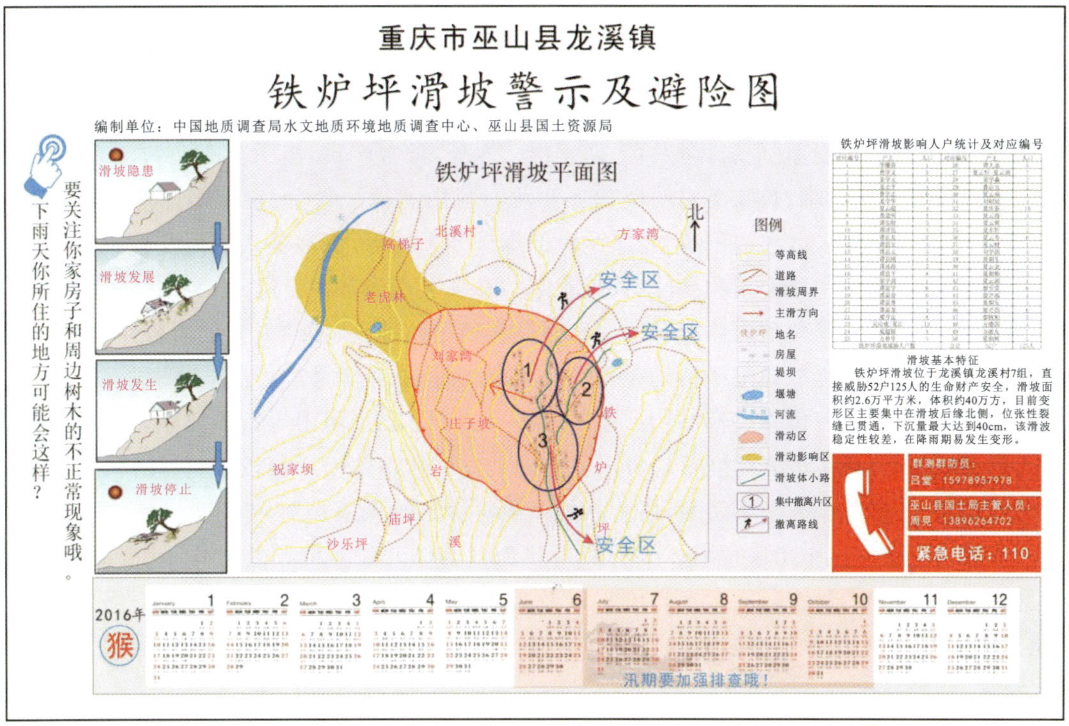

图 3-2 三峡库区巫山段危岩体调查项目创新优化成果地质灾害表达形式

水关系密切，并多数发育在凸形坡中，在 16°～29°斜坡地段滑坡发育数量最多，应重点关注；第四，调查区内滑坡及隐患点与褶皱构造密切相关，多数发育在向斜的两翼，并常形成大型滑坡。

（4）调查区内滑坡破坏模式主要包括松散土体基覆界面发生滑移破坏模式、风化碎裂岩体沿风化剥蚀界面发生滑移破坏模式和岩体沿软弱层发生滑移破坏模式 3 类，主要以松散土体基覆界面发生滑移破坏模式为主，滑坡致灾模式则以蠕滑-拉裂模式与剧滑-推覆模式为主，并造成较大的破坏。崩塌破坏模式主要有滑移式、倾倒式和坠落式 3 类，以倾倒式和坠落式为主，主要集中在大宁河小三峡区段，马渡河两岸，龙溪镇、福田镇西侧煤矿开采区以及巫溪县北部。

（5）结合调查成果，采用信息量法客观评价调查区地质灾害易发程度，选取调查区内影响地质灾害发生的主要因子，包括工程地质岩组、坡度、坡向、斜坡结构类型、地下水和地表水、地质构造等，充分考虑地质灾害体活动程度计算出调查区地质灾害易发程度。以降雨条件为主要诱发因素，并适当考虑人类工程活动，计算在不同降雨条件下地质灾害的危险性特征，划分为高危险区、中危险区、低危险区范围。结合调查统计的各个地质灾害体可能造成的人、财、物损失，考虑地质灾害变形强度、扩展范围等，计算地质灾害风险值，结合实际调查结果，划分高风险区、中风险区、低风险区范围。初步提出调查区地质灾害易发程度评价、危险性评价和风险性评价的基本方法和指标体系。

（6）开展地质灾害遥感解译工作，有效指导了地质灾害调查工作，解译出 654 处地质灾害点，划分了褶皱和断裂等主要地质构造形迹。通过核查，地质灾害点解译成功率达 66%，取得了较好的效果，特别是对一些调查难以到达的区域提供了有效的数据信息和灾害信息。在重点调查区开展机载雷达测绘并获取了高精度 DEM 数据，获得植被覆盖区域下的地形，垂直精度较高，为分析灾害体基本特征、稳定性和影响范围提供了数据参考。在重点灾害体和典型工程地质剖面测量点位处，采取高密度电阻率法能够较好地区别滑面上、下的电性差异，特别是在堆积层斜坡中，与工程地质钻探对比分析，为精确地判定斜坡潜在滑动面提供了物性参数。

(7)调查区在汛期时常发生重大地质灾害,结合调查成果,积极参与地质灾害调查应急调查与处置,为地方防灾减灾工作提供支撑服务,保证成果服务的及时性和有效性,创新成果表达方式,以通俗易懂为基本原则,与地方沟通协作,围绕调查区内重大灾害问题和防治难题提供技术支撑。

(8)三峡库区巫山段崩塌(危岩体)发育,调查出 123 处,危害严重,集中分布在长江北侧的巫山长江大桥—望霞乡红星村一带、长江南侧的白建坪乡跳石村白鹤坪一带、大宁河小三峡区段、巫溪县城北部、三溪乡田家煤矿开采区和福田镇、龙溪镇西部煤矿开采区等,以坠落式崩塌和倾倒式崩塌为主,规模以小型为主,多发育中位崩塌和高位崩塌,稳定状态多表现为基本稳定。

(9)对望霞危岩体和羊角危岩体进行了分区分段和稳定性评价,上硬下软的岩性组合方式是危岩体变形的主控因素,下部强烈的采矿活动是危岩体破坏变形的诱发因素。在上述两处典型危岩体上构建监测预警体系,以裂缝位移、岩体应力、地面倾斜、孔隙水压力、降雨等监测要素,建立了多参数三维立体式监测系统,分析了危岩体变形趋势。目前两处危岩体整体变形量较小,仅在降雨期局部出现掉块和崩落现象,关键部位变形不明显,危岩体处于相对稳定的状态。

(10)通过对三峡库区巫山段危岩体调查和对典型危岩体开展监测预警工作,从崩塌(危岩体)监测内容、监测设计,监测系统建设、运行与维护以及数据分析等方面进行了系统总结,提出了崩塌(危岩体)监测技术方法,为地质灾害监测预警工作提供了参考和依据。

武汉市岩溶塌陷调查

提交单位:湖北省地质环境总站

项目负责人:李海涛

档案号:1179

工作周期:2012—2015 年

主要成果:

(1)调查区地形特征带有明显的过渡性质,总体地势为西南、南部、中部高,西北、北部及东部低,以波状起伏垄岗地形为主。丘陵地形主要位于调查区东南部,以残丘低山呈近东西向串珠状断续分布。平原地形主要分布于长江、汉江沿岸。构造上位于淮阳山字型构造前弧西翼与新华夏构造体系的复合部位。形成一系列由志留纪—三叠纪地层构成的近东西走向的线状褶皱,一般向斜窄、背斜宽,并发育北西西向、北西向、北东向 3 组断裂。区内基岩出露较少,绝大部分隐伏于第四纪地层之下。区内分布有自泥盆纪至第四纪地层。

(2)调查区隐伏可溶岩总体呈近东西向条带状分布,局部地区由于受构造影响岩溶条带发生折曲,条带宽度一般为 0.8～4.1km,隐伏可溶岩分布总面积约 764.02km^2,占调查区总面积的 28.7%。其中覆盖型岩溶区分布较广,面积约 492.55km^2,占可溶岩面积的 64.47%。埋藏型岩溶区分布面积约 271.46km^2,占可溶岩面积的 35.53%。

(3)全区钻孔遇洞率达 37.67%,平均线岩溶率为 7.3%;最大洞高 11.9m,最小洞高 0.1m,平均洞高 1.91m。溶洞大多呈全充填(65.15%)或半充填状态(16.18%),小部分溶洞无充填(18.67%)。以钻孔遇洞率为划分指标,将调查区定性地划分为强、中、弱 3 级:岩溶强发育区总分布面积约 233.31km^2,占碳酸盐岩分布总面积的 30.54%;岩溶中等发育区分布面积约 166.78km^2,占碳酸盐岩分布总面积的21.83%；岩溶弱发育区分布面积约363.93km²，占碳酸盐岩分布总面积的47.63%。

(4)区内第四系覆盖层厚度一般为10～50m，局部地段最大厚度达80m。针对第四系土层岩性特征，将区内的第四系土层结构划分为单层结构、双层结构和多层结构3种类型。单层结构土层岩性以较单一的黏性土层为主，在调查区中部、南部广泛分布，面积1 824.04km²，占调查区面积的68.41%。双层结构土层主要为“上黏、下砂”结构，面积88.05km²，占调查区面积的3.30%。多层结构土层主要分布于调查区北部长江、汉江沿岸，面积643.25km²，占调查区面积的24.12%。

(5)调查区共有25处(30次)岩溶塌陷，其中88%的岩溶塌陷分布于白沙洲岩溶条带、新隆-豹子澥复式倒转向斜的核部、长江沿岸，自2012年开始塌陷逐渐向新城区扩张。区内的岩溶塌陷均为现代塌陷，可溶岩类型为碳酸盐岩，均为上覆土体破坏陷落的土层塌陷。除极少数时间较早的塌陷为自然因素引起外，其余均为人为因素引起的塌陷。

(6)岩溶塌陷的形成主要受到下伏岩溶发育程度，上覆盖层的结构、厚度，以及地下水动力条件等因素的影响。根据这些因素与岩溶塌陷易发性之间的关系进行划分，把武汉市岩溶塌陷的地质模式划分为7种，进而对岩溶塌陷发育的动力条件(地下水动力条件和人类工程活动条件)进行了详细分析，最终分析建立了调查区岩溶塌陷的8类致塌模式：潜蚀-重力(自重)致塌模式、垂直渗压-重力(自重)致塌模式、吸蚀致塌模式、振动-重力(自重和加载)致塌模式、岩层顶板破坏-垂直渗压致塌模式、岩层顶板破坏-渗流液化致塌模式、崩解-土洞顶部破坏-加载致塌模式、潜蚀-振动-加载致塌模式。

(7)全区按照岩溶塌陷易发性等级划分为4类：高易发区，分布面积149.62km²；中等易发区，分布面积231.03km²；低易发区，分布面积约384.35m²；不易发区，分布面积约1 900.87km²。

(8)全区风险性由高到低依次为高风险区、中等风险区、低风险区和无风险区。高风险区面积108.69km²；中等风险区面积146.40km²；低风险区面积509.81km²；无风险区为非可溶岩分布区，尚不具备产生塌陷的基础条件。

(9)根据调查区岩溶塌陷风险评价中岩溶塌陷风险高、中、低分区，分别划为重点防治区、次重点防治区和一般防治区。重点防治区主要采取监测预警措施、工程措施、禁止措施，监测预警以专业监测为主，辅以群测群防；次重点防治区采取监测预警措施和禁止措施，监测预警、专业监测和群测群防相结合；一般防治区采取监测预警措施，以群测群防为主(图3-3、图3-4)。

图3-3　安装自动监测仪器

图3-4　人工监测地下水

黔中经济区猫跳河流域 1∶5 万水文地质调查

提交单位:贵州省地质矿产勘查开发局 114 地质大队

项目负责人:洪运胜

档案号:1210

工作周期:2015—2016 年

主要成果:

(1)进行地质修测,有效地把握区域地质构造框架,完成 1∶2000 地层剖面测量 12.47km 以及 1∶5000水文地质剖面测量 50.64km,进一步了解和认识区内地层岩性特征、地质构造、地下水系统结构特征,重新核实工作区各类地质体空间几何关系以及地质体组合顺序。

(2)以图幅为单元,查明了区内岩溶水文地质条件、地下水类型及水资源分布特征。根据区内各含水岩组的介质形态及组合形态,将区内地下水类型划分为碳酸盐岩岩溶水、基岩裂隙水和松散岩类孔隙水三大类型。其中碳酸盐岩岩溶水进一步分为碳酸盐岩溶洞裂隙水、碳酸盐岩裂隙溶洞水 2 个亚类。

(3)查明了调查区岩溶发育规律。工作区碳酸盐岩广布,岩溶的发育强度、形态、规模及空间展布与岩性、构造、地形地貌密切相关。岩溶垂向发育表现为由上至下渐次减弱的特征,大致分为岩溶强烈发育带(0～100m)、岩溶中等发育带(100～150m)、岩溶弱发育带(大于 150m)。

(4)在四级流域划分基础上,将工作区划分为 6 个五级流域、28 个六级岩溶水系统。其中,地下河系统 15 个、岩溶大泉系统 9 个和分散排泄系统 4 个。

(5)基本查清了工作区的含水岩组富水性及地下水补径排关系。六广幅受鸭池河和猫跳河(图 3 - 5)深切割作用,致使区内地下水埋藏深,一般排泄于深切的河谷底部,开发利用难度大,最为有效的开发方式就是充分开发工作区表层岩溶泉。由于区内存在大面积的不纯碳酸盐岩,在碳酸盐岩与碎屑岩的接触带上多出露表层岩溶水,开发表层岩溶水是解决区内农村饮水安全的最有效途径。在卫城幅内,含水岩组受河谷切割的影响小,受构造控制,在一些地段形成富水块段,有利于机井开采地下水;出露一些高位的地下河或岩溶大泉,可以采用提或引等方式充分利用地下水资源,开采方式较多。

图 3 - 5　猫跳河峡谷

(6)基本查明了工作区地下水物理性质及水化学特征。区内地下水一般为无色、无味、无嗅、透明,水温一般为 13～16℃，物理性质总体良好。pH 多为6.9～8.4，属中性水；矿化度多为 86.00～789.14mg/L，为淡水；总硬度(以 $CaCO_3$ 计)一般为 81.43～671.76mg/L，为软至硬水。

(7)用大气降水入渗系数法、地下水径流模数法等多种方法重新计算了图幅内地下水天然资源量，50%保证率时地下水天然补给量为 18 261.419×$10^4 m^3/a$，75%保证率时为 16 639.838×$10^4 m^3/a$，95%保证率时为 14 440.015×$10^4 m^3/a$。用泉水枯季流量汇总法、地下水枯季径流模数法计算了区内地下水资源可开采量，分析并采用了泉水枯季流量汇总法得出的区内地下水资源可开采量为 3 703.70×$10^4 m^3/a$。

(8)调查核实了区内的石漠化面积，为 3.96km^2，占调查区总面积的 0.43%、占岩溶区面积的 0.51%，且三叠系茅草铺组和二叠系栖霞组—茅口组灰岩分布区最大，空间结构上以“光头状”的形式分布，呈条带状、不规则形及浑圆形；在平面上主要呈北东向展布，相对较集中，多为中度石漠化。

(9)区内水环境现状较差，特别是卫城幅内，工矿企业较多，对水环境带来很大的压力，在卫城镇周边出现了面状的地下水污染，造成机井、泉点、地下河均受到污染。本次调查到了地下水污染程度较高的有 S134、W190、S380、J21 等；而在麦格乡境内，由于下石炭统中含大量的铝土矿，开采铝土矿使下伏娄山关组中的地下水受到污染而不能饮用，S324 号岩溶大泉以前为麦格乡政府的饮用水源，由于后期铝土矿开采，该泉水受到严重污染，水体呈黄色，不能再饮用；区内的地表河也受到严重污染，污染面积达几十平方千米。

(10)通过调查发现区内岩溶洪涝灾害较为严重，分布在三叠系茅草铺组和二叠系栖霞组—茅口组灰岩区，共调查到 8 处，其中 3 处中型、5 处小型，受淹没面积 480.73 亩，直接经济损失约为 70 万元/年。

(11)成功实施黔西县素朴镇高坎村表层岩溶泉开发工程，彻底解决 21 户 73 人的饮水问题。利用本项目的探采结合孔成井 2 口，总涌水量达 677.72m^3/d，可解决 3300 人及 2300 头大牲畜的饮水问题，社会效益较好。

(12)查明了工作区地下水开发利用条件、开发利用方式、开发利用现状及供水对象。以图幅为单元进行了地下水开发利用潜力评价和分区。对区内 54 个具有开发潜力的地下水天然出露点进行了规划，可利用规划量 2 497.49×$10^4 m^3/a$。近期规划有地下河出口 4 处、天窗 1 处、岩溶泉点 27 处、表层岩溶泉 2 处，共计 34 处，可利用规划量 750.4m^3/a，预计能解决 46 346 人、1360 头大牲畜的饮水问题及 16 260 亩土地灌溉用水。远期规划有地下河出口 4 处、地下河天窗 1 处、天然水点 22 处、机井 7 口，共计 34 处，可利用规划量 2 096.51m^3/a，预计能解决 54 900 人、450 头大牲畜的饮水问题及 10 700亩土地灌溉用水。

(13)应用 GIS 技术完成了 1∶5 万六广幅、卫城幅水文地质与环境地质空间数据库建设，方便了相关部门的资料采集和管理。

西南岩溶地区 1∶5 万水文地质环境地质调查

提交单位：江西省地质调查研究院

项目负责人：谢振东

档案号：1213

工作周期：2013 年

主要成果：

(1)调查区属长江水系，地处扬子板块与华夏古板块的拼贴部位，位于九岭逆冲推覆构造和武功山伸展构造体系的对接带上，萍乐凹陷带中段。区内丘陵起伏，低山、丘陵和盆地交错分布，山丘海拔一般在 200～600m 之间，最高海拔蒙山白云峰为 1004m。根据成因，可将区内地貌划分为岩溶(溶蚀)地貌、侵蚀剥蚀地貌、侵蚀堆积地貌 3 种，岩溶(溶蚀)地貌形式可进一步划分为溶丘洼(谷)地、残丘宽谷、缓丘波地。

(2)区内地下水类型主要分为碳酸盐岩类岩溶水、基岩类裂型水、松散岩类孔隙水 3 个大类。

根据地下水的赋存条件、水理化性质及水力特征，将含水岩组划分为碳酸盐岩类岩溶水、基岩类裂隙水、松散岩类孔隙水 3 个大类；岩溶水类型，根据岩溶及含水类型的差异，划分出 4 个含水亚类，分别为碳酸盐岩裂隙溶洞水、碳酸盐岩溶洞裂隙水、碳酸盐岩夹碎屑岩裂隙溶洞水、碎屑岩夹碳酸盐岩溶洞裂隙水；基岩裂隙水主要为碎屑岩裂隙水；松散岩类孔隙水主要为第四纪地层孔隙水。

碳酸盐岩裂隙溶洞水：以 P_3c、P_2m、C_2P_1m、C_2d 为主的强富水性含水岩组。

碳酸盐岩溶洞裂隙水：以 T_1z、T_1q、P_2q^1 和 P_2q^2 为主的地下水富水性中等。

碳酸盐岩与非碳酸盐岩互层裂隙溶洞水：P_2n、P_2q^3 富水性中等。

非碳酸盐岩夹碳酸盐岩含水岩：P_3q、P_2x、D_3s 无地下河发育，地层富水性弱。

(3)区内共调查地下河 34 条，总长 35.253 7km，调查时总流量 985.36L/s，其中 A215 严坑地下河长 2913km，为区内最长的地下河；查明控制地下河发育的主要因素，即受区域北东向构造控制影响最大，其次是岩性、地形地貌因素。

(4)查明区域富水构造(富水区)：①操场-高岚富水块段区位于田心幅分宜县操场和高岚乡，构造部位位于操场复式向斜北东部翘起端，核部为下三叠统周冲村组碳酸盐岩，富水块段北部以北东向断裂为边界，东部以地下分水岭为界，南部以下三叠统乐平组泥岩、砂岩为相对隔水边界，中部以复式向斜中段的下三叠统乐平组砂岩、泥岩为相对隔水边界的背富水块段，轴向北东，岩溶地下水由北翼向向斜核部汇流，受三叠系泥岩、砂岩为相对隔水边界阻隔；②大田富水块段区位于南港幅上高县蒙山乡大田小步、清湖，呈北东向展布，富水块段北部以北东向逆冲断裂为隔水边界，东部和东南部以侏罗纪砂岩为相对隔水边界，南部以侏罗纪花岗岩体为阻水体边界，西部以地表分水岭为边界，中部岩溶地层为二叠系茅口组和栖霞组，岩溶发育。

(5)本次工作分别采用大气降水入渗系数法和地下水径流模数法对区内的地下水资源进行了计算；采用枯季径流模数法对区内地下水允许开采量进行了计算。经大气降水入渗系数法计算地下水资源天然补给量为 $4.41\times10^8m^3/a$，其中岩溶地下水资源量为 $3.81\times10^8m^3/a$，岩溶地下水占 86.4%，而岩溶区总面积占工作区总面积的 78.07%，岩溶水所占比例高于岩溶区所占比例；采用地下水径流模数法对 2014 年 9 月—2015 年 8 月的地下水资源量进行了计算评价，计算地下水资源量为 $4.27\times10^8m^3/a$，其中岩溶地下水资源量为 $3.99\times10^8m^3/a$，岩溶地下水占 93.4%。采用枯季径流模数法计算地下水允许开采资源量为 $1.20\times10^8m^3/a$，其中岩溶地下水资源量为 $1.14\times10^8m^3/a$，岩溶地下水占 95%。

(6)根据本次对锦江流域和袁水流域 164 个岩溶地下水水样的水质评价结果，锦江流域和袁水流域岩溶地下水多为“较好”级，其次为“良好”级、“极差”级。其中，“优秀”级(Ⅰ)5 个，占 3%；“良好”级(Ⅱ)41 个，占 25%；“较好”级(Ⅲ)81 个，占 49%；“较差”级(Ⅳ)28 个，占 17%；“极差”级(Ⅴ)9 个，占 6%。评价使用数据为全部已测试的野外岩溶调查点水样和钻孔水样数据，含全分析、简分析、特殊分析等，单项组分越多，评价精度越高。本次评价中，部分水样点单项组分较少，评价精度较低，使得最终评价结果中的“较好”级(Ⅲ)以下(含“较好”级)占比偏小。其中洞内取样点水质多以“良好”级、“优秀”级为主，野外调查点水质最终评价结果基本为“较好”级（Ⅲ）以下（含“较好”级）。

（7）基本查明区内主要存在的岩溶地质灾害。工作区共发现岩溶塌陷33处，均为溶蚀塌陷，其成因较为复杂，按引发原因可分为暴雨、干旱、重力和地震等，其中以暴雨造成的地下水动力条件急剧变化而产生的塌陷多见。岩溶塌陷主要发育在岩溶洞穴发育地段，河谷两岸或溶蚀洼地等低地形地段，覆土层厚度薄及结构抗潜蚀能力差地段，浅部岩溶发育地段。工作区岩溶塌陷最密集的地区位于田心镇—墨山镇一带，为工作区岩溶塌陷发生高风险区。

（8）进行了区内地下水资源开发利用区划工作。根据项目区综合地下水、地表水的富集程度及地下水出露与开发条件和环境影响的承载力、水资源环境保护等因素，并以地貌和流域相结合进行地下水资源开发利用区划，结果如下：Ⅰ-井采为主的隐伏岩溶区，Ⅱ-引水扩泉、截流、井采相结合的溶丘区，Ⅲ-以蓄水工程为主的岩浆岩和基岩裂隙岩区，Ⅳ-墨山-田心限制性地下水开发区，Ⅴ-洞村地下水资源保护开发区。

（9）项目成果服务社会经济发展效果显著。在水文地质调查基础上，通过物探确定水文地质探采结合井11口，钻进1 511.58m，总出水量4 507.745m^3/d，最大为分宜县操场乡赤土村ZK05孔1 135.99m^3/d。ZK05钻孔日涌水量1 135.99m^3，ZK11钻孔日涌水量421.891m^3。这两个钻孔均已移交分宜县高岚乡泗背村和分宜县操场乡赤土村继续使用，将解决2个村1300人用水问题。ZK07钻孔日涌水量492.134m^3，ZK02钻孔日涌水量44.323m^3，分别移交给分宜洞村、楼下村和上高田心镇红卫村作为后备饮用水井。ZK10钻孔日涌水量810m^3，移交给新余市人和乡象溪村作为饮用水井，解决当地300人饮用水困难问题。这些钻探工程做到了“一孔多用，探采结合”，取得了显著的社会服务效果。

南洞地下河流域水文地质综合调查

提交单位：中国地质科学院岩溶地质研究所

项目负责人：蓝芙宁

档案号：1215

工作周期：2014—2015年

主要成果：

（1）南洞地下河流域是一个由多个水文地质单元构成的复杂系统，总流域面积为1 628.1km^2。根据地下水系统的独立性，可将南洞地下河流域分为南洞岩溶水系统、大屯-鸡街岩溶水系统和蒙自城南区岩溶水系统。其中南洞岩溶水系统是一个平面边界较为封闭独立的岩溶水系统，该区的地下水均向南洞口方向径流。

（2）南洞地下河流域系统岩溶地下水的排泄量大、资源丰富，据1990—2014年对南洞口共25年长期观测资料的统计，多年平均年径流总量为$2.58\times10^8 m^3$（平均流量8.18m^3/s），最大年径流总量为$3.36\times10^8 m^3$（2008年），最小年径流总量为$1.58\times10^8 m^3$（2011年）。南洞地下河径流量每年的月变化曲线基本呈单峰型，丰水期为6—11月，一般每年径流量最大的月份为7—9月。

（3）流域内水化学类型主要为重碳酸钙型或重碳酸钙镁型，极少数重碳酸钾钠型。近些年由于生活废水及工业“三废”的排放，南洞地下河出口Cl^-和SO_4^{2-}的比例有了明显的增加，总硬度也较以前有所提高。

(4)南洞一号暗河和二号暗河分别呈老年期和壮年期地下河形态,较为畅通,三号暗河则发育较晚,出口处有较多的裂隙。一号暗河有一独立的含水系统,补给区为瓦白一带,二号暗河主管道总体通往永宁和石洞方向,三号暗河通往城红寨方向,二号暗河和三号暗河在南洞口附近有连通,枯季时二号暗河补给三号暗河。

(5)根据本次调查单元地质水补给、径流、排泄的相对独立,将南洞地下河流域划分为南洞地下河系区(Ⅰ)、大屯鸡街承压区(Ⅱ)、蒙自城南南流区(Ⅲ)、平石板泉区(Ⅵ)及黑龙潭泉区(Ⅴ)五大相对独立的系统(称为大区),分别对各区的水资源进行了评价。由于人工开采相对较少,单元天然资源量基本保持均衡,并利用枯季径流模数法计算了各区的允许开采量。此外还计算了南洞地下河的储蓄量、允许开采资源量以及建库蓄水条件下南洞二号地下暗河的允许开采量。

(6)南洞地下河流域的地下水开发可分为4个区,即适宜蓄、引、凿利用的盆底平坝区,适宜蓄、引利用的盆地外围低中山区,适宜积蓄利用的盆地外围低中山区和适宜积蓄利用的盆地外围峰丛洼地区。然而在大庄和草坝盆地范围内,用管井提取自然状态下的岩溶水,是不存在良好前景的。若要最大限度开发南洞岩溶水资源,就必须对它进行控制和调节,建造地下水库。

(7)南洞地下河流域从1998—2014年的16年内,南洞地下河总出口多年平均泥沙含量为0.105kg/m^3,南洞多年平均流量为8.15m^3/s,平均径流总量为2.57×10^8m^3,即年均输沙量为2.70×10^4t,按照流域面积为1 628.1km^2计算,流域内土壤侵蚀模数为16.58t/(km^2·a)。此外,由于地下水流量和水位随降雨变化明显,注入式补给容易导致地下水流加速,掏空地下而造成地面塌陷,造成汛期发生洪涝而旱季发生干旱缺水,这也是该区域目前突出的环境地质问题之一。

(8)根据ETM遥感影像计算机解译和野外调查验证,全流域面积1 628.1km^2,其中非岩溶区面积757.55km^2,岩溶区面积870.55km^2。据调查统计数据和遥感解译显示,全流域石漠化面积达到641.48km^2,占岩溶区面积的73.69%。其中,轻度石漠化215.09km^2,占岩溶区面积的24.71%;中度石漠化265.49km^2,占岩溶区面积的30.50%;重度石漠化160.89km^2,占岩溶区面积的18.48%。

(9)本次工作在南洞岩溶水系统整体分析的基础上,根据南洞岩溶地下水的系统构成与系统关系和对其主管道的行迹与位置的认识,提出了一个新的地下坝方案。在与此方案关联的区域,开展了详细的1∶1万地质调查,并进行了大量的物探、钻探和示踪试验工作,并在阿枢寨初步选择了地下坝址。根据岩溶率计算地下水库库容为7425×10^4m^3。蓄水后的地下水动力条件与地表迥异,可能会回水到大黑水洞一带。ZK17钻孔岩溶地下水库成库后可能出现的主要环境地质问题是稳定性和渗漏两类,其次为淤积、浸没等问题。

重庆小江流域地质灾害调查

提交单位:中国地质环境监测院

项目负责人:吕杰堂

档案号:1216

工作周期:2014—2015年

主要成果:

(1)在开县幅、赵家镇幅、渠马镇幅地质灾害调查工作中,采用worldview-2卫星遥感数据资料,充分利用遥感为主的3S技术和野外调查相结合的方法,开展了重点工作区1∶1万和全图幅1∶5万遥感综合调查工作。准确而迅速地查明了该区灾害分布、地貌类型、植被分布、水系分布及道路、村寨分布情况，为地质灾害详细调查提供了基础资料。

(2)复杂的地形地貌与地层岩性、较大的降雨量、河流的强烈切割侵蚀，构成了工作区地质灾害发育的地质环境背景条件。

(3)工作区地质灾害类型为滑坡、危岩等地质灾害，共计324处，具有群发性、密集性和短时成灾、损失严重的特点，主要特征如下：①地质灾害主要类型为小型滑坡，滑体物质为土质，年降雨量在1100～1300mm之间。目前区内滑坡大部分处于欠稳定状态。②地质灾害分布具东河、普里河南岸和南河的周边及支沟两岸多，斜坡背阴面分布多，低海拔分布多的空间分布规律。灾害发生时间集中在6—9月。其中位于赵家镇—渠口一线，以小型滑坡为主要分布类型。岩性以侏罗系的紫红色砂质泥岩及紫灰色泥质砂岩互层为主，偶夹页岩；片区内相对高差不大，多为10～40m。普里河下游由于河流流量较大，河面较宽，常常会由于河水位的升降而形成小型的滑坡群。南河和普里河全线的支流片区以支流流域内密集分布的滑塌为特点，特别在普里河上游一线，分布着较多的滑塌，但是由于其规模较小(100～500m^3)，因此不会对河流和居民生活造成大的影响。但由于片区内分布的滑坡和滑塌数量较多，会对两岸居民的耕作有一定的影响，需要引起注意。在开县幅造成地质灾害的主要因素以坍滑群和小型滑坡为主，影响着居民正常的农耕生产。

(4)对图幅内典型地质灾害体进行了勘查与评价，完成地质灾害调查1380km^2，工程地质钻探800m，物探工作量840个点，槽探工作量1383m^3，坑探工作量545.27m^3，1∶2000工程地质剖面测量31km。形成了典型灾害体勘查评价报告，计算了滑坡体在不同工况下的稳定性。

(5)选取坡度、高程、岩土体力学性质、构造影响程度、降雨5个因子进行叠加分析，并结合实际情况将图幅内地质灾害易发性划分为高易发区、中易发区和低易发区。其中，高易发区面积465.59km^2，占总面积的34.2%；中易发区面积429.09km^2，占总面积的31.5%；低易发区面积466.229km^2，占总面积的34.3%。根据地域分布情况，各类易发区又可分为若干亚区：高易发区分为6个亚区(开县幅2个、赵家镇幅2个、渠马镇幅2个)；中易发区分为6个亚区(开县幅3个、赵家镇幅2个、渠马镇幅1个)；低易发区分为7个亚区(开县幅2个、赵家镇幅2个、渠马镇幅3个)。从岩性分布来看，地质灾害高易发区主要分布在侏罗系沙溪庙组，沿普里河、东河和彭溪河两岸位置以及人类工程活动强烈的地方，其中以白鹤街道办事处、赵家镇和养鹿镇易发区的面积最大。

(6)在地质灾害易发程度的基础上叠加降雨量、地质构造、人类工程活动等因子进行综合评判，进行地质灾害危险性评价分区，工作区划分为地质灾害高危险区(Ⅰ)、中危险区(Ⅱ)和低危险区(Ⅲ)3类。其中，高危险区面积465.59km^2，占总面积的34.2%；中危险区面积429.09km^2，占总面积的31.5%；低危险区面积466.229km^2，占总面积的34.3%。根据地域分布情况，各类危险区又可分为若干亚区：高危险区分为7个亚区(开县幅2个、赵家镇幅3个、渠马镇幅2个)；中危险区分为13个亚区(开县幅7个、赵家镇幅5个、渠马镇幅1个)；低危险区分为7个亚区(开县幅2个、赵家镇幅3个、渠马镇幅2个)。

(7)在地质灾害危险性分析方面，根据地质灾害易损性特征图层计算和综合，进行重点工作区风险性评价，3个图幅重点区总面积223km^2，地质灾害高风险区面积63.56km^2，占重点区面积的29.3%，分为9个亚区(开县幅4个、赵家镇幅2个、渠马镇幅3个)；中风险区面积76.84km^2，占重点区面积的36.1%，分为9个亚区(开县幅2个、赵家镇幅3个、渠马镇幅4个)；低风险区面积82.67km^2，占重点区面积的34.6%，分为4个亚区(开县幅1个、赵家镇幅1个、渠马镇幅2个)。地质灾害高风险区主要分布在地质灾害分布密集和人口聚集较多以及房屋密集的区域位置。

(8)本着“以人为本，民生为先”“预防为主，防治结合”和“合理避让，重点治理”等原则，制定了工作区地质灾害防治的目标，给出了地质灾害防治对策建议，将工作区内的地质灾害点分为 3 类：重点防治点、次重点防治点和一般防治点。对于重点防治点建议采取近期工程治理的手段，对于次重点防治点建议采取远期工程治理或者搬迁避让的手段，对于一般防治点建议纳入地方群测群防体系加强监测预警工作。工作区内的 324 处灾害点中，目前已经进入治理阶段的有 3 处(康家嘴滑坡、井泉滑坡、迎仙小学滑坡)，近期治理工程点有 32 处，远期内进行治理或实施搬迁避让的灾害点 22 处，其余 267 处实施群测群防监测。

西南典型岩溶地下河调查与动态评价研究

提交单位：中国地质科学院岩溶地质研究所

项目负责人：易连兴

档案号：1219

工作周期：2012—2015 年

主要成果：

一、编制(修编)地下河系统综合水文地质图

通过野外补充调查、连通试验等，编制或修编了寨底、万华岩、鱼泉、大小井地下河区域的综合水文地质图。

二、进一步查明了 4 条地下河的水文地质条件和管道结构

通过地面补充调查、野外连通试验、水化学分析等，进一步查明地下河系统的补、径、排条件，地下河管道结构及岩溶管道水文地质参数等。

(1)寨底地下河系统。查明了邓塘消水洞 G06 至钓岩地下河 G016、琵琶塘消水洞 G29 至水牛厄岩溶泉 G30、响水岩天窗 G037 至寨底地下河出口 G047 等地段枯、平、丰水期的补、径、排特征。特别地，对响水岩天窗 G037 至寨底地下河出口 G047 段管道，获得了暴雨期不同水位条件下岩溶管道水动力特征，上下游峰值水位游响应速度、平均流速变化规律，为研究岩溶地下河调蓄能力、管道水动力学理论提供重要基础数据。另外，查明了消水洞 G071 向水牛厄 G030 径流补给，与东究 G070 泉点没有水力联系。

(2)鱼泉地下河系统。明确了鱼泉地下河的边界，印象武隆地下河入口 Y064 以北飞仙关组第1～3 段($T_1f^{1\text{-}3}$)岩溶水及志留系罗惹坪组(S_2lr)裂隙水向鱼泉地下河出口径流补给，同时说明厚度 25m 的飞仙关组第 4 段(T_1f^4)页岩夹泥质灰岩不充分隔水，下伏飞仙关组和上覆嘉陵江组两个含水岩组存在水力联系。Y064 至总出口为 3 通道结构。

(3)万华岩地下河系统。掌握了万华岩地下河系统尾矿库 Mo 微量元素在管道中的运移规律，并用该规律计算出东、西 2 条支道流量在总出口流量中的比率；万华岩出口的地下水主要由西侧子系统径流补给；而东侧子系统的地下水主要通过人工渠道以地表径流方式排出流域外面。建立了西侧子系统自然条件下、东侧子系统人为扰动条件下的水资源量均衡计算方法。

(4)贵州大小井地下河系统。以往认为克度镇以北的以摆郎河干流及其两岸 20 余条地下河子系

统面积全部属于大井 582# 地下河系统，且克度镇附近 444# 消水洞一带地下水同时向大井 583#、小井 582# 径流补给。本次工作后得出结论，克度镇以北汇水区域的地下水同时向大井、小井径流补给，且不少于 50%的上游汇水面积归属小井地下河 583#；克度镇附近 444# 消水洞一带地下水仅与大井 582# 存在水力联系，与小井 583# 不连通；大小井地下河系统一般理解有大井、小井 2 个出口，事实上应该由大井 582#、小井 583# 以及 583-2# 共 3 个出口构成。

三、监测系统建设和监测数据成果

对寨底地下河、万华岩地下河、鱼泉地下河、大小井地下河流域，建立了水位、水质、流量以及雨量等自动化监测系统，获得了 2012—2015 年长期动态数据，为开展地下河系统动态研究提供了基础资料和数据。同时下列方面对复杂的岩溶地下河水位、流量监测站建设、动态监测及其计算有重要借鉴意义：

(1)在孔口保护装置基本结构基础上，设计和应用了更符合西南岩溶山区的垂直高基础监测结构、弯曲型监测结构、监测房结构，并把以往的圆形钢模板浇注方法换为省时、省力、省钱的铝质圆桶施工方法。

(2)结合单一的断面流量、堰流监测方法，对特殊的监测点设计和采用了分段堰流结构、断面流量加堰流组合监测流量方法。

(3)比较了矩形缺口薄壁堰、一般矩形堰两种流量计算公式的准确性，后者更适合寨底地下河出口流量的计算。

(4)通过几年的自动化监测，充分掌握了雨量计、压力式水位计 Mini-Diver 和 Solinst、水质监测仪 Manat-2 自动化监测仪器性能，总结出 8 种常见问题及维护处理措施，为将来扩展监测和动态研究积累了经验。

四、地下河管道结构分析方法成果

利用常规的地下水连通试验浓度曲线分析方法得到寨底地下河、万华岩地下河、鱼泉地下河、大小井地下河不同地段的地下河管道结构，在此基础上建立了连通试验回收强度管道平面结构分析方法，提出了地下水流在管道中的集中径流度、分流系数等概念和计算方法，揭露了更多的地下河管道结构信息；同时利用水动力场、水化学场分析得到了寨底地下河管道在垂直方向的双层结构。

五、地下河管道积水体积及调蓄能力计算方法成果

岩溶地下河管道结构、分布极其复杂，其管道空间是一个重要水文地质参数，如何计算其管道空间是一个难题；初步建立了极度非均质条件下的地下河管道空间体积和调蓄能力计算方法。根据地下水动态和连通试验数据，获得了不同水位条件下寨底地下河系统响水岩天窗 G37 到地下河出口 G47 岩溶管道的积水空间与水位的关系，最小积水体积 U_{min} 为 90 550m^3，最大积水体积 U_{max} 为 1 268 723m^3，调蓄库容 $U_{调}$ 为 1 178 173m^3。

六、获得了地下河的水质及主要化学离子动态特征

通过监测地下河出口，得到了地下水水温、pH、TDS、电导率、Cl^-、NO_3^- 等的不同季节动态特征及其与水位或流量的相互关系，其中比如：①pH 动态，寨底出口、万华岩出口的 pH 与出口水位(流量)呈负相关关系，而大小井出口 pH 动态则有正、负或不相关关系。②TDS 动态，寨底出口、万华岩

出口 TDS 与地下河出口流量(水位)呈正相关变化特征,大小井地下河出口 TDS 则以呈负相关关系为主。③NO_3^- 动态,寨底出口 NO_3^- 枯水期浓度高、连续强降水后浓度低,短期强降水期呈正相关关系;万华岩 NO_3^- 与水位流量动态呈正相关关系;大小井出口 NO_3^- 则有正、负或不相关关系。

另外,对各水点不同季节或月份取样进行化学分析,得到了 Ca^{2+}、Mg^{2+}、HCO_3^-、SO_4^{2-} 等主要化学离子在时间及空间上的分布和变化特征。

七、获得了地下河系统水位、流量动态变化特征

地下水动态总体受大气降水控制,丰水期水位高,出口流量大,枯水期水位低、流量小。不同含水介质区域、不同季节动态差异明显;岩溶裂隙管道水位体现为数日短期性的快速上升和快速衰减的剧烈震荡特征,基岩裂隙水水位则为季节性缓慢上升或衰减变化特征;枯水季节,大小井水位动态在上游区域为"反波峰"形态、中部则为一般的快速衰减形态、南部大范围区域则表现为"一"字形的缓慢衰减形态。

地下水水位和流量对大气降水的快速反应关系,在降水后,寨底地下河反应最快,几小时后水位和流量就可达到峰值,大小井地下河反应最慢,但在 2～3d 也可达到峰值。流量变化系数,大小井地下河最小,为 103.3 倍;寨底地下河最大,为 429.4 倍。

八、地下河系统数值评价模型应用及对比分析成果

利用 SWMM、MODFLOW 和 MDFLOW-CFP 对寨底地下河系统进行了模型模拟及对比分析,取得了现有模型(软件)在地下河系统模拟中的一些认识。一定程度上 MDFLOW-CFP 能模拟寨底地下河系统内部控制水点的水位动态变化趋势;对降水期水位暴涨暴落过程模拟精度稍差;对地下河出口附近水位和流量动态拟合精度低,甚至造成出口地段流场失真,仅通过调参模拟不出地下河系统快速补给、(压力传导作用下)快速径流及其高度集中大流量排泄这种过程。SWMM 模型在模拟寨底地下河总出口流量动态拟合精度高,模拟曲线与实测流量动态曲线较吻合;但在模拟地下水流场、内部控制水点的水位动态,尤其在模拟暴雨期岩溶地下水位动态方面,与实际情况存在较大的差异。

九、基础研究成果

(1)地下河重复统计及属性定义。地下河是中国南方碳酸盐岩地区重要岩溶现象之一;以寨底、大小井地下河为例,充分论证了目前西南岩溶地下河数量、总径流量存在比较大的重复统计问题,提出了地下河的空间属性定义和纠正重复统计方法。

(2)岩溶发育强度。通过利用高频率的流量监测数据、水化学以及岩石化学分析数据进行计算,得到了封闭型寨底地下河流域平均溶蚀强度为 229.23t/(a·km^2)或 86.44m^3/(a·km^2);对研究全球变化提供了重要基础数据。

(3)水文地质基本参数。利用获得的高频率流量、雨量动态监测数据,得到了各地下河流域年平均降水入渗系数、径流模数,对西南岩溶区水资源评价等有重要的借鉴和参考意义。不同地下河的年平均入渗系数和年平均径流模数分别为:寨底地下河系统 0.635L/(s·km^2)、33.906L/(s·km^2);大小井地下河系统 0.319L/(s·km^2)、12.963L/(s·km^2);万华岩地下河系统 0.348L/(s·km^2)、15.270L/(s·km^2),其中东部子系统 0.097L/(s·km^2)、12.15L/(s·km^2),西部子系统 0.513L/(s·km^2)、30.39L/(s·km^2);鱼泉地下河系统 0.521L/(s·km^2)、16.670L/(s·km^2)。

十、发现地下河管道独特的水文地质现象及其理论研究成果

地下河管道中上下游水位的变化具有同步响应特征(synchronization features of level dynamic),这种水文地质现象被 2012 年、2015 年的 10 种频率的动态监测数据证实存在。结合连通试验获得的地下水平均流速与响应速度比较,充分说明在完全充水条件下管道水头损失主要由压力传导控制,地下水平均流速不起决定作用,即 Darcy - Weisbach 管道水头损失理论没有同时描述出暴雨期水头快速反应和枯水期慢速流动所涉及不同控制因素和变化规律问题。

云南蒙自幅、新安幅岩溶区 1∶5 万水文地质调查

提交单位:重庆市地质矿产勘查开发局 208 水文地质工程地质队

项目负责人:周军

档案号:1227

工作周期:2014—2015 年

主要成果:

(1)本区岩溶发育,地表有峰丛谷地、溶丘谷地、溶丘洼地、峰丛洼地、岩溶盆地等多种岩溶地貌组合类型。岩溶发育受多种因素的控制,发育程度极不均匀,岩溶洞穴主要发育于碳酸盐岩分布区;而在碳酸盐岩夹碎屑岩及碎屑岩夹碳酸盐岩分布区,主要有少量落水洞发育。岩溶洞穴以垂直洞穴为主,水平洞穴仅少量残存;岩溶洞穴的平面展布和规模与构造部位关系紧密;岩溶洞穴的发育具有成层性。本次探测最深的竖井 283.3m,位于蒙自盆地东北部岩溶高原上,与地下河无联系。

(2)区内含水岩组分为松散岩类孔隙含水岩组、碎屑岩类裂隙含水岩组、碳酸盐岩类含水岩组 3 个大类。松散岩类孔隙含水岩组分布面积 309.7km^2,占工作区面积的 34.41%;碎屑岩类裂隙含水岩组分布面积 74.73km^2,占工作区面积的 8.30%;碳酸盐岩类含水岩组分布面积 515.57km^2,占工作区面积的 57.29%。碳酸盐岩类含水岩组进一步划分为碳酸盐岩岩组、碳酸盐岩夹碎屑岩岩组和碎屑岩夹碳酸盐岩岩组。其中,碳酸盐岩岩组分布面积 473.15km^2,占碳酸盐岩类含水岩组分布面积的 91.89%;碳酸盐岩夹碎屑岩岩组分布面积 37.57km^2,占碳酸盐岩类含水岩组分布面积的 7.29%;碎屑岩夹碳酸盐岩含水岩组分布面积 4.25km^2,占碳酸盐岩类含水岩组分布面积的 0.83%。

(3)根据工作区碳酸盐岩的分布、水文地质特征、岩溶流域的边界条件,并结合地表水系等特征,将工作区分为南洞流域、南溪河流域、屏边诸河流域 3 个水文地质大区。根据流域内水文地质条件的差异性及地下水的补、径、排条件,将区内南洞流域(Ⅰ)划分成东山-蒙自(Ⅰ-1)、大屯盆地(Ⅰ-2)、黑龙潭(Ⅰ-3)、新安所(Ⅰ-4)4 个水文地质单元;将屏边诸河流域(Ⅱ)划分成 8 号暗河(Ⅱ-1)、9 号暗河(Ⅱ-2)2 个水文地质单元。根据工作区岩溶含水层组埋藏和分布条件的差异,将岩溶水系统划分为裸露型和裸露-覆盖型两类,其中裸露型岩溶水系统分为暗河、泉、表层泉 3 类,裸露-覆盖型岩溶水分布区主要是指饱水带富水区块及表层带富水区块。

(4)区内共有暗河出口 2 处,泉点 76 个,孔隙水富水区块 5 个,岩溶水富水区块 2 个。采用降雨入渗系数法、枯季径流模数法、平均布井法、水均衡法等计算天然资源量、可采资源量与储存资源量。工作区天然补给量为 34 025.35$\times10^4m^3/a$,各类水源地的储存量为 40 208.33$\times10^4m^3$,可采资源量为 8 790.3$\times10^4m^3/a$,现状开采量为 1 112.1$\times10^4m^3$,开采程度为 12.65%。各类水源地目前主要开采

类型为岩溶泉、表层泉、暗河、富水区块，其中岩溶泉、表层泉、暗河的总可采资源量为 100 783.9m^3/d，现状开采量为 2798m^3/d，开采程度低；岩溶水富水区块可采开采量为 47 237.54m^3/d，现状开采量为 870m^3/d，开采程度为中等；孔隙水富水区块可采开采量为 92 809m^3/d，现状开采量为 26 800m^3/d，开采程度中等。

(5)区内孔隙水水化学类型复杂，以重碳酸盐型为主，水质较差者占 78.3%，已经在较大程度上受到了工业废水、生活污水及农业灌溉用水的污染；裂隙水水化学类型为 $HCO_3 \cdot Cl-Mg$ 型，水质较差；岩溶水水化学类型多数为重碳酸盐型，少数为重碳酸硫酸盐型，水质较差者占 76.2%，受到了上游工业废水和农业灌溉用水的污染；区内地表水主要在Ⅲ～Ⅴ类水之间，为轻度—重度污染，总磷、氨氮、高锰酸盐指数、氟化物、砷等指标超标。

(6)近年来，盆地内多数钻孔地下水位呈下降的趋势，当地已限制开采；工作区内泉流量减小或泉水干涸、断流的现象普遍存在；地表水及地下水水质均有变差的趋势。

(7)结合水文地质条件、开发利用方式和开发利用条件的差异性，将工作区分为盆底平坝钻、引结合区(A)，盆地边缘蓄、引结合区(B)，盆地东北部利用地表水区(C)，盆地南部表层泉、水库联合利用区(D)共 4 个区。

盆底平坝区地下水开采潜力中等，既可以钻孔开采深层、浅层地下水，也可以蓄、引盆地边缘出露的岩溶泉和暗河水；盆地边缘山区地下水开采潜力小—中等，可采用蓄、引措施开发黑龙潭暗河，采用扩泉、蓄、引等方式开发利用岩溶泉；盆地东北部岩溶山区地下水开采潜力小，建议采取水利措施，从菲白水库引水，解决生活饮用水问题；盆地南部岩溶山区地下水天然露头较少，多为表层岩溶泉，开采潜力小，建议该区一方面采取扩泉措施，蓄积利用表层岩溶泉，另一方面采取水利措施，从五里冲水库引水，解决该区农村生活饮用水及农田灌溉用水问题。

黔中地区岩溶塌陷调查安顺市幅、补郎幅综合评价

提交单位：贵州省地质环境监测院

项目负责人：罗炳佳

档案号：1233

工作周期：2014—2015 年

主要成果：

(1)查明了调查区地层、岩性和构造特征，查明了区内可溶岩分布特征、形态特征、发育规律、控制因素、发育类型和发育程度。

(2)通过钻探、山地工程、采样分析等手段，基本掌握了调查区土层岩性、结构与厚度变化特征和土体工程地质性质。

(3)查明了调查区主要含水岩组的分布及其富水性质，阐述了各水文地质单元水文地质特征，分析了地下水补、径、排关系。

(4)通过采样分析和岩溶水动态监测，查明了调查区地下水水化学特征和地下水动态特征。

(5)总结了调查区岩溶塌陷发育的基本地质模式，阐述了岩溶塌陷发育的基础地质条件；阐述了地形地貌、覆盖层、岩溶发育程度、地下水动力场对岩溶塌陷发育的影响，总结了岩溶塌陷的主要动力模式。

(6)对影响岩溶塌陷发育的地下水动力条件、人类工程活动条件进行了分析,对地下水动力条件和人类工程活动条件进行了强弱分区,并阐述了每个分区动力条件特征。

(7)开展了典型区岩溶塌陷动力条件监测研究,掌握了典型研究区地下水微动态特征以及人工抽水条件下的地下水水位变化特征。

(8)对调查区岩溶塌陷形态特征、类型和成因进行了详细归类,并叙述了岩溶塌陷的时间分布特征和空间分布特征以及岩溶塌陷的主要危害。

(9)重点分析了典型研究区岩溶塌陷的形成演化过程,对典型研究区地下水动力场和人类工程活动条件进行了总结;对岩溶塌陷发育的地质模式和动力模式进行研究,总结了典型区岩溶塌陷发育的机理;进行了典型区岩溶塌陷的危险性和风险性评价。

(10)结合调查区岩溶发育程度、覆盖层特征、地下水动力特征进行了岩溶塌陷易发性评价,并进行了调查区岩溶塌陷易发性分区,结果显示安顺幅总体岩溶塌陷易发性较高。

(11)对已有的塌陷坑和岩溶洞隙开展稳定性评价,结合人类工程活动条件,采用模糊数学法进行安顺市主要城市发展规划区岩溶塌陷危险性评价、社会经济易损性评价;并在此基础上进行了岩溶塌陷风险性评价,安顺市区周边岩溶塌陷风险较高,大部分区域为中风险区。

(12)在易发性评价和风险性评价的基础上,结合社会经济现状,进行了调查区岩溶塌陷防治分区,分为重点防治区、次重点防治区、一般防治区和基础稳定区,并针对调查区岩溶塌陷发育和分布特征,提出岩溶塌陷防治措施和建议。

(13)建立了岩溶塌陷调查综合数据库,编写了综合研究报告,编制了调查区综合水文地质图、岩溶塌陷分布图、第四系土层结构分布图、岩溶塌陷易发性分区图、岩溶塌陷危险性分区图、岩溶塌陷风险评价图、岩溶塌陷防治区划图等系列图件。

重庆重点岩溶流域水文地质及环境地质调查(石家河幅)

提交单位:重庆市地质调查院
项目负责人:焦杰松
档案号:1234
工作周期:2011—2015 年
主要成果:

一、查明了工作区岩溶发育规律,分析了岩溶发育的控制因素

(1)通过野外调查和取样分析,查明了工作区碳酸盐岩的岩性层组类型、沉积分布特征、矿物成分及化学成分。工作区碳酸盐岩分布面积 289.27km^2,占图幅面积的 63.49%,按碳酸盐岩的成分含量可以划分为碳酸盐岩型、碳酸盐岩夹碎屑岩型、碎屑岩夹碳酸盐岩型 3 类。区内碳酸盐岩岩石的化学成分以 CaO 和 MgO 为主,其次为 SiO_2、Al_2O_3、Fe_2O_3 等酸不溶物质,其中 CaO 含量为 24.75%～54.93%,MgO 含量为 0.39%～23.88%,SiO_2 含量为 0.45%～21.47%,Al_2O_3 含量为 0.05%～7.57%,Fe_2O_3 含量为 0.03%～3.48%。根据化学成分的含量,将工作区岩石定名为灰岩、白云质灰岩、白云岩、含泥(硅)质灰岩、含泥(硅)质白云岩、泥(硅)质灰岩、泥(硅)质白云岩等。

(2)在野外调查的基础上,对工作区岩溶发育形态进行了总结。区内地表宏观的岩溶个体形态表

现为孤峰、峰丛、溶丘等正地形和岩溶谷地、岩溶洼地等负地形,微型个体岩溶形态主要有溶沟、溶槽、石芽、石柱、岩溶洼地、落水洞、岩溶漏斗、竖井、地下河天窗、溶洞等。工作区地貌类型可划分为溶蚀地形、溶蚀-侵蚀地形、构造-侵蚀地形、构造-溶蚀地形 4 个成因类型,以及溶丘洼地、峡谷中山、垄脊状低中山、梳状低中山、垄岗谷地中山 5 个形态组合类型。

(3)通过野外调查,对工作区表层岩溶带的分布、发育特征进行了研究。表层岩溶带主要与地层岩性、岩石结构、地质构造、岩层产状、地形地貌、土壤及植被等因素相关,岩溶个体形态主要表现为石芽、溶孔、溶隙、溶沟、溶槽等及其组合形态,厚度一般为 2～20m,最大一般不超过 30m。

(4)通过野外调查、示踪试验等,从岩石性质、层组结构类型、地质构造格局、地形地貌条件以及水动力条件等多方面,对区内岩溶发育的多样性、非均一性、方向性、垂向分带性等特征进行了研究,总结分析了工作区岩溶发育主要受岩石性质、层组结构类型、地质构造、地形地貌、水动力条件、侵蚀基准面等多方面因素的控制。

二、查明了工作区岩溶水文地质条件,提高了水文地质调查程度

(1)本次工作调查地下河 10 条,岩溶大泉 6 处,与 1∶20 万水文地质普查相比,新发现地下河 6 条,新发现岩溶大泉 2 处,本次工作调查的分散排泄型岩溶泉以及各类岩溶地质点较 1∶20 万水文地质普查时多 2 倍左右,调查精度有显著提高。

(2)通过对含水层组空间结构、地下水赋存分布特征的研究,掌握了区域水文地质条件。

①根据岩性、岩石组合关系及含水性和透水性的不同,工作区划分为岩溶含水岩组、碎屑岩类隔水岩组、松散岩类孔隙弱含水岩组 3 种水文地质岩组。岩溶含水岩组进一步划分为碳酸盐岩含水岩组、碳酸盐岩夹碎屑岩含水岩组和碎屑岩夹碳酸盐岩含水岩组。

②以地下水径流模数为主要评价指标,选用泉水平均流量、地下河流量等作为辅助指标,将岩溶含水岩组的富水性分为强、中等、弱 3 个级别,其中碳酸盐岩含水岩组富水性中等—强,碳酸盐岩夹碎屑岩含水岩组富水性强,碎屑岩夹碳酸盐岩含水岩组富水性弱。

③根据地下水在岩石中的赋存条件、水理性质及水力特征,将工作区地下水划分为碳酸盐岩类岩溶水、碎屑岩类裂隙水、松散岩类孔隙水 3 种基本类型,其中碳酸盐岩类岩溶水进一步划分为碳酸盐岩裂隙溶洞水、碳酸盐岩夹碎屑岩裂隙溶洞水、碎屑岩夹碳酸盐岩溶洞裂隙水 3 个亚类。岩溶地下水含水介质具有多重性,包括溶孔、溶隙、溶缝、岩溶管道、溶洞等,尺度大小不一。其中碳酸盐岩裂隙溶洞水及碳酸盐岩夹碎屑岩裂隙溶洞水含水介质以岩溶管道、溶洞为主,溶隙、溶缝、溶孔等共存,碎屑岩夹碳酸盐岩溶洞裂隙水含水介质以溶隙、溶缝、溶孔为主,在下奥陶统大湾组(O_1d)存在岩溶管道水。

④根据工作区调查的实际情况,结合以往工作资料,将工作区岩溶水的埋深按地下水水位埋深小于 30m、地下水水位埋深 30～50m、地下水水位埋深 50～100m、地下水水位埋深大于 100m 进行了分区。

⑤采用野外调查、物探、水文地质钻探、示踪试验等多种手段对工作区地下水的补、径、排特征进行了研究,岩溶地下水的主要补给源为大气降水,其次也有地表水的补给以及越流补给,多种补给方式通常都是共同存在的,岩溶水的运移受地形地貌、岩性和构造、岩溶发育情况的控制与影响。地下水径流形式有脉流、隙流和管道流 3 种,受含水岩组组合特征、地质构造及地形、地貌条件、岩溶发育程度、地表水文网的展布等因素影响,岩溶地下水的循环条件及水动力特征也不相同,根据岩溶地下水的水动力特征及循环条件,工作区的岩溶地下水主要可分为汇流型、分流型、泄流型 3 个大类。

三、查明了工作区地下水系统特征，对地下水系统进行了细致的划分

(1)工作区分属濯河流域(三级流域)和诸佛江流域(三级流域)，濯河流域(Ⅰ)进一步划分出太极河流域($Ⅰ_1$)、濯河流域中游段右岸($Ⅰ_2$)、小溪沟流域($Ⅰ_3$)，诸佛江流域(Ⅱ)进一步划分出细砂河流域($Ⅱ_1$)、干溪河流域($Ⅱ_2$)、诸佛江流域中游段左岸($Ⅱ_3$)。太极河流域($Ⅰ_1$)进一步划分为泉塘河地下水系统($Ⅰ_{1-1}$)、青龙河地下水系统($Ⅰ_{1-2}$)、太极河中下游段地下水系统($Ⅰ_{1-3}$)。细砂河流域($Ⅱ_1$)进一步划分为细砂河干流段地下水系统($Ⅱ_{1-1}$)、桐木溪地下水系统($Ⅱ_{1-2}$)、三岔河地下水系统($Ⅱ_{1-3}$)。

(2)在地下水系统划分的基础上细分出集中排泄型的8个地下河系统、6个岩溶大泉系统，以及若干分散排泄型的地下水系统，对各地下水系统的边界条件，及补、径、排特征等进行了总结，并对各地下水系统的降雨入渗补给量、天然排泄量、允许开采量、储存资源量等进行了计算统计。

(3)通过水文地质长期观测和调查访问，掌握了工作区岩溶地下水的动态变化规律。工作区岩溶地下水最显著的动态特征就是剧变性，在雨后通常流量变幅就可达数十倍，一个水文年丰水期最大流量和枯水期最小流量之比则达数十倍至数百倍，属不稳定或极不稳定型动态变化，工作区岩溶地下水的水位变幅一般也可达数米至数十米。

(4)通过取样分析，掌握了各地下水系统的地下水化学类型。工作区岩溶地下水交替、循环强烈，岩溶地下水水化学类型主要为HCO_3-Ca型，其次为$HCO_3-Ca\cdot Mg$型。此外，还有少部分地区岩溶地下水类型为$HCO_3\cdot SO_4-Ca$型，以及部分志留系页岩、粉砂岩地区地下水水化学类型为$HCO_3\cdot SO_4-K\cdot Na\cdot Ca\cdot Mg$型和$HCO_3\cdot Cl-Ca\cdot K\cdot Na$型。

四、查明了工作区岩溶地下水开发技术条件，进行了开发利用区划

(1)在工作区内，根据地下水出露的条件和用水目的不同，当前主要采取了“蓄、拦、提、引”几种开发利用方式，来达到生活饮用、农田灌溉、发电、养殖或兼用的目的。工作区地下河、岩溶大泉允许开采量为1 355.61×$10^4m^3/a$，目前以蓄引水、筑坝拦(蓄)水方式开发利用为主，其中绝大多数用于饮用、灌溉。根据统计，地下水的开发利用量占总水量的10%～30%。

(2)除地下河、岩溶大泉外，工作区一般岩溶泉数量众多，分布较为分散，一般采用蓄引水方式进行开发利用。即附近居民在泉口处修建简易的蓄水池(坑)，再通过胶管、塑料管等，将泉水引入家中使用。根据统计资料，工作区所调查的该类岩溶泉中，有65%已进行了开发利用，但由于岩溶泉出水量相对较小，一般仅供周边一户或几户居民使用，枯水季节时水量多被利用，但绝大多数时间内未充分开发利用。

(3)工作区内岩溶地下水资源量丰富，目前开发利用程度偏低，开采潜力较大，且地下水资源水质较好，开发利用的环境地质问题较少，具有采取适宜的工程措施进行开发利用的良好条件。根据地下水可有效开发利用潜力指数的计算结果和工作区的实际情况，对工作区地下水开发利用潜力按潜力较大、潜力中等、潜力较小进行了分区，并根据分区情况和工作区的实际缺水情况、开采条件等进行了地下水开发利用区划。

五、查明了工作区主要的岩溶环境地质问题，提出了防治建议措施

(1)工作区最为严重的环境地质问题是岩溶干旱缺水，此外，岩溶地下水污染、岩溶塌陷、岩溶石漠化及水土流失、岩溶洪涝灾害等在工作区局部亦有分布。

(2)导致岩溶干旱缺水的主要原因包括特殊的岩溶地质环境、工程性缺水、人类生活、生产工程活

动与水源破坏,以及极端气候条件引发的大范围干旱缺水。针对工作区岩溶干旱缺水问题,可以采取钻探取水以及对现有岩溶泉、地下河的综合开发利用等手段,以有效缓解工作区内的岩溶干旱缺水问题。

(3)工作区水环境整体情况较好,仅在局部地区存在地下水污染,且程度较低,污染源以农业污染和生活污染为主。此外,养猪场、采石场、污水处理厂也是造成地下水污染的源头。针对区内岩溶地下水具体的污染源、污染途径,提出以预防为主、加强宣传、加强工程前期论证等从源头杜绝岩溶地下水污染的防治建议措施。

(4)工作区岩溶塌陷少见,仅在工作区北部下堰塘一带见到自然成因的岩溶塌陷,规模小。建议以预防、监测为主,尽量防止地表水进入塌陷区,严格控制地下水的开采,必要时可采取局部注浆或帷幕灌浆处理等工程手段。

(5)工作区岩溶石漠化问题总体较轻,根据石漠化程度等级的划分标准,工作区石漠化分布面积很小,仅在局部地区存在轻度石漠化的现象,且呈零星状分布,其单个分布面积一般小于 1.0km^2。近年来,石漠化整治取得了一定的效果,在一定程度上改善了工作区的生态环境,建议长期保持,预防为主,遵从自然规律,对生态环境开展良性干扰,使生态环境变化不断向好向优发展。

(6)工作区岩溶洪涝灾害不严重。据调查,区内发生岩溶洪涝的地区有3处,分别位于工作区西南部渗坝场、工作区东南部麒麟坝、工作区东部王家湾,主要是因为排洪不畅引起,渗坝场岩溶洪涝灾害区已经得到了有效治理,其余两处建议通过修建排水渠等措施,亦可以有效防止洪涝灾害的发生。

六、建立了空间数据库和信息系统,加强了社会公益性服务

本次工作严格按照中国地质科学院岩溶地质研究所制定的空间数据库和信息系统建设要求,完成了工作区水文地质环境地质空间数据库和信息系统的建设工作。空间数据库中录入了调查点的基本信息,设置了图幅基本信息、基础地理、基础地质、水文地质基础、水文地质参数、岩溶水文地质、岩溶水资源开发利用、生态环境地质及其他的内部属性,并在此基础上针对泉点、钻孔、监测取样点、地下河、岩溶流域、物探点等设置了外挂属性。空间数据库的数据主要来自本次野外调查,保证了数据库数据的更新,使专业数据更具有实际利用价值,加强了社会公益性服务,为全面分析工作区水文地质及环境地质条件、水资源评价及地下水开发利用提供了可视化信息。

乌江流域特大地质灾害调查

提交单位:中国地质科学院地质力学研究所

项目负责人:冯振

档案号:1237

工作周期:2014—2015年

主要成果:

一、乌江武隆段地质灾害分布规律与发育特征调查

查明了乌江武隆段地质灾害分布规律与发育特征,编制了羊角幅系列地质灾害调查图件。

本次工作开展了乌江干流(武隆段)地质灾害的调查,获得了干流海岸城镇与地质灾害分布规律,并着重分析了武隆县羊角场镇地质灾害发育特征、破坏失稳模式。开展了乌江沿岸羊角场镇区域羊角幅(H48016023)1∶5万、沿江重点区域1∶1万灾害地质调查,共调查滑坡71处、崩塌29处、不稳定斜坡20处、区域工程地质点181处,查明了地质灾害的基本地质特征与分布情况,编制了区域工程地质图、地质灾害调查实际材料图、地质灾害分布图、地质灾害易发性分区图、地质灾害风险性分区图、重点调查区地质灾害分布图等系列灾害地质调查图件。重庆武隆地区地质灾害发育分布受地形地貌、地质构造、地层岩性、水文地质、人类工程活动等因素的影响,在空间分布上沿河流、构造线呈现出条带性与集中性分布。调查发现,区域内地质灾害主要分布在河谷两岸、构造带附近以及岩性组合易滑的地层附近,与区域内地质构造、地形地貌及河流分布呈现出高度一致性。

(1)河谷两岸及城镇集中分布:受构造运动的持续抬升与河流下切,区域内形成了现今高山峡谷地貌,分布大量高陡斜坡。河谷两岸地形坡角陡,"V"形、"U"形峡谷多,高陡斜坡地应力分布,加上较多的卸荷裂隙,造成岩体的稳定性降低,有利于地质灾害的形成和发生。调查发现地质灾害集中分布在乌江干流及其支流的芙蓉江、石梁河、鸭江及其支流大溪河与柏枝溪等河流的河谷两岸,呈树枝状分布,主要区段包括:乌江干流黄草—江口—中嘴—巷口—羊角—白马—兴顺、长途河火炉—青吉—中嘴、石梁河—白云—白马,上述沿河流库岸的乡镇地质灾害分布占全区地质灾害总数的80%以上。

(2)沿构造带分布:区域内构造褶皱作用强烈,分布多条北北东向的背斜、向斜及断层,背向斜轴部区构造应力相对集中,纵张裂隙发育,局部岩层倾角较陡,层间常有构造滑移面甚至有脱空构造,且在局部地段形成顺向临空坡。断层两侧岩体产状变化大,完整性低,断层带岩体破碎,易形成崩滑灾害。调查发现沿构造带两侧褶皱向斜或背斜翼部、核部都是大型崩滑灾害的高发区,如桐麻湾背斜、白马向斜、羊角背斜和青杠向斜的两翼及核部是区域内滑坡、危岩崩塌及堆积层滑坡的集中分布区。

(3)沿易滑地层结构集中分布:该区属川东平行碎屑岩岭谷区,东南部属大娄山脉北端厚层碳酸盐岩褶皱地带,因此地层岩性组合的差异造成两个区域地质灾害发育存在不同,中部碎屑岩区以侏罗系砂岩、泥岩及页岩岩性组合为主,地质灾害多以顺向坡、风化堆积层滑坡及中小规模崩塌为主;而中南部碳酸盐岩区多为下三叠统、二叠系、寒武系、奥陶系的灰岩和白云岩等高陡厚层岩体与其内部软层或志留系软层组成的"上硬、下软"岩性组合结构,地质灾害多以大型厚层状碳酸盐岩顺层、逆向、近水平的滑坡、崩塌为主,兼有崩滑堆积体的滑动。西南部灾害主要集中发育在三叠系及第四系堆积物中,灾害规模以中小型灾害为主。

此外,在相对高差大且上陡下缓的斜坡地带,地质灾害具有明显的垂直分带性。斜坡上部的陡崖地段受构造裂隙和卸荷作用影响,多形成大型危岩崩塌滑坡;崩塌体堆积于崖脚的斜坡,形成较厚的崩坡积层,在地表水及地下水影响下易形成滑坡,具有明显"上崩、下滑"的分布特点。

(4)沿人类工程活动带密集分布:区内矿产资源较丰富,是西南山区煤层、铝土矿层的主要开采区之一,大面积地下采空是诱发地质灾害的重要因素。在乌江干流库岸采矿带分布多处崩塌灾害点,给当地人民的生命财产造成严重威胁。除此之外,人类活动对地表的改造也在一定程度上影响了地表稳定性,如白马镇沙台村等地区,中小规模滑坡或不稳定斜坡就与人类活动密集区高度重叠。

二、特殊岩性山体的地质灾害失稳机理研究

选取典型灾害点研究了"上硬下软"型厚层—巨厚层灰岩山体地质灾害失稳机理,深入分析了这类地质灾害的成灾模式和早期识别特征。

受构造抬升和河流下蚀影响,乌江下游岩溶山区多形成大量高达数十米至数百米的陡崖,地层岩性多以下三叠统、二叠系、奥陶系、寒武系的灰岩和白云岩组成,如著名的乌江峡谷。二叠系下伏含

煤、铝土矿等强度极低的软弱岩层，形成了典型的“上硬、下软”型厚层—巨厚层灰岩斜坡。本次研究工作以典型案例为依托，对大型高陡危岩及滑坡体失稳机理开展研究，系统分析了这类地质灾害的成灾模式和早期识别特征。

以南川甑子岩特大型危岩体为例，通过影像解析方法研究其失稳运动特征与崩塌破坏模式，运用损伤理论对塔柱状岩体崩塌失稳的力学机制进行解析；通过有限差分数值模拟对塔柱状岩体崩塌失稳模式与变形特性开展还原验证与研究。岩溶山区广泛分布塔柱状岩体，其破坏方式多呈现出“受压损伤—压裂溃屈—整体崩解”的破坏特征。基于连续介质损伤力学理论，分析了塔柱状危岩底部岩体损伤演化过程，从损伤力学角度解释了塔柱状底部岩体的强度劣化机制，建立了随损伤演化的塔柱状岩体稳定性计算分析方法。

以武隆鸡尾山滑坡为典型案例，采用室内试验、数学分析、数值模拟以及物理模型试验相结合的方法和手段，对斜倾厚层灰岩山体视向滑动机理进行研究。获取了滑坡滑动前的变形过程，验证了斜倾厚层灰岩山体“后缘块体驱动—前缘关键块体剪断”的视倾向滑动地质力学模型，提出了三维稳定性计算解析方法。

三、不同岩溶发育程度对岩块强度影响的研究

本次工作建立了溶蚀岩块的概念模型，开展了不同岩溶发育程度的溶蚀岩块直剪试验模拟，初步获取了溶蚀岩块强度参数，定量评价了溶蚀对岩块强度的影响。

运用有限差分软件 FLAC 3D，建立溶蚀岩块的概念模型，开展不同岩溶发育程度的溶蚀岩块直剪试验模拟，初步获取溶蚀岩块强度参数，定量评价溶蚀对岩块强度的影响。溶蚀岩块强度模拟实验显示，与溶蚀率为 10%的岩块相比，溶蚀率为 60%的岩块内摩擦角和黏聚力降幅分别达到 44.4%、89%，溶蚀作用导致结构面或岩体强度降低，不利于滑坡的形成发生。

调查研究发现，鸡尾山滑坡北部前缘和东部侧壁溶蚀带极为发育，滑坡失稳后可见清晰的溶蚀带脆性剪断擦痕，表明沿结构面发育的溶蚀带强度控制着鸡尾山滑坡的侧边界，其溶蚀率发育特征和强度成为滑坡失稳的主控因素。

将岩溶发育程度简化为贯通岩体的圆柱状孔洞，采用孔洞个数来表示岩溶的不同发育程度，并考虑了岩溶管道中往往充填有黏土、腐植质的情况。模拟结果显示，随着岩溶率升高，同等正应力条件下，岩块的峰值强度和残余强度逐渐降低。溶蚀岩块的抗剪强度随岩溶率增大而骤降。鸡尾山滑坡边界受后缘 T0 溶蚀带、侧缘 T1 溶蚀带、关键块体溶蚀带以及底部碳质页岩滑带强度控制。滑坡前缘发育强汇水冲沟地形，垂直岩溶作用强烈，滑坡后揭露大量垂向溶蚀裂隙与管道，溶蚀率超过 60%。溶蚀岩块强度模拟实验显示，与溶蚀率 10%岩块相比，溶蚀率为 60%的岩块内摩擦角和黏聚力降幅分别达到 44.4%和 89%。由于岩溶发育带强度降低，逐渐发展成为控制山体稳定性的优势结构面。在长期重力作用下，岩层与陡崖坡面斜切内倾，鸡尾山山体顺层蠕滑在前缘受阻，迫使转向临空方向变形，沿岩溶发育带发生脆性剪断破坏，从而导致后部山体整体滑动。

四、区域地质灾害控制性软层物理特性试验及结果分析

本次工作开展了区域地质灾害控制性软层——碳质页岩的物理力学特性试验，获取了碳质页岩 3 个不同演化阶段的矿物组分及基本物理特性参数，及其瞬时与长期剪切强度，解释了地下水软化和蠕变作用对软弱夹层的致滑机理。

在乌江流域出露大面积的二叠系坚硬灰岩中，普遍发育有 4～6 层与灰岩岩层产状一致的含钙质

碳质页岩夹层。该夹层岩体的力学强度相对灰岩较低，且变形量大，具有显著的时间效应，在长期地质历史演化过程中，经过构造运动与地下水的长期作用会逐渐演化为软弱夹层，直接影响斜坡岩体的长期稳定性。据调查，区内多数崩滑体的孕育产生与该层有关。因此，本次工作对研究区最常见的"煤系地层"中软弱岩体——含钙质碳质页岩的常规剪切力学特性和剪切流变力学特性进行研究，为剖析重大地质灾害成因机制、破坏机理以及评价斜坡稳定性奠定了基础。

软弱夹层一般分为 3 个演化阶段，即原生软岩、层间剪切带和滑带，本次工作针对碳质页岩 3 个阶段 2 个状态（天然含水量和饱和含水量）的样品进行了测试，主要包括常规直剪试验和剪切流变试验。

试验参照鸡尾山滑坡所处的实际应力状态，考虑水的影响，对原岩和层间错动带采用 0.7MPa、1.5MPa、2.3MPa 的垂向应力，滑带采用的垂向应力为 0.5MPa、1.0MPa、1.5MPa。试验得到了天然和饱和状态下含钙质碳质页岩在原生软岩、层间剪切带和滑带 3 个阶段的剪切流变试验位移-时间曲线。以滑带为例可以看出，在天然和饱和状态下，软弱夹层在演化过程中都表现出明显的流变特性，具有初始衰减流变、稳态流变和加速流变 3 个阶段。试验结果表明，天然和饱和状态下长期强度参数均低于常规强度参数。在软弱夹层演化过程中，内摩擦角的降幅逐渐增大，说明流变变形对软弱夹层内摩擦角的影响随着演化逐渐增大；而原生软岩阶段的黏聚力降幅最小，滑带阶段次之，层间剪切带阶段最大，说明流变变形对原岩阶段的黏聚力影响最大，对层间剪切带阶段的影响最小。试验结果表明，长期的剪切流变下强度参数低于常规剪切瞬时的强度参数，天然含水量状态下，碳质页岩经长期演化后的内摩擦角和黏聚力与瞬时强度相比分别降低 2%～25.7%、12.6%～47%，饱和状态下分别降低 1%～29.4%、17.1%～66.9%，地下水软化和蠕变导致的软弱夹层强度降低必然引起斜坡稳定性降低，进而导致滑坡发生。

五、羊角镇地质灾害危险性区划研究

以羊角场镇为重点调查区，分别采用基于灾害发生频率的危险性评价区划方法、基于信息量模型的危险性评估方法以及采用基于滑坡运动机理分析的新型危险性区划方法对羊角场镇开展了地质灾害危险性区划研究。

针对大型危岩体崩滑灾害，利用 DAN 3D 有限元软件，开展了危岩体后破坏运动过程的三维数值模拟，结合危岩体破坏后主要运动路径、堆积体厚度等参数特征，对危岩体破坏后的危险范围进行预测。以规模最大的大巷危岩为例开展分析，通过工程地质对比，认为大巷危岩潜在失稳模式为类似于鸡尾山滑坡的视向滑动。利用 DAN 3D 有限元软件，对大巷危岩失稳后形成的高速远程碎屑流运动特征进行预测。模拟结果显示，大巷崩滑体-碎屑流运动过程可分为启动、偏转抛出、碰撞铲刮和远程堆积 4 个阶段，水平滑移距离可达 2500m，最大运动速度达到 60m/s，堆积体平均厚度 6m，最大厚度 32m。碎屑流可穿过羊角镇城区抵达乌江，说明羊角镇城区在大巷危岩的危害范围内。根据以上研究结果对羊角场镇开展了地质灾害危险性区划研究，对结果进行综合分析，探索了基于滑坡运动机理分析的地质灾害危险性评价区划方法。

对比不同方法得到的地质灾害危险性评价结果可以看出：传统的地质灾害危险性评估方法主要是基于滑坡形成影响因素的栅格单元叠加而得到，其得到的评价分析结果不适用于大比例尺的山区城镇的地质灾害风险评估管理。而基于危岩体运动机理分析的危险性评价结果与研究区大型危岩体的分布和可能破坏机制的分析更为符合，且能够分析危岩体破坏后运动机制与降雨诱发因素的关系，输出灾害在不同降雨强度条件下的扩展影响范围，得到的评价结果具有较高的可靠性与更高的精度，更适用于山区城镇地质灾害的风险评价，这种危险性评价方法值得进一步的推广。

六、乌江流域特大地质灾害 InSAR 调查研究

从 InSAR 和 GPS 监测点建设、监测、数据处理，以及数据预定、获取和解算等方面开展了乌江流域特大地质灾害 InSAR 调查研究，取得了新的监测结果与关键技术研究成果。

补充完善了羊角滑坡与危岩带和甑子岩危岩带地质灾害监测预警网络，新建了 GPS 和 CR 共计 6 个监测点，购买新的 GPS 接收机对雷击损害点进行了更换，持续进行甑子岩危岩体、羊角危岩带的实时变形监测，形成多年变形时序数据与图表；完成了乌江干流武隆段 3600km^2 的 InSAR 遥感调查与解译工作，采用 SBAS - InSAR 和高相干 InSAR 技术，获得历年区域地表形变数据，实现区域地质灾害高精度遥感调查，在 2014 年的调查基础上探测新增 8 处疑似地质灾害点(图 3 - 6)。

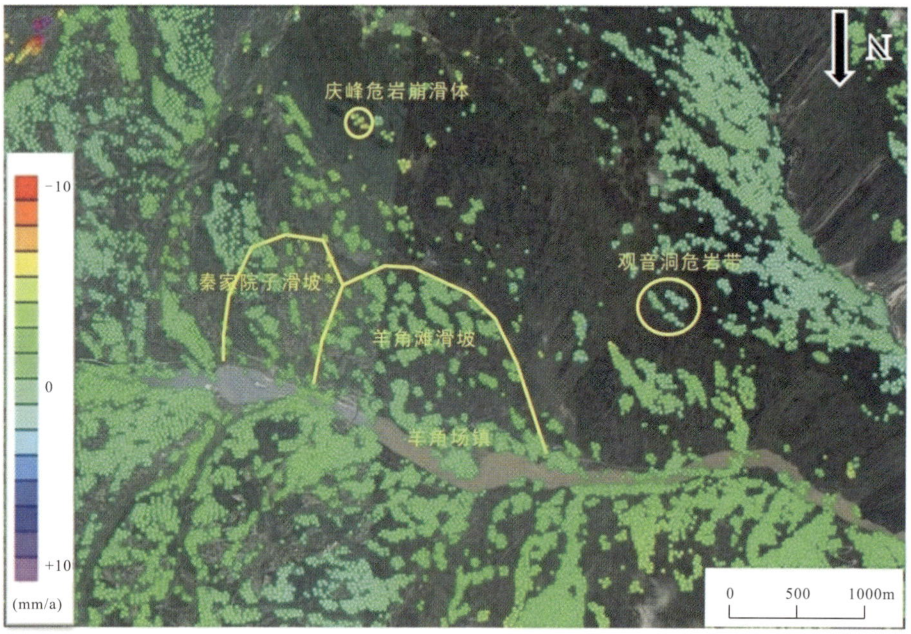

图 3 - 6　重庆武隆羊角场镇地质灾害地表 InSAR 变形图

徐州地区岩溶塌陷调查综合评价

提交单位：江苏省地质调查研究院

项目负责人：黄敬军

档案号：1238

工作周期：2014—2015 年

主要成果：

(1)系统查明了徐州地区可溶岩地层岩性分布、岩溶层组类型及溶蚀性特征，摸清了岩溶发育规律，深入研究了岩溶发育的控制因素。

徐州地区可溶岩地层主要为奥陶系马家沟组，分布面积约 143km^2，占隐伏岩溶区的 23.83%；其次是寒武系张夏组、馒头组和炒米店组，分布面积分别为 84.3km^2、78.4km^2、64.5km^2，分别占隐伏岩

溶区的14.05%、13.07%、10.75%。

徐州地区震旦系张渠组、赵圩组、九顶山组，奥陶系马家沟组等的溶蚀性能强；寒武系炒米店组、张夏组、昌平组、馒头组及震旦系望山组、魏集组、贾园组的溶蚀性能中等；奥陶系三山子组和震旦系倪园组的溶蚀性能弱。

徐州地区岩溶发育在水平方向和垂直方向呈明显分带性，平面上呈北北东向或北西向条带状展布，其交互区域是岩溶最发育的区段；垂向上岩溶发育随深度增加而减弱，60m以浅为强岩溶发育带，60～120m为中等岩溶发育带，120m以深为弱岩溶发育带。

徐州地区岩溶发育主要受岩性、裂隙发育特征、构造特征、新构造运动及地下水活动等因素的控制。纯碳酸盐岩层组岩溶发育最强，不纯碳酸盐岩层组岩溶发育次之，非碳酸盐岩层组岩溶发育最弱；北西向张性断裂、背斜核部、地下水活动强烈的区域岩溶发育。

(2)全面总结了徐州地区岩溶塌陷时空分布规律，建立了徐州地区岩溶塌陷发育的地质模式和动力模式，提出岩溶塌陷发育判据，为徐州岩溶塌陷防控提供决策依据。

徐州地区岩溶塌陷主要分布于市区中心地带，空间上受断裂带控制，发育于浅部岩溶强烈发育地段、集中分布在古河道和岩溶水开采降落漏斗中心区；时间上集中发生在20世纪80—90年代，1992年为岩溶塌陷高发期，多发生在降雨量较少的4—6月，少部分发生在7—8月的雨季。

徐州地区岩溶塌陷均为土层塌陷，触发因素有火车震动、施工振动、降雨以及河道清淤等，依据土层类型和结构等的差异，将徐州地区岩溶塌陷发育的地质模式分为“单一透水型盖层”和“透-阻型盖层”。

徐州地区岩溶塌陷发育的动力模式可分为重力致塌、潜蚀致塌、吸蚀致塌以及振动致塌共4种，区内岩溶塌陷大多是重力致塌和潜蚀致塌共同作用所致。

通过室内试验和监测分析，提出徐州地区岩溶塌陷发育判据。室内试验主要是确定土体破坏的临界水力梯度，将其作为岩溶塌陷初期土洞发育的判据；监测分析是找出与岩溶塌陷发生时间有对应关系的规律性监测数据作为预测预报判据。

(3)在系统分析岩溶塌陷发育的地下水动力条件、岩溶发育条件和覆盖层条件的基础上，建立岩溶塌陷易发程度评价指标体系，进行了岩溶塌陷易发性评价，为岩溶塌陷防治规划提供依据。

通过徐州地区岩溶塌陷形成的水动力条件分析研究，岩溶塌陷都发生在岩溶水降落漏斗内、水位在基岩面上下波动或与孔隙水水力联系密切的区段，故采用岩溶水水位距基岩面的距离、孔隙水与岩溶水水位差和岩溶水水位最大变幅3个要素来表征地下水动力条件，将岩溶水与基岩面距离小于4m、孔隙水与岩溶水水位差大于16m、岩溶水最大月变幅大于4m的区域划定为水动力条件强区；岩溶水与基岩面距离大于16m、孔隙水与岩溶水水位差小于2m、岩溶水最大月变幅小于2m的区域划定为水动力条件弱区；介于之间的为水动力条件中等区。

徐州地区岩溶塌陷易发程度评价指标体系依据岩溶发育条件、覆盖层条件、水动力条件建立，由3个条件层、8个因子层组成。岩溶发育条件考虑碳酸盐岩溶蚀性、断裂密度2个指标；覆盖层条件考虑上层结构、土层厚度、砂性土与黏性土厚度比3个指标；水动力条件考虑岩溶水最大月变幅、岩溶水距基岩面距离、孔隙水与岩溶水水位差3个指标。

徐州地区岩溶塌陷易发程度评价是以MapGIS的空间分析模块为评价平台，依据建立的岩溶塌陷易发程度评价指标体系，采用层次分析-综合模糊模型法进行的。岩溶塌陷易发区面积412km^2，其中高易发区面积约10.3km^2，主要分布在七里沟水源地和张集水源地。

根据徐州地区岩溶塌陷地质灾害易发区分布特点，岩溶塌陷地质灾害治理现状，结合徐州城市总体规划及国民经济和社会发展总体规划，以人口密集区、重大工程项目建设区以及旅游区为岩溶塌陷地质灾害防治重点，将七里沟水源地、张集水源地划为岩溶塌陷重点防治区，重点防治区面积 28.08km^2。

(4)剖析了徐州地区岩溶塌陷的形成过程及动力特征，采用综合多因素叠加法，对典型地区进行了岩溶塌陷风险性评价。

徐州地区岩溶塌陷发育区岩溶水水位经历了承压波动、承压-无压波动、承压波动等多个阶段，尤其是新生街—和平桥地区，1985—2000 年期间岩溶水多处于承压-无压波动模式，水位在基岩面上下波动尤为频繁，致使该段时间多次发生岩溶塌陷。

依据岩溶塌陷的地质模式和力学机理，确定溶剂厂塌陷、新生街塌陷以及开明市场塌陷等属于渗透变形破坏，其中，新生街塌陷和开明市场塌陷的地质模式为单一透水型，致塌模式为潜蚀-渗透变形-重力致塌，岩溶水开采是其主要诱因，废黄河水位的变化及降雨是其触发因素；溶剂厂塌陷和下洪村塌陷地质模式为透-阻型，潜蚀-渗透变形-震动致塌模式，岩溶水开采是其主要诱因，触发因素为火车震动；民主北路塌陷属于渗透变形和剪切变形共同破坏，其地质模式为透-阻型，致塌模式为吸蚀-剪切变形-重力致塌，岩溶水开采是其主要诱因，触发因素为降雨。

在岩溶塌陷形成条件分析的基础上，采用综合多因素叠加法，进行了典型地区岩溶塌陷风险性评价。其中，新生街典型区岩溶塌陷高风险区面积约 0.18km^2，占新生街典型区面积的 18%，主要分布于新生里棚户区、淮海东路及建国东路等城市主要干道沿线；邓楼典型区岩溶塌陷高风险区面积约 0.06km^2，占邓楼典型区面积的 6%，主要分布于 X307 沿线、居民区以及水源井泵房附近。

(5)基于渗透变形理论，以岩溶塌陷为约束条件，在深入研究了徐州市主要岩溶水水源地岩溶水水位降落漏斗演变规律的基础上，划定了水源地的水位控制红线，为地下水开采管理提供依据。徐州地区岩溶塌陷形成机理有渗透变形、剪切变形、真空吸蚀、冲爆、震动液化、地面加荷效应等，但以渗透变形为主。因此，徐州地区岩溶水位控制红线是基于渗透变形机理而划定的，是以引发岩溶塌陷时所对应的水位埋深值为约束条件，即不允许土体中发生渗透变形，控制水力梯度小于土体自身的临界水力梯度。本次研究确定禁采水位埋深为极限水位控制红线，预警水位为安全水位控制红线。

七里沟水源地岩溶水是徐州市最早的供水水源，其水位降落漏斗经历了 3 个不同的变化阶段：1980—1990 年为开采的增采阶段，水位降落漏斗逐年增大，中心水位逐年下降；1991—2000 年为开采的控采阶段，水位降落漏斗扩张的势态得到控制，中心水位回升；2001—2015 年为开采的禁采阶段，中心水位继续回升，水位降落漏斗逐年变小，乃至消失。

丁楼-茅村水源地也是徐州市供水的重要水源地，其水位降落漏斗经历了 4 个不同的变化阶段：1980—1985 年为开采的初级阶段，水位降落漏斗逐渐由开采中心向外围扩展；1986—1995 年为开采的增长阶段，水位降落漏斗扩展至整个水源地区域；1996—2000 年为开采的控采阶段，开采量虽得到控制，但水位仍呈整体下降趋势；2001—2015 年为压采阶段，水位降落漏斗中心外移至大彭一带。

在分析七里沟、丁楼-茅村、张集等主要水源地岩溶水水文地质条件、覆盖层特征、水位降落漏斗演变的基础上，基于渗透变形理论，计算了各水源地的临界水力梯度，划定了的水位控制红线。

(6)在系统研究徐州地区地铁沿线地质环境条件的基础上，分析地铁建设中可能诱发岩溶塌陷的类型，并分段进行岩溶塌陷风险控制评价，提出不同地段的岩溶水控制红线，为地铁工程建设提供决策依据。

在综合分析徐州市地铁 1 号线、2 号线、3 号线沿线地质环境条件基础上，确定在地铁隧道和车站施工开挖过程中可能诱发突水突泥型、底板突破型、底板下陷型和加荷震动型 4 种岩溶塌陷，提出通过岩溶地下水水位的控制工程(如隧道预注浆、基坑帷幕注浆等)加以防治。

依据地铁沿线地质结构、岩溶发育特征、覆盖层特点、地铁线位与岩溶地层的空间关系，进行地铁沿线岩溶塌陷易发性评价，认为地铁 1 号线 AK09＋500—AK10＋200 段、AK10＋200—AK12＋000 段、AK12＋000—AK18＋000 段 3 段岩溶塌陷风险极高；地铁 2 号线 AK03＋200—AK04＋650 段、AK07＋500—AK08＋905 段、AK08＋905—AK09＋400 段、AK09＋400—AK11＋300 段、AK12＋400—AK15＋200 段 5 段岩溶塌陷风险极高；地铁 3 号线 AK14＋030—AK15＋100 段、AK16＋200—AK18＋600 段、AK18＋600—AK20＋050 段、AK20＋700—AK21＋900 段 4 段岩溶塌陷风险极高。

在分析地铁 1 号线、2 号线、3 号线的工程地质条件、水文地质条件，以及地层岩性、结构和厚度等的特征基础上，基于渗透变形理论，计算了地铁 1 号线、2 号线、3 号线各段的临界水力梯度，划定了的水位控制红线，为地铁工程建设提供决策依据。

鄱阳湖生态经济区环境地质综合调查

提交单位：江西省地质调查研究院

项目负责人：杨永革

档案号：1239

工作周期：2010—2015 年

主要成果：

(1)通过调查及对以往资料成果的综合整理，梳理出了鄱阳湖生态经济区存在的主要环境地质问题。调查表明，鄱阳湖生态经济区环境地质质量总体良好。存在的主要环境地质问题有：地下水资源衰减及短缺、水土污染、特殊类土体、江河湖崩岸、崩塌滑坡、地面塌陷、圩堤渗漏及溃决、河湖淤积及水土流失、地方病等。区内随不同地域，主要环境地质问题也有所不同。

(2)鄱阳湖东岸农业区土壤生态地球化学质量总体优良。区内土壤地球化学环境质量以Ⅰ类和Ⅱ类土壤为主，占总面积的 98.02%，Ⅲ类和劣Ⅲ类土壤呈小面积或零星分布，占总面积的 1.98%，劣Ⅲ类土壤主要是砷或隔超标所致。

(3)鄱阳湖东岸农业区水体地球化学质量总体良好，浅层地下水超 80%达优良（Ⅰ类、Ⅱ类）至较好（Ⅲ类）的水质标准，占总面积的 83.62%；地下水质量以Ⅱ类水为主，占总面积的 88.15%。依据《生活饮用水卫生标准》(GB 5749—1985)中的评价标准，浅层地下水超标率 26.55%（主要超标指标有 Mn 及挥发分）、地表水超标率达 35.31%（主要超标指标为 Mn、F^- 及挥发分），反映了生活饮用水水源地浅层地下水优于地表水，水体符合饮用水卫生标准的占比达 70%。

(4)德兴铜矿位处乐安河的中上游。在铜矿资源的采、选生产过程中，形成的大量的工业废水和固体废弃物排入乐安河，造成乐安河河段和入湖三角洲平原表层土壤和地表水受污染，局部地区深层土壤和浅层地下水也遭受一定程度的污染，给脆弱的生态地球化学环境带来了严重的影响，诱发了一系列的生态地球化学现象或问题。尤其是 Cu 元素的污染非常严重，乐安河河段几乎所有的土壤 pH 都小于 6.5，明显偏酸性，基本上无Ⅰ类土壤，只有少许地区为Ⅱ类土壤，大多为Ⅲ类及劣Ⅲ类土壤。受 Cu 元素重度污染的主要是河漫滩及靠河一侧的Ⅰ级阶地，远离河流的Ⅰ级阶地地区为轻度污染，Ⅱ级阶地一般没有受到 Cu 元素的污染。

(5)长江南岸江岸、洲岸多为第四系松散层覆盖。碳酸盐岩沿长江岸带断续分布，隐伏岩溶较发育。裸露型岩溶主要分布在天红-郭家桥、彭泽县城附近。覆盖型岩溶主要沿赤湖—八里湖、湖口柘机—彭泽马当一带呈北东向狭窄条带状展布。在长江南岸的十里铺、狮子洞、赛城湖—官湖、柘机—

彭泽马当一带,岩溶地面塌陷灾害发育。

(6)受长江南侵、洪水等因素的影响,江岸及江心洲塌岸现象时有发生。通过对前人资料综合分析研究,结合对长江沿岸的野外实地调查,对长江岸带特征从地表分布到地下分层有了比较系统地了解。垂向上,沿江地层有明显的二元性,下部为较厚的砂砾石层,上部为较薄的黏土层;平面上,长江岸带分为冲刷岸带、淤积岸带和稳定岸带。

(7)1∶5 万新余市幅,枯水期地下水资源总量约为 $9.898\ 726\times10^4$ t/d,其中以松散岩类孔隙水和基岩裂隙水较为丰富,松散岩类孔隙水资源量约为 $4.636\ 476\times10^4$ t/d,基岩裂隙水资源量约为 $4.300\ 4\times10^4$ t/d,红层裂隙孔隙水和碳酸盐岩裂隙溶洞水较为贫乏,红层裂隙孔隙水资源量约为 $0.302\ 663\times10^4$ t/d,碳酸盐岩裂隙溶洞水资源量约为 $0.597\ 240\times10^4$ t/d。地下水单位面积资源量中,松散岩类孔隙水较为丰富,单位面积资源量约为 419.74m^3/(d·km^2);红层裂隙孔隙水较为贫乏,单位面积资源量约为 76.90m^3/(d·km^2);碳酸盐岩裂隙溶洞水单位面积资源量约为 173.54m^3/(d·km^2);基岩裂隙水单位面积资源量约为 188.17m^3/(d·km^2)。

云南重点岩溶区 1∶5 万水文地质调查(三台寺幅、鸡街幅、打庄幅、个旧幅)

提交单位:云南省地质工程勘察总公司

项目负责人:刘红战

档案号:1241

工作周期:2014—2015 年

主要成果:

(1)调查区属南盘江水系,位于滇东高原南部地段,以岩溶地貌为主。境内属珠江水系南盘江水域的泸江河支流,属云南省红河州辖区,位于滇东高原的南段,为滇东岩溶高原的一部分,从整体上来看,地势由南向北呈阶梯状倾斜,草坝、大庄、鸡街等盆地镶嵌其中。最高点为东南部个旧境内的莲花山,海拔 2 739.7m,最低点位于南盘江与泸江的汇合处,海拔仅 1025m,最大相对高差 1 714.7m,属中等—浅切割构造溶蚀、侵蚀低中山区。调查区可划分为侵蚀堆积地貌,构造侵蚀、剥蚀地貌,岩溶地貌,溶蚀、剥蚀地貌 4 种成因类型。调查区出露的地层除侏罗系、白垩系缺失外,自中石炭统至第四系均有出露。调查区广泛分布沉积岩,出露地层有石炭系、二叠系、三叠系、古近系、新近系及第四系,总厚度约 11 176m。其中,三叠系分布最广,约占全区面积的 2/3。而古近系、新近系及第四系主要分布于各大盆地区域,约占全区面积的 28%。古生界集中分布于蒙自以东及大黑山一带。玄武岩及花岗岩仅见于大庄以东、友谊村附近及个旧市西部地区。调查区处于青、藏、滇、缅巨型歹字型构造体系,川滇南南北构造和南岭东西复杂构造带西缘地区的交接地带-开远山字型构造体系的前弧东翼及前弧地带,主要表现有北东向、北西向、南北向及东西向构造形迹。调查区新构造运动较为强烈,具有继承性、阶段性和地带性差异明显的特点,控制了南洞地下河的发育规律。

(2)调查区地下水划分碳酸盐岩类裂隙溶洞水、基岩裂隙水和松散岩类孔隙水 3 个大类,5 个亚类。地表出露地层以碳酸盐岩类、碎屑岩类为主,碳酸盐岩地层多以地下河的形式出露地表,具统一的排泄出口,少见泉点;碎屑岩类、松散岩类中泉点较为常见,以侵蚀下降泉的形式为主体。

(3)区内地下水类型以 HCO_3-Ca 型为主,极少数为 $HCO_3-Ca\cdot Mg$ 型和 $HCO_3\cdot SO_4-Ca$ 型。

(4)区内地下水动态变化较大，流量动态曲线类型分为3种：多峰型、单峰型、平缓型。多峰型：流量历时曲线在枯水期和平水期相对比较稳定，较大降水或者集中降水补给时段，起伏的峰值较高，出现多次峰值，其峰值的大小与降水量的多少有直接关系。主要分布于基岩灰岩裸露区或者植被覆盖较少的半裸露区，且地下水含水介质以溶洞-管道为主，地下水径流排泄条件较好，对降水分配的大小反应比较敏感。单峰型：主要分布于管道-裂隙流为主的岩溶地层中，与多峰型相比，单峰型的基岩表层覆盖条件较好，其流量历时曲线在枯水期比较稳定，进入雨季后，地下水流量逐渐增加，地下水流量的动态变化表现出一定的滞后性，含水介质表现出一定的调蓄能力。平稳型：流量历时曲线在枯水期比较稳定，进入雨季后，地下水流量逐渐增加，地下水流量的动态变化表现出一定的滞后性，含水介质表现出很好的调蓄能力。

(5)本区岩溶含水岩组主要由三叠系组成，由于地层岩性、碎屑岩夹层及各种地质构造的影响，碎屑岩区多呈条带状与岩溶区相夹，在岩溶成片分布区，落水洞、消水洞、洼地等岩溶形态发育。本调查区四周为1∶5万调查区边界，因而一级岩溶水系统按照调查区边界、调查区内地表水或地下水分水岭界线划分，二级岩溶水系统以地下水分水岭界线为系统边界，共划分为3个一级岩溶水系统、14个二级岩溶水系统和23个三级岩溶水系统。

(6)南洞地下河系统是包含多个二级子系统的复杂岩溶系统，其中红塘子区域北洞地下河子系统有别于其他子系统的是至排泄区才与主流交汇，地下河管道长约7km，受T_3n和T_1y砂页岩、$P_2\beta$的夹持呈条带状沿北东向延伸，开远东山一带为其主要补给区，岩溶洼地密度最高达7个/km^2，多见漏斗、落水洞、竖井(深50m左右)，红塘子以南一段形成典型的岩溶干谷，松散层厚达10m以上，开远东山的大量溪水直接沿此干谷渗入补给地下河。补给区陡坡耕地多，水土流失严重。地下水主要赋存运移于顺岩层走向发育的岩溶管道中，出口段洞中可进深度1853m，断面变化小，洞中有阶地，水力坡度2‰，出口枯季水位1069m，雨季水位1073m，枯季流量0.45m^3/s，占同期南洞地下河流量的10.6%，现为开远市区生活供水水源，开采量达$2.5\times10^4m^3/d$。地下河主流部分由舍味、大庄、草坝东山岩溶水补给区、盆地丘陵径流区和磨石沟以下排泄区组成。大庄、草坝及蒙自东山大片岩溶地区(面积约600km^2)是主要补给区，标高均在1800m以上，含水介质由灰岩、白云岩组成，以峰丛洼地(谷地)地貌为特征，漏斗、落水洞、水平溶洞星罗棋布，洼地密度5～13个/km^2，多者达15个/km^2以上，峰丛洼地比高50～150m，源头杨柳河为唯一地表溪流。大气降水通过这些岩溶微地貌和溶隙、裂隙，既均匀又相对分散地补给地下水。该区植被稀少，土壤浅薄，除岩溶洼地中土壤层略厚外，一般均小于0.5m，降水入渗系数高达0.517 9。除杨柳河石洞入口处(溶洞长3.8km，平均水力坡度24.3‰)渗漏严重外，地下水的径流以垂直渗流为主。蒙自草坝、大庄盆地区为地下河主管道径流区。岩溶地下水以盆地边缘消水洞的点状集中灌入补给为主，盆地之间的岩溶丘陵相对分散补给为辅。盆地中的长桥海、大屯海、三角海(高程1260～1280m)既是上游地表水和部分地下水的排泄区，又是下游地下水的补给区。草坝盆地边缘的大黑水洞为季节性消水落水洞，多年平均径流量达$0.317\ 3\times10^8m^3/a$，最大涌水量达33m^3/s。湖盆边缘的涌水落水洞是主流与地表水的主要交换通道。除地下河主流之外，尚有平石板、小黑水洞、黑龙潭等叠置于其上的相对独立的地下河系统，或由于相对隔水层的阻挡而出露，或由于相对排泄基准面的控制而出露，但出流后均归于盆地中的岩溶湖，最终仍向南洞地下河深部径流转化。

(7)地质构造是控制岩溶地下水赋存的重要因素，区内断裂发育，它们不同程度地破坏了褶皱构造，因而褶皱强烈、断裂密集发育地区，地下水相对富集，形成富水构造带或蓄水构造。

(8)区内岩溶地下水资源丰富，占比超过85.5%，而岩溶区总面积占全区总面积的50%，岩溶地下水是当地最主要、最丰富的地下水类型，但时空分布极不均匀。

(9)本次工作分别采用大气降水入渗系数法和地下水径流模数法对区内的地下水资源进行了计算,采用枯季径流模数法对区内地下水允许开采量进行了计算,并对区内岩溶水开发进行了区划,并提出了相应的建议。

武汉都市圈东南部沿江产业带地质环境综合调查

提交单位:湖北省地质环境总站

项目负责人:邹安权

档案号:1249

工作周期:2015—2017年

主要成果:

(1)工作区内水文地质条件复杂,各类地下水类型均有分布。根据分布范围、富水性、开采条件等因素,区内具有供水潜力的有孔隙承压水和覆盖-埋藏型裂隙岩溶水。其他地下水类型如岩浆岩裂隙水及变质岩裂隙水在工作区内广泛分布,富水性较差,但水质一般良好,可以通过民井开采的方式作为单户居民的生活用水。

(2)根据工作区地形地貌特点、岩土体结构、岩土体类型及岩土体工程地质特征,将工作区划分为长江冲积平原工程地质区、垄岗岩土体平原工程地质区、低山-丘陵岩体工程地质区3个工程地质区及8个工程地质亚区。对每个工程地质亚区的工程地质特征及工程的适宜性进行了评价。

(3)工作区主要环境地质问题有3类:特殊类土,如软土、膨胀土;水利建设中引起的环境地质问题,如管涌、塌岸等;地质灾害,如滑坡、崩塌、地面塌陷、不稳定斜坡等。

(4)工作区内的碳酸盐岩分布条件十分复杂,集中分布在黄石市区,以裸露型碳酸盐岩、覆盖型碳酸盐岩和埋藏型碳酸盐岩等形式存在。工作区其他地方只有少量分布,在鄂州市燕矶镇东南有少量石炭系的碳酸盐岩出露,鄂州市杨叶镇南钻孔揭露有埋藏型三叠系碳酸盐岩,浠水县胡彩湾一带少量有大理岩呈带状出露。本区岩溶发育与分布总的特点是岩溶作用强度在平面上和垂向上呈各向异性。岩溶发育程度受岩性、构造和接触带、地下水动力条件及深度等因素的影响。

(5)通过对场地工程地质条件、地质灾害危险程度、岸线冲淤程度、河道形态特征等指标的综合分析,运用层次分析法(AHP)建立评价体系,对工作区长江岸线稳定性进行了评价。从岸别分配来看,左岸稳定岸线为7.5km,右岸为23.05km,分别占本岸线资源总量的18.2%和60.6%。在评价岸线稳定性及岸前可用水深的基础上,判别岸线的自然质量。结合区域社会经济条件、岸线开发利用现状等,对工作区内的长江岸线进行了尝试性的功能区划,力求达到资源有效利用与生态环境保护共同进步的和谐局面。

(6)在黄石市幅的东南部开展了地下水应急水源地评价工作,以覆盖-埋藏型裂隙岩溶水为研究对象。由于工作精度有限,采用均衡法对地下水资源量进行了计算。最终选定黄石市磁湖路至桂林南路之间的区域作为地下水应急水源地,总面积约8.40km^2。含水岩组主要为三叠系大冶组灰岩岩溶含水岩组,含水岩组岩性主要为灰色层状隐晶质灰岩,含水层水量较充裕,计算地下水开采量为$81.15\times10^4 m^3/a$,按每人每天0.05m^3的用水量计算,该水源地水资源量每天可供约44 500人使用。

(7)2015年黄石市地下水监测点水位与以往年度相比总体呈弱上升态势,地下水位上升主要是因为2015年度矿山抽排水的减少以及长江水位上升。2015年黄石市、大冶市地下水水质状况与往年相比多数监测点基本稳定，铁山区排土场矿渣经雨水淋滤下渗使岩溶地下水水质污染程度有加重的趋势。随着黄石市矿业活动减少，矿山环境地质环境治理加强，采矿疏排地下水引起的诸如房屋开裂、地面塌陷、地面沉降开裂、小型泥石流等地质灾害较往年有所减轻，2015 年地下水开发利用虽未导致大的地质灾害，但潜在的地面塌陷、地面沉降开裂、小型泥石流等地质灾害依然存在。

环北部湾南宁、北海、湛江 1∶5 万环境地质调查——雷州半岛西北部环境地质调查（青平幅）

提交单位：广东省地质局第四地质大队

项目负责人：揭江

档案号：1252

工作周期：2016 年

主要成果：

（1）本项目为环北部湾南宁、北海、湛江 1∶5 万环境地质调查二级项目的子项目，工作内容包括地面调查、遥感解译、物探钻探、试验测试、动态监测及综合研究等，各项工作完成率均达 100%以上，取得了丰富的水文地质、环境地质基础资料。

（2）通过开展青平幅 1∶5 万综合地质、水文地质、环境地质及地下水开采现状调查，开展水文地质钻探、物探、试验测试及动态监测等，基本查明了调查区地形地貌、地层岩性、地质构造特征；查明区内地下水类型及赋存性特征、动态变化规律，以及补、径、排条件；查明区内地下水资源开发利用条件、开采现状及主要的环境地质问题。

（3）区内地下水按含水岩类可分为松散岩类孔隙水、基岩裂隙水、碳酸盐岩类裂隙溶洞水及火山岩孔洞裂隙水四大类。其中，松散岩类孔隙水可分为浅层水和中层水 2 个亚类，富水性为中等—贫乏；基岩裂隙水可分为红层裂隙孔隙水、层状岩类裂隙水、块状岩类裂隙水 3 个亚类，富水性多为中等—贫乏；碳酸盐岩类裂隙溶洞水富水性中等—贫乏；火山岩孔洞裂隙水富水性多为贫乏。

（4）区内主要环境地质问题有地下水污染、膨胀土引起的房屋开裂（房裂）、矿山开采引发的水土流失、崩塌及局部氟超标引发的地氟病等，这些环境地质问题总体上较为轻微，仅局部地区较为严重。根据现状环境地质问题的发育情况、危害性及潜在的危险性，将调查区分为环境地质问题中等易发区和低易发区 2 个区段。其中，中等易发区的面积 $58.83km^2$，占调查区面积的 12.68%，该区现状地质灾害及环境地质问题发育程度弱，潜在地质灾害及环境地质问题发育程度弱—中等，危害性小—中等，潜在的危险性小—中等；低易发区分布广泛，面积 $405.17km^2$，占调查区面积的 87.32%，该区地质环境条件良好，现状地质灾害及环境地质问题发育程度弱，潜在地质灾害及环境地质问题发育程度弱，危害性小，其潜在的危险性小。

（5）在以往水文地质研究的基础上，根据本次水文地质调查成果，计算评价了调查区地下水总补给量为 $16\ 969.54\times10^4m^3/a$。其中，采用降水入渗系数法计算的大气降水补给量为 $14\ 551.37\times10^4m^3/a$；水利工程（包括山塘水库、渠道等）的渗漏补给量为 $375.21\times10^4m^3/a$；农田灌溉水回归的入渗补给量为 $2\ 042.96\times10^4m^3/a$。

（6）在前人研究的基础上，根据本次水文地质调查、水文地质试验资料，结合区内不同地下水类型及水文地质条件，采用不同方法计算了区内地下水总允许开采量为 $4\ 332.6\times10^4m^3/a$。其中，用均匀布井法计算松散岩类孔隙潜水—微承压水的允许开采量为 $1065\times10^4 m^3/a$，中层承压水的允许开采量为 $48.5\times10^4 m^3/a$，碳酸盐岩类裂隙溶洞水的允许开采量为 $967.1\times10^4 m^3/a$，下伏基岩裂隙水的允许开采量为 $601.5\times10^4 m^3/a$；用枯季径流模数法计算火山岩孔洞裂隙水及裸露型基岩裂隙水的允许开采量为 $1\ 650.5\times10^4 m^3/a$。

(7)以本次水文地质调查测试资料为基础，按照地下水水质标准，采用单要素评价和多要素综合评价的方法，对调查区地下水质量进行了全面评价。经评价，区内地下水以Ⅰ类、Ⅱ类及Ⅲ类水为主，占92.3%；少数为Ⅳ类及Ⅴ类水，仅占8.7%。调查区地下水水质总体较好，完全可以满足区内生产及生活用水的需要。

(8)在查明调查区水文地质条件和开采现状、评价地下水资源及地质环境的基础上，对区内各类地下水的开发利用前景进行了潜力评价。2016年调查区各类地下水实际开采量为 $1\ 281.57\times10^4 m^3/a$，地下水开采程度为0.30，开采潜力为 $3\ 051.03\times10^4 m^3/a$，开采潜力指数为3.38，单位面积可增允许开采量为 $6.58\times10^4 m^3/(km^2\cdot a)$，开采程度低，有一定的开采潜力。其中，浅层地下水的开采程度为0.37，开采潜力为 $2\ 087.95\times10^4 m^3/a$，开采潜力指数为2.70，单位面积可增允许开采量为 $4.50\times10^4 m^3/(km^2\cdot a)$，开采程度低，有一定的开采潜力；中层孔水的开采程度为0.45，开采潜力为 $26.96\times10^4 m^3/a$，开采潜力指数为1.80，单位面积可增允许开采量为 $2.25\times10^4 m^3/(km^2\cdot a)$，开采程度中等，有一定的开采潜力；岩溶水的开采程度为0.03，开采潜力为 $936.12\times10^4 m^3/a$，开采潜力指数为31.22，单位面积可增允许开采量为 $32.87\times10^4 m^3/(km^2\cdot a)$，开采程度低，开采潜力较大。

(9)根据地下水开采潜力、开采程度提出了调查区地下水开发利用建议。总体上调查区地下水均有一定的开采潜力，具有可扩大开采的能力。其中，浅层水、中层水分布区开采潜力相对较小，属于可少量扩大开采区；岩溶水分布区开采潜力较大，属于可扩大开采区。

(10)对调查区地下水开采技术条件进行了分析研究。根据地下水开采的施工技术条件和取水技术条件将区内地下水开采技术条件划分为较好、中等和差三级。其中，浅层潜水—微承压水开采技术条件较好；中层承压水和岩溶水开采技术条件中等；火山岩孔洞裂隙水、基岩裂隙水开采技术条件差。

(11)在充分收集分析以往地质、水工环地质资料的基础上，结合本次调查成果，对区内重大工程建设规划项目——“国核廉江核电”项目规划区进行了地质环境适宜性初步分析。总体上该项目建设区地形地貌简单，地层岩性单一，地质构造简单，水文地质条件简单，工程地质条件简单，人类工程活动对地质环境影响弱，现状地质灾害及主要环境地质问题不发育，核电站选址区地质环境条件简单，场地对核电工程项目建设适宜性较好。

(12)初步建立地下水动态监测网，为开发与保护调查区地下水资源提供科学依据。本次在调查区初步建立地下水动态监测网，共布设地下水水位动态监测点16个，水质动态监测点116个，监测面积达 $464km^2$，监测范围覆盖了区内主要的地下水类型及地下水主要开采区，为地方政府合理开发利用地下水资源提供地质科学依据。

(13)施工探采结合井，解决农村部分群众饮水困难问题。本次在调查区饮水困难的村庄共布设探采结合井15眼，总进尺1 303.62m，总出水量约 $1650m^3/d$(即 $60.23\times10^4 m^3/a$)，可解决饮水困难或饮水不安全人口约11 000多人，深受群众的欢迎。

(14)以本次调查、钻探及试验资料为基础，建立了雷州半岛西北部1∶5万青平幅环境地质调查数据库。对各类调查表、相关图片和综合成果数据等进行了系统整理并及时汇总入库，为进一步开展环境地质工作以及政府决策管理、社会服务、科学研究等提供可靠的地质资源信息。

第四章　技术方法类

岩溶塌陷地球物理勘探试验

提交单位：中国地质科学院岩溶研究所
项目负责人：甘伏平
档案号：1169
工作周期：2012—2013 年
主要成果：

一、物探方法选择顺序

岩溶塌陷的物探方法选择，一般从地质问题出发，分析场地地形地貌，岩溶水文地质，干扰源类型及强度和物性差异等条件，初步筛选物探方法。在现场试验的基础上，综合考虑物探方法的有效性、经济性和互补性，结合定位、定深和定性等来综合选择。不同的地质问题，可以采用不同的物探方法来解决，但考虑经济性，总会存在最佳的物探方法组合。为了评价物探方法的有效性、选择合适的物探反演模型、边界限定等参数，需要布置一定数量的验证钻孔和触探查证孔，一方面对物探参数进行标定、查验异常特征，另一方面直接获取场地覆盖层、基岩结构及其属性，为物探资料的地质分析、合理解释，提高物探资料的利用率，提供直接参照，实施流程如图 4－1 所示。

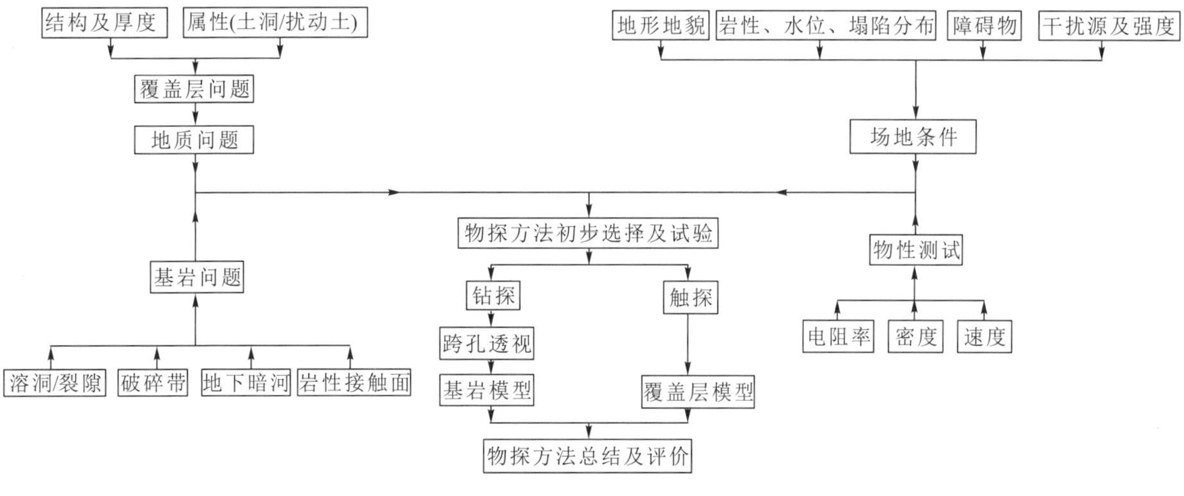

图 4－1　物探方法选择试验实施流程图

二、土洞探测

1. 电性有利条件下土洞探测

2012 年选择广西来宾市良江镇吉利塌陷区作为试验点,地质灾害为极端气候条件导致地下水位波动诱发的地面大规模塌陷,覆盖层为粉质黏土,含碎石粉质黏土或碎石土,基岩为中石炭统灰岩、白云质灰岩,地下水位深,水位变幅在地下 20~40m 之间。地下河沿北东向构造发育,是塌陷诱发的主要因素之一。

这种地质背景和物理条件,采用地质雷达法探测土洞最为有利,空洞引起的电性和介电性差异,使土洞形成强反射波和强绕射波。同样依据反射原理的等偏移地震反射法,也能取得很好的效果。空洞与周围介质存在明显的密度差异,高精度重力法也应用效果好。但当地形不平,周围障碍物规模较大时,需要地改,否则容易引起假异常。后面两种物探方法,由于纵、横向采样率低,远远无法与地质雷达法的高频电磁波、连续扫描模式相比,地质雷达法的高频、高密度采样,具有高的纵、横向分辨率。

2. 电性不利条件下土洞探测

2013 年,选择湖南省宁乡县大成桥塌陷区,开展物探方法试验,根据物性测试发现,部分地段覆盖层中存在良导电粉质黏土、淤泥质土,电阻率最低至 23Ω·m。

在灰砾岩中存在独立的水源(村民用水水源),水位浅,含水黏土或饱和黏土、淤泥质土的电阻率一般小于 100Ω·m,在极端条件下,电阻率可低至 30Ω·m,良导电表层对高频电磁波吸收强烈,地质雷达穿透深度浅,限制了该方法的有效利用。但是,覆盖层内土洞和灰岩内空洞仍表现为低密度、低速度,地震反射法绕射特征明显,高精度重力法呈局部低密度异常,特别适合地震法、高精度重力法探测。

广东省雪山嶂整装勘查区 1∶5 万区域地质综合调查

提交单位:广东省地球物理探矿大队

项目负责人:伍卓鹤

档案号:1171

工作周期:2013—2015 年

主要成果:

(1)取得了雪山嶂整装勘查区 2850km^2 的 1∶5 万重力高精度成果数据,编制 6 个图幅 1∶5 万布格重力异常图、实际材料图和系列处理图件,编制工作区 1∶5 万综合地质调查成果图和找矿预测图各 1 张。

(2)解释推断了工作区地质构造格架。区内主要以北东向和北西向断裂构成,推断北东向基底断裂 6 条、北西向断裂 5 条。其中北东向 F_1、F_2、F_3、F_4 共 4 条基底断裂与地质上吻合,新推北东向 F_5、F_6 和北西向 F_7、F_8、F_9、F_{10}、F_{11} 共 7 条基底断裂。推断浅层断裂 390 条,与已知断裂吻合或部分吻合共 75 条,新推断裂 315 条、划定褶皱核轴 42 处。

(3)圈定区内隐伏岩体 2 个,半隐伏岩基 2 个;圈定老地层 10 处,圈定碳酸盐岩 88 处。该成果为区内找矿提供可能的成矿母岩、成矿地层和成矿构造及成矿构造面。

(4)研究了工作区内结晶基底起伏界面。前寒武纪结晶基底以红岭、贵东、大镇一带深度最大，深度在 7～11km 之间，主要是由于岩浆侵入导致基底凹陷。最浅位于西南角已出露震旦系坝里组一带。其次在大宝山及翁城一带，前寒武纪界面深约 2km。

(5)根据布格重力异常特征，进行场分区，划分了 2 个重力场大区和进一步划分了 8 个小区。根据重力场分区划分了五级地质构造单元 8 个，其中包括白沙凸起、大宝山凸起、白古沙凸起、翁城凸起 4 个，樟市镇凹陷、隘子凹陷、大镇凹陷、官坪凹陷 4 个，为在不同成矿专属构造单元找矿提供了方向。

(6)根据推断，区内基底断裂及本次 1∶5 万地质调查发现的金门一带存在的高温蛇纹岩，结合地质、断裂控岩控矿的关系，首次提出吴川-四会断裂带在本区段由 F_2、F_3、F_4、F_5、F_{314} 5 组断裂所组成。

(7)完成了 200km^2 的 1∶5 万专项地质调查任务，详细查明了重点地区地层、岩石、构造特征，研究成矿地质背景与成矿条件。

将大镇调查区内地层划分为 8 个组级岩石地层单位，在大宝山调查区划分为 13 个组级岩石地层单位。

根据 1∶5 万重力圈定隐伏岩体范围，在大镇调查区新圈定了 4 个花岗闪长岩岩株，对原有的 2 个花岗闪长岩分布区进行了重新确定。依据出露的花岗闪长岩岩性差异把侵入体划为晚侏罗世早、晚期 2 个侵入阶段，其中早期以中细粒花岗闪长岩为主，晚期以细粒黑云母花岗闪长岩为主。

根据 1∶5 万剩余重力正、负异常边界，对大宝山调查区东北部的次英安斑岩体及花岗斑岩体的分布范围进行了修订，根据其岩性特征把大宝山调查区东南角的原泥盆系杨溪组归入了泥盆系老虎头组。

利用重力资料划定了覆盖区或半覆盖区内地层边界。根据重力梯级带追踪断裂构造 1 条，根据典型矿床的地质-重力模型圈定找矿靶区 1 处。编制了大镇调查区 1∶5 万区域地质调查矿产地质图和大宝山调查区 1∶5 万区域地质调查矿产地质图共 2 幅。

(8)利用本次重力成果分析了金门铁铜矿成矿重力异常特征。建立了大宝山大型铁铜铅锌多金属矿、船肚中型钨钼矿、白水寨大型钨矿、金门中型铁铜多金属矿、竹子坑中型铅锌矿、红岭岩浆岩大型钨多金属矿等地质-重力找矿模型 6 个。圈定找矿远景区 7 处、找矿靶区 8 处。

湖北云应地区膏盐矿分析方法与技术体系研究

提交单位：湖北省地质局第六地质大队

项目负责人：付胜波

档案号：1180

工作周期：2013—2015 年

主要成果：

(1)建立了熔融制样-X 射线荧光光谱仪测定石膏中主次量元素的分析方法。

选择石膏、高纯硫酸钙与土壤成分分析标准物质、岩石成分分析标准物质、水系沉积物成分分析标准物质、碳酸盐岩成分分析标准物质等国家一级标准物质配制相应的石膏标准样品，有效地解决了石膏标准物质缺乏的问题，同时加强了样品基体的适应性。使用四硼酸锂-偏硼酸锂(质量比 22∶12)熔剂可以在熔融过程中有效结合石膏中的硫，抑制硫在高温下的挥发性；在 1050℃时，石膏可以完全熔融，而且石膏中的硫基本没有挥发损失。选择 1∶9 的稀释比(m 样品∶m 熔剂)熔融样品，能够使样品在熔融过程保持良好的流动性并且可以兼顾主次量元素的准确测定。

该方法可以同时测定石膏样品中氧化钙、三氧化硫、二氧化硅、三氧化二铝、三氧化二铁、氧化镁、氧化钾、氧化钠、二氧化钛和氧化锶的含量，方法检出限为(4～135)μg/g，基本低于相关方法的检出限；氧化钙的分析范围可达 0.079%～49.24%，三氧化硫的分析范围可达 0.076%～58.75%，满足任务书要求。方法的准确度(RE)小于 9%，石膏中各主次量元素测定值与标准值的相对误差小于相应的相对误差允许限，符合《地质矿产实验室测试质量管理规范》(DZ/T 0130—2006)中的要求；样品重复分析的相对标准偏差小于 2.5%，精密度测试结果良好。该方法的建立满足了地质石膏样品批量分析测试的需求，有利于石膏的快速定级，在非金属矿物分析领域具有良好的推广应用价值。

(2)建立了王水水浴分解-原子荧光光度计测定石膏中砷、汞的分析方法。

采用王水水浴分解石膏样品，可以有效避免石膏中的砷和汞因分解温度过高而产生的挥发损失；结合原子荧光光度计，可以准确测定石膏中砷和汞的含量。砷、汞的检出限分别为 0.047×10^{-6} 和 $0.000\ 14\times10^{-6}$，满足任务书要求；砷、汞的加标回收率分别为 101.1% 和 103.4%，符合《地质矿产实验室测试质量管理规范》(DZ/T 0130—2006)中的要求；样品重复分析的相对标准偏差小于 6.0%，精密度结果较好。

(3)建立了四酸分解-电感耦合等离子体质谱仪测定石膏中铅、镉的分析方法。

采用四酸(盐酸-硝酸-氢氟酸-高氯酸)敞口分解石膏样品，50%盐酸提取，可以完全释放样品中的铅和镉；结合电感耦合等离子体质谱仪，可以准确测定石膏中铅和镉的含量。铅、镉的检出限分别为 0.043 可以完全和 0.009 可以完全，满足任务书要求；铅、镉的加标回收率分别为 94.6% 和 103.0%，符合《地质矿产实验室测试质量管理规范》(DZ/T 0130—2006)中的要求；样品重复分析的相对标准偏差小于 6.5%，精密度结果较好。

(4)建立了电感耦合等离子体原子发射光谱仪-质谱仪测定岩盐中水溶性锶、钡、锂、铷的分析方法。

岩盐样品经去离子水微沸溶解 60min 后，酸化，定容，采用电感耦合等离子体原子发射光谱仪测定溶液中锶、钡的含量，采用电感耦合等离子体质谱仪测定溶液中锂、铷的含量。锶、钡、锂、铷的检出限分别为 0.04×10^{-6}、0.35×10^{-6}、0.02×10^{-6} 和 0.03×10^{-6}，实际样品重复分析相对标准偏差在 0.7%～5.7%之间，结果较好；方法的加标回收率在 91.0%～103.8%之间，符合《地质矿产实验室测试质量管理规范》(DZ/T 0130—2006)中的要求。

(5)建立了巯基棉分离富集-电感耦合等离子体原子发射光谱仪测定岩盐中水溶性铜、铅、锌、镉的分析方法。

以巯基棉为材料，通过控制溶液酸度，实现了岩盐中水溶性铜、铅、锌、镉的分离富集，结合电感耦合等离子体原子发射光谱仪，可以准确测定岩盐中水溶性铜、铅、锌、镉的含量。在溶液 pH 为中性时，巯基棉能有效吸附铜、铅、锌、镉，使用 8ml 15%的盐酸溶液能够将巯基棉所吸附的铜、铅、锌、镉定量洗脱；溶液中的 Na^+ 对巯基棉吸附铜、铅、锌、镉无明显影响，经巯基棉分离富集后，可以实现铜、铅、锌、镉和 Na^+ 的分离，降低基体效应。

铜、铅、锌、镉的方法检出限分别为 0.06×10^{-6}、0.09×10^{-6}、0.14×10^{-6} 和 0.02×10^{-6}，满足任务书要求；方法的加标回收率在 94.7%～101.5%之间，符合《地质矿产实验室测试质量管理规范》(DZ/T 0130—2006)中的要求；样品重复分析的相对标准偏差不超过 6.0%，结果较好。

(6)建立了聚氨酯泡沫塑料分离富集-电感耦合等离子体原子发射光谱仪测定岩盐中水溶性镓的分析方法。

以聚氨酯泡沫塑料为材料，通过优化吸附酸度、吸附时间、解吸时间、解吸剂浓度及用量等条件，实现了岩盐中水溶性镓的分离富集，结合电感耦合等离子体原子发射光谱仪，可以准确测定岩盐中水溶性镓的含量。在 6mol/L 盐酸介质中，经 60min 振荡后，聚氨酯泡沫塑料能够有效吸附镓；使用 25ml 氯化铵溶液(0.6mol/L)能够将吸附的镓定量解吸，解吸时间为 45min；溶液中的 Na^+ 对泡沫塑料吸附镓无明显影响，经分离富集后，可以实现镓和 Na^+ 的分离，降低基体效应。

镓的方法检出限为 0.27×10^{-6}，样品重复分析的相对标准偏差小于 6.0%，结果较好；方法的加标回收率在 90.9%～104.1%之间，样品重复分析的相对标准偏差小于 6.0%，符合《地质矿产实验室测试质量管理规范》(DZ/T 0130—2006)中的要求。

(7)建立了 D072 树脂分离富集-电感耦合等离子体质谱仪测定岩盐中水溶性铯的分析方法。

以 D072 树脂为材料，通过优化吸附酸度、树脂用量、氯化钠浓度、解吸液浓度及用量等条件，实现了岩盐中水溶性铯的分离富集，结合电感耦合等离子体质谱仪，可以准确测定岩盐中水溶性铯的含量。在溶液 pH 为 3～9 时，D072 树脂能有效吸附铯，吸附率均超过 95%；树脂用量越大，吸附率越高，使用 30ml 50%的盐酸能够将吸附的铯定量洗脱；溶液中的氯化钠浓度对 D072 树脂吸附铯有明显影响，氯化钠浓度越低，影响越小；经分离富集后，可以在一定程度上实现铯与 Na^+ 的分离，降低基体效应。

铯的方法检出限为 0.02×10^{-6}，满足任务书要求；方法的加标回收率在 90.9%～104.1%之间，符合《地质矿产实验室测试质量管理规范》(DZ/T 0130—2006)中的要求；样品重复分析的相对标准偏差小于 6.0%，结果较好。

广东阳江—茂名地区多目标地球化学调查

提交单位：广东省地质调查院

项目负责人：朱鑫

档案号：1182

工作周期：2013—2015 年

主要成果：

(1)首次获得涵盖了阳江—茂名地区 54 项指标的地球化学数据。通过多目标区域地球化学调查，首次系统采集了阳江—茂名地区表层和深层土壤样品，获得了阳江—茂名地区土壤 54 项指标测试数据。这是广东省首次取得涵盖阳江—茂名地区的丰富、高质量的地球化学资料。

(2)首次全面、系统查清了阳江—茂名地区地球化学分布特征，建立了土壤多元素系列地球化学基准值和背景值，编制了元素地球化学图及相关基础图件；建立了区域地球化学数据库，为阳江—茂名地区多学科研究和多领域应用提供了高精度基础地球化学数据。

(3)按照不同成因类型，包括第四系松散沉积物、沉积岩类风化物、火山岩类风化物、侵入岩类风化物、变质岩类风化物 5 种不同物质来源差异，深入研究了阳江—茂名地区土壤中元素含量特征与空间分布规律。研究表明，土壤元素地球化学基准值及背景值继承了成土母质地球化学特征，元素区域地球化学分布受区域地质环境和人为经济活动的双重制约，表现出性质迥异的地球化学分区性，全区共划分为 2 大地球化学区，6 个地球化学亚区，为经济区农业种植结构调整提供了重要依据。尤其在区内划分出硒含量在 0.40mg/kg 以上的富硒土壤区，总面积约 4408km^2，对阳江—茂名地区发展特色农产品，提高农业经济效益具有十分重要的意义。

(4)参照相关标准评价了区域土壤环境质量，进行了植物营养有益元素丰缺评价与分区。成果表明，阳江—茂名地区土壤环境质量总体良好，一、二级土壤占总面积的 97.28%；对非建设用地环境质量的评价结果表明，无公害农产品产地面积 8 388.3km^2，占总面积的 92.18%；绿色农产品产地面积 7 888.4km^2，占总面积的 86.69%；上述区划成果为阳江—茂名地区发展无公害和绿色农业提供了科学的建设性意见。

(5)基于多目标区域地球化学调查数据资料，探讨了在基础地质研究中的应用前景，总结了各种异常的地球化学基本特征，圈定普查找矿综合异常 12 处、找矿远景区 5 处，并针对 4 处典型矿致异常进行解析与推断。

(6)选择了化州平定铜镍多金属元素异常区、电白小良富硒土壤异常区、高州荷花-石板铬镉异常区、化州官桥砷铅铜异常区、电白大衙与阳西塘口富硒异常区、电白马踏金镉异常区共 6 处典型异常区开展异常查证与评价，选择了高州石鼓优质水稻种植区、高州大井木广垌荔枝种植基地、高州储良龙眼种植基地 3 处特色农业区进行生态地球化学评价。

(7)依据土地质量地球化学评价技术要求，对土壤环境质量和肥力状况进行了综合评价，阳江—茂名地区土地质量整体良好，以优质土壤为主，分布面积达 4 763.85km^2，占评估区总面积的 52.35%，在全区广泛分布。

(8)系统计算了不同深度土壤碳储量和土壤碳密度，查明了区域土壤碳密度分布特征及其影响因素，表明阳江—茂名地区 0～0.2m、0～1m、0～1.8m 有机碳密度分别为 2.39kg/m^2、8.59kg/m^2、13.10kg/m^2，为碳汇、碳储研究提供了重要依据。

(9)建立了阳江—茂名地区多目标区域地球化学调查数据库，实现了对海量数据的信息化、系统化管理，为资源共享和开发利用提供了平台。

(10)总结了阳江—茂名地区多目标区域地球化学调查的工作方法技术，对区域地球化学特征、区域异常分布特征和资源潜力、土壤环境质量、肥力现状等进行了系统地总结和研究，对区域环境地球化学质量变化趋势进行了初步的预测。

海南昌江—东方地区金矿整装勘查专项填图与技术应用示范

提交单位：海南省地质调查院

项目负责人：赵军

档案号：1183

工作周期：2014—2016 年

主要成果：

(1)开展了区内典型金矿床研究，初步确定了成矿地质体、成矿构造和成矿结构面以及成矿作用特征标志，成矿地质体主要为印支期花岗岩体，成矿构造主要为与剪切断裂构造活动和岩浆侵入构造有关的成矿构造系统；建立了“三位一体”找矿预测地质模型。

(2)2013—2016 年区内共探获金资源量(333 类及以上)32.17t，其中土外山金矿深部(−30m 以下)共探获金资源量(333 类及以上)16.06t，该区(−30m 以下)具有成为大型矿床的潜力。

(3)初步查明了戈枕韧性剪切带南西段糜棱岩的分布情况，并在其中的公爱八队、不磨Ⅲ号脉带等地发现新的含金糜棱岩带，其中在不磨Ⅲ号脉带初步圈出含金糜棱岩带 30 多米宽，Au 平均品位

7.2×10^{-6}，最高品位 90.5×10^{-6}，找矿取得显著新进展。

(4)在戈枕剪切带南东盘的下古生界志留系和奥陶系中新发现红泉十队、温村、包拔、白马岭等多处金矿(化)点，其中红泉十队矿区已取得找矿突破，目前多孔见矿，这大大开拓了区内找矿空间。

(5)开展了区内金矿成矿预测研究，共圈定预测区 24 个，预测金资源量(334_2)206.62t。

(6)初步提炼了一套适合于本区金矿勘查的大比例尺物化探找矿方法，物探工作手段为激电中梯或者激电测深，化探工作手段为土壤地化和深穿透地电化学测量，其中以化探工作为主，深穿透地电化学、土壤地化测量同步开展并圈定异常区，物探工作为辅助手段，在圈定的化探异常区利用极化率异常对矿体的可能赋存位置进行辅助判断。

广东省矿产资源开发环境遥感监测

提交单位：广东省地质调查院
项目负责人：王耿明
档案号：1206
工作周期：2015—2017 年
主要成果：

一、调查成果

1. 矿产资源规划执行情况

对广东省矿产资源规划执行情况进行了全面监测和评价，全省 10 个重点开采区、11 个鼓励开采区和 3 个限制开采区都符合规划要求；74 个禁止开采区中有 28 个不符合规划要求。

2. 矿产资源开发状况

2015 年广东省共有矿业活动点(面)2927 个，其中合法开采矿山 1467 个、停产或关闭矿山 1274 个、疑似违法开采矿山 186 个。2015 年广东省矿产开发点(面)中：合法开采矿山占 50%，主要为砂石黏土矿山；停产或关闭矿山占 44%，绝大部分为废弃稀土、陶瓷土、建筑用花岗岩和砖瓦用黏土矿山；疑似违法开采矿山占 6%，金属矿山违规总数 16 个，非金属矿山违规总数 170 个，主要为建筑用花岗岩和饰面用花岗岩等非金属矿，金属矿相对较少；无证开采 153 个、越界开采 33 个。

3. 矿山地质环境问题

(1)矿山开采占地情况。2015 年广东省矿山开发占地总计 28 731.71hm^2($1hm^2=0.01km^2$)，其中采场占地 13 343.63hm^2，中转场地占地 4 116.20hm^2，固体废弃物占地 10 938.99hm^2，矿山建筑占地 332.89hm^2。矿山占地类型以采场、固体废弃物为主。界内开采矿山占地 14 961.62hm^2，占地比例 52.1%，疑似违法矿山占地 439.46hm^2，占地比例 1.5%，关停或废弃矿山占地 13 330.63hm^2，占地比例 46.4%。露天开采占地 27 181.97hm^2，地下开采占地 1 421.28hm^2，联合开采占地 137.26hm^2。

(2)矿山地质灾害。2015 年广东省总计有各类地质灾害及其隐患 106 处，其中崩塌 10 处、滑坡 71 处、泥石流 22 处、塌陷区 3 处。主要分布在韶关市(21 处)、清远市(20 处)、肇庆市(18 处)、惠州市(10 处)、河源市(8 处)；涉及开采矿种 17 种，其中金属矿 6 种，非金属矿 11 种。

(3)矿山环境污染。2015 年广东省矿山环境污染中粉尘污染 92 处，分布在 12 个不同开采矿种矿山,其中以建筑用花岗岩矿山为主,占总数的 78.3%,分布在 17 个地级市 48 个区县。2015 年广东省共有矿山水体污染 28 处,涉及开采矿种 12 种,主要为铁矿、建筑用花岗岩、高岭土等。

(4)矿山环境恢复治理(含复绿工程)。2015 年度广东省矿山恢复治理面积 2 027.5hm,占全部矿山占地面积的 6.6%,相比 2014 年度,矿山恢复治理面积增加较多,但废弃矿山的治理还需加强。

(5)遥感监测"矿山复绿"行动进展。根据遥感监测结果,完成复绿矿山 151 个,占复绿矿山的 66.8%;未复绿矿山 12 个,占复绿矿山的 5.3%;正在复绿矿山 63 个,占复绿矿山的 27.9%。

(6)1∶5 万矿山环境监测。在 2015 年全省矿山环境遥感调查基础上,圈定怀集-阳山 1∶5 万矿山环境问题区,并对其进行了矿山环境监测。

(7)矿山地质环境评价。开展 2015 年广东省矿山地质环境评价,全省划分了 7 个严重影响区、16 个较严重影响区、11 个一般影响区。

二、解决的资源环境或基础地质问题

(1)完成了全省范围 2015 年矿产资源开发状况和矿产卫片遥感解译,圈定了全部矿业活动开采图斑、矿产疑似违法图斑和矿产资源违法开采集中区,查明了全省的矿业活动强度及变化情况。

(2)查明了全省及 1∶5 万怀集-阳山问题区矿山地质环境现状及主要矿山地质环境问题,并对全省矿山地质环境进行了评价,圈定了矿山地质环境影响区。

(3)查明了第二轮广东省矿产资源规划执行情况,发现了规划中存在的问题并提出了相关建议。

(4)开展了"矿山复绿"行动遥感监测,查明了"矿山复绿"行动进展情况及存在问题。

三、成果应用情况

(1)按年度向部执法监察局提交了全省矿产疑似违法图斑分布图及相关统计报表,为矿产卫片执法监督检查等提供了决策依据。

(2)向部环境司、省国土资源厅环境处提供了全省矿山地质环境遥感监测成果,成为矿山地质环境恢复治理、矿山环境管护工作的依据。

(3)向部规划司提交全省各规划区规划执行情况监测成果,为规划区的整顿及下一轮规划制订提供了重要依据。

(4)完成的"矿山复绿"行动进展状况的监测成果,为部环境司等部门及时掌握治理进度提供了支持。

以钻代槽勘查技术研究与应用示范

提交单位:北京探矿工程研究所

项目负责人:赵洪波

档案号:1207

工作周期:2014—2015 年

主要成果:

(1)完成以钻代槽勘查技术在目标多金属矿区的可行性研究,认为以钻代槽是一种可行的行之有效的绿色勘探工作手段。主要体现在以下几个方面。

①在覆盖层厚度大于规范规定探槽施工深度的情况下可以获得目标地质体(如矿体)的产状。分三步布置浅钻:首先施工探索孔,初步掌握岩层接触面及其倾角,推测断层倾向,然后布置追索孔进一步了解走向,最后布置倾向确认孔(1～2 个),确认接触面倾向。采用探索孔→追索孔→确认孔循序渐进的布孔方法,能在勘探过程中主动、灵活、准确地对层状、面状地质构造进行控制,从而达到掌握层状、面状地质构造产状目的。

②可以获取目标地质体样品,该样品与槽探样品相比,前者是垂直向下取样,可以控制目标地质体垂向上的全部地质体(取决于浅钻的可钻取深度),后者是水平取样,可以控制目标地质体近水平方向上的全部。同时,槽探与浅钻所对应的样品分析结果基本吻合。以海南示范区为例:槽探与浅钻所对应的样品分析结果也基本吻合,但浅钻能对含矿破碎带进行很好的控制(图 4－2)。

图 4－2　西藏山南地区地质调查浅钻应用(左)与槽探施工对比(右)

③采用"十"字形布孔能有效控制形态不规则、复杂多变地质体的产出形态和空间形态。以云南为例,针对大面积碎裂混合花岗岩体,其间矿化体、矿脉等形态不规则、复杂多变,且岩性松散等特征,决定了探槽控制的难度,尤其倾伏方向分岔探槽无法控制。

(2)制定以钻代槽勘查工作部署原则,完善以钻代槽工作程序,为下一步制定以钻代槽勘查规范提供了依据。

(3)从不同角度出发,对比槽探、浅钻经济效益,核算了浅钻成本,认为浅钻与槽探的综合成本相近或者略优于槽探。

虽然浅钻比槽探多支出部分费用,但可以获得更深的样品和数据,而且其环境效益更加显著,特别是槽探工程野外施工可能会揭露不到基岩而一无所获。因此,浅钻工程的成本总体上优于槽探工程。出于对生态环境保护的现实需求,尽管浅钻施工费用要比槽探施工费用高,但还是要宁可多投入,也不能破坏环境。

江西 1:5 万九江幅、湖口县幅、太平关幅、复兴幅环境地质调查遥感环境地质特征解译

提交单位:江西省地质调查研究院
项目负责人:魏源
档案号:1220
工作周期:2014 年
主要成果:

一、地貌解译

工作区解译出 5 种地貌类型,即山地、丘陵、岗地、滨湖平原和河谷平原,其分布特征见表 4-1。

表 4-1　地貌单元遥感影像特征及解译效果表

级别	遥感影像特征	出露地层	解译效果	数量	面积/km^2	面积百分比/%
山地	影像清晰,划分性良好。影像以深灰色、灰绿色、墨绿色为主色调,影纹相对较粗,色调均匀,直线状水系、树枝状水系发育,部分可见梳状水系	震旦系、寒武系	良好	3	154.83	8.67
丘陵	影像较清晰,划分性较好,影像以深灰—灰绿色为主色调,部分为浅灰色—灰白色,影纹较细,色调不甚均匀,部分呈斑杂状,发育树枝状水系与直线状水系	志留系、泥盆系、石炭系及部分更新世柘矶组	一般	3	94.86	5.31
岗地	影像较模糊,植被覆盖,划分性较差。影像以浅灰色、灰红为主色调,色彩分布不均匀,影纹以碎斑状、蠕虫状为主,发育短而细的冲沟及水系,部分可见树枝状水系和羽状水系	第四系新港黏土、坳里组和联圩组混合出露区	较差	3	31.49	1.76
滨湖平原	影像清晰,划分性良好。影像以淡绿色为主色调,色彩均匀,影纹较细腻,表面光滑平整,多发育曲流水系和辫状河,少量可见树枝状水系	进贤组和新港黏土,部分坳里组	较好	1	8.49	0.48
河谷平原	影像清晰,划分性良好。影像以浅灰色、灰绿色、灰白色、灰黄色为主,色调较杂,总体分布不均匀,局部色调较均匀,影纹较杂,以细影纹为主	长江组、赛湖组、联圩组和坳里组等	良好	1	1 496.95	83.78
合计				11	1 786.62	100

二、断裂构造解译结果

工作区断裂构造发育，根据断裂构造的展布方向可分北东向、北东东向、北西向及近东西向 4 个系统，主要为北东向，次为北东东向、北西向，大多为倾滑或走滑断裂。工作区主要断裂构造遥感影像特征见表 4 - 2。

表 4 - 2　工作区主要断裂遥感影像特征表

断裂编号	走向	延长/km	色调影像标志	地质体标志	地貌水文标志
F_1	北东	41.7	主要为暗绿色、绿色	构成陡山沱组—皮园村组与坰里组的界线	发育直线形的沟谷和水系
F_2	北东	9.9	主要为暗绿色、绿色、紫红色	切割茅山组，同时也是茅山组与新港黏土的界线	地貌上构成直线形沟谷和陡崖
F_3	北北东	10.6	主要为暗绿色、绿色	构成新港黏土与坰里组的界线	发育直线形沟谷、湖泊边界
F_4	北北东	15.6	呈暗绿色、亮绿色的色线，南西端两侧影纹差异较大	构成陡山沱组—皮园村组与新港黏土的分界线	发育直线形沟谷，局部见有平直状水系
F_5	北东	9.8	主要为暗绿色、绿色	构成连沱组—南沱组和陡山沱组—皮园村组的界线	发育直线形沟谷、陡坎
F_6	北北东	5.9	主要为暗绿色、绿色，局部浅灰色	切割王音铺组、观音堂组、陡山沱组—皮园村组，构成陡山沱组—皮园村组与王音铺组的界线	发育直线形沟谷和直线状水系
F_7	北西	11.3	主要为深灰色、暗绿色，局部灰白色	构成长江组与赛湖组的大致分界线	发育直线形沟谷、陡坎
F_8	北西	30.1	主要为暗绿色、绿色	构成长江组与进贤组、新港黏土、赛湖组的界线	发育直线形沟谷和水系
F_9	北北西	16.3	主要为暗绿色、绿色，部分为灰褐色	构成联圩组与长江组的界线	发育直线形沟谷、陡坎
F_{10}	北西	4.6	主要为棕色、灰褐色，部分为暗绿色	切断泥盆系清水组，并使其位移1m左右	发育直线形的沟谷和水系
F_{11}	北东	4.1	主要为棕色、灰褐色，部分为暗绿色、绿色	切割莲沱组—南沱组，使其错位明显	发育直线形的沟谷和水系
F_{12}	近东西	19.5	主要为浅灰色、深灰色，部分为浅绿色	构成赛湖组内部的沉积相界线	发育直线形的沟谷和水系
F_{13}	近东西	5.2	主要为棕色、灰白色，部分为暗绿色	构成寒武系王音铺组和观音堂组的界线	发育直线形的沟谷和水系

三、环形影像解译结果

工作区属山地河谷冲积平原地貌区,北西部主要为冲湖积平原,中东部为低矮山丘和谷地,南东部为丘陵区,南东角及中南部属山地地貌。环形构造主要发育在岗地和山地地貌区,影像特征主要表现为圆形色块、环形色线(带),地貌上表现为环形山脊,并发育环形水系、放射状水系等。形态主要为圆形、椭圆形等,规模除个别环形构造较大外,一般均较小,组合形式以单环为主,仅有 1 处存在环套环现象。工作区共解译出 20 个环形构造,其中主要环形构造有 13 个,影像特征及位置情况见表4-3。

表 4-3 工作区主要环形影像特征一览表

编号	名称	位置	分类	依环数量分类	与其他环关系	影像特征	成因
R1	长岭环	新港南西侧	小型	单环	/	圆形,边界较清楚,由浅灰白色色线围成。环内影纹粗糙,呈蠕虫状	圆形山引起
R2	柳家环	湖口县南东侧	小型	单环	与 R3 相离	不规则环形,边界色调和围岩有明显区别,呈粗糙状,正地形	人类开垦山林、毁林造房引起
R3	阳家环	湖口县南东侧	小型	单环	与 R2 相离	由不同色线围成,与周围色调差别大,环内影纹粗糙,斑杂状	推测人类垦山造房引起
R4	上秦环	湖口县城东侧	中型	单环	与 R5 相交	近圆形,由不同于四周的色线围成,边界较清楚,浅灰绿色色调,环内影纹粗糙,斑杂状,部分呈蠕虫状	人类修路活动引起
R5	吴坦里环	湖口县城东侧	中型	单环	与 R4 相交	椭圆状,由深色色线与断续环形水系组成,北东部边界清楚,南西部边界隐约,环内影纹粗糙	人类修路开挖水渠引起
R6	刘形垄环	太平关幅东缘	中型	多重环	同心	边界清楚,由不同色线构成,负地形,色调较围岩深,影纹粗糙	成因不明
R7	下屋石环	太平关幅东缘	中型	多重环	包含	边界清楚,由山脊和水系构成,色调较围岩浅,环内影纹粗糙	圆形山引起
R8	北港环(北桥环北半部)	北港湖东侧	大型	单环	相切	半圆环形(南大半延伸图外),边界较模糊,由不同色线围成,色调较围岩深,环内影纹粗糙,呈碎斑状,发育树枝状水系和直线形水系	推测为隐伏岩体引起
R9	周四环	太平关幅南缘	中型	多重环	包含	不规则圆形,边界色调和周围有明显区别,呈粗糙状,正地形	推测为隐伏岩体引起
R10	石下高家环	太平关幅南缘	中型	半圆环	/	边界清楚,由山脊构成,负地形,色调较围岩浅,环内色彩均匀,影纹粗糙,南东被断层阻隔	成因不明
R11	天红环	天红乡北东侧	小型	单环	/	北东向椭圆形,边界较清楚,呈浅灰色线构成,环内影纹粗糙	推测为人类开山引起

续表 4-3

编号	名称	位置	分类	依环数量分类	与其他环关系	影像特征	成因
R12	龙宫洞环	工作区南东部	大型	子母环	偏心	规整的半圆形，边界清楚，由不同的色线构成，环内外色差明显。环内影像清晰，以深绿色为主，色调均匀，环外以浅灰色为主，斑杂状	推测为地貌引起
R13	腊家山环	工作区南东角	小型	单环	/	近圆形，北西侧环形清晰，南东部隐约。由不同色线构成，环内外色差明显，环内影纹清楚，色彩均匀，影纹呈粗斑状，发育树枝状水系	推测为由弧形构造引起

四、矿山开采解译结果

矿山开采，均有大量人类活动，破坏地表植被，特别是露天开采矿山，开山挖矿，地表植被破坏更为严重。若存在矿石冶炼车间，当地水质甚至土质均有可能遭受不同程度的污染，并可殃及到农作物或植被，显示与周围影像不协调的色异常。依据上述解译标志，进行研究区矿山开采解译，获得矿山开采显示的色异常共 13 处（不包括城镇经济开发或房地产开发对植被破坏显示出的色异常）（表 4-4）。工作区主要矿山为城门山铜矿，其他均为灰岩矿和碎屑岩类建筑材料矿。

表 4-4　工作区主要矿山开采遥感影像特征表

编号	开采区色调影像标志	地质体岩性	投影面积/$\times 10^4 m^2$	有可能造成的次生地质灾害
K1	主要为浅灰白色、棕褐色，色调总体较均匀，影纹细腻，与周边色调差别较大	燕山期花岗闪长斑岩及石英斑岩	232.3	水土流失、泥石流、破坏植被，易引起荒漠化
K2	主要为浅灰白色、棕褐色，东部一块呈绿色，与周边色调差别较大	燕山期花岗闪长斑岩	30.89	水土流失、破坏植被
K3	主要为紫红色色调，影纹较粗糙，呈粗斑状及块状，与周边色调差别较大	上泥盆统—下石炭统五通组砂岩、泥岩	10.36	发育直线形沟谷、陡坎，容易造成水土流失
K4	主要为浅灰白色、土黄色色调，影纹细腻，与周边色调相差较大	下寒武统观音堂组黑色页岩	17.26	发育直线形沟谷，局部发育平直水系，水土流失
K5	主要为土黄色、棕褐色色调，色调均匀，影纹细腻，与周边色调差别明显	上石炭统船山组灰岩	4.48	发育直线形沟谷、陡坎，容易发生崩塌
K6	主要为土黄色、棕褐色，影纹较细、部分呈蠕虫状，与周边色调相差较大	下志留统清水组细砂岩、粉砂岩	17.69	发育直线形沟谷和陡坎，容易造成水土流失

续表 4-4

编号	开采区色调影像标志	地质体岩性	投影面积 /×10^4 m^2	有可能造成的次生地质灾害
K7	浅灰白色、棕黄褐色色调，影纹总体较细腻，局部见蠕虫状影纹，与周边色差较大	上更新统柘矶组细砂、粉砂夹粉质砂土、粉质黏土	59.83	发育直线形沟谷、陡坎及蠕虫状冲沟，容易造成水土流失，破坏植被
K8	北部为浅灰白色色调，影纹细腻均匀；南部棕褐色色调，影纹较粗，与周边色调相差较大	震旦系莲沱组—南沱组和陡山沱组—皮园村组含砾粗砂岩、细砂岩、含砾泥岩及页岩等	21.64	发育直线形沟谷、陡坎和树枝状水系，易发生水土流失，局部可能形成小规模泥石流
K9	中间为浅灰白色略显黄色，边部为棕褐色，色调不均匀，影纹较细，与周边色差较大	西为陡山沱组—皮园村组含砾泥岩、页岩等，东为观音堂组页岩	0.836	发育直线形山脊和沟谷，山体陡立，易发生崩塌和泥石流，造成水土流失
K10	主要为浅灰黄色—土黄色色调，影纹细腻，与周边色差较大	观音堂组页岩、粉砂岩与乌门石组灰岩	0.318	发育直线形沟谷和水系，易造成水土流失
K11	主要为紫红色、褐红色，色彩不均匀，与周边色差较大	乌门石组泥质灰岩、灰岩及页岩	0.932	发育直线形的沟谷和水系，可能土壤遭受到污染
K12	北为黄褐色—土黄色，南为灰白色、灰紫色，色调不均匀，与周边色差较大	乌门石组泥质灰岩、灰岩及页岩	1.754	发育直线形的沟谷和水系，易造成水土流失
K13	北东为黄褐色—土黄色，南西为灰白色、灰紫色，色调不均匀，影纹北东较粗糙，南西较细腻，与周边色调相差较大	上寒武统—下奥陶统仑山组深灰色白云岩、白云质灰岩、灰岩	26.17	地貌上构成直线形沟谷和陡崖，易发生崩塌及水土流失

高精度热表面电离质谱在花垣凤凰铅锌矿和冈底斯成矿带Re-Os测定分析

提交单位：国家地质实验测试中心

项目负责人：李超

档案号：1221

工作周期：2013—2015 年

主要成果：

建立了高精度负离子热表面电离质谱法测定中酸性岩浆岩、灰岩、沥青、黑色页岩 Re-Os 同位素分析测试方法。全流程 Re 空白低于 3pg，Os 空白低于 0.5pg。

对西藏冈底斯岩浆带古新世—始新世、渐新世、中新世的岩浆岩开展了系统采样、岩相学分析、主微量元素分析和 Sr-Nd-Os 同位素分析工作，并分析了它们对地球动力演化的指示作用，厘定了西藏地区上地壳(安多片麻岩)、基性下地壳(也拉香波角闪岩)、软流圈地幔(达孜基性次火山岩)、交代富集地幔(曲水岩基中的暗色微粒包体)的 Re - Os 同位素特征。发现以曲水暗色微粒包体为代表经过俯冲板片交代的楔形地幔具有高放射性成因的 Os 同位素组成。发现驱龙花岗闪长岩中的两类闪长质包体具有截然不同的 Os 同位素组成。富铜闪长质包体具有强烈放射性成因的 Os 同位素特征并携带有大量地幔交代过程的信息,其岩浆源区是遭受洋壳熔体/流体交代的楔形地幔;普通闪长质包体具有相对较亏损的 Os 同位素组成和较高的 Ni、Cr 含量及 $Mg^{\#}$,其岩浆源区是软流圈地幔。岩浆混合模拟计算支持花岗闪长岩岩浆是下地壳熔体与上述两种幔源包体岩浆混合的产物。在程巴岩体中,利用岩石中磁铁矿的 Os 同位素特征可排除受地壳混染的异常值,模拟计算表明,程巴岩体的 Os 同位素原始组成可以由地幔组分和平均陆壳组分经二元混合获得。

对华北克拉通北缘大面积晚古生代中性—酸性岩体以及包体样品进行 Re - Os 同位素分析,并与区域上同时代超基性—基性岩体的 Os 同位素初始比值进行比较。此外,对中酸性岩石进行单矿物挑选,并对其中单矿物进行 Re - Os 同位素分析,研究了 Re、Os 在岩浆演化过程中的分配行为,模拟计算幔源与壳源岩浆对形成花岗质岩石的贡献比例,为有效研究岩浆演化提供一个的新途径,认为母岩浆中有古老基性下地壳中的麻粒岩/角闪岩成分混染是造成堆晶岩 Os 同位素变化的主要原因,华北克拉通北缘在晚古生代为安第斯型大陆弧。

对花垣凤凰 MVT 型铅锌矿床中沥青以及黄铁矿、闪锌矿等硫化物样品进行了 Re - Os 同位素分析,表明了该矿床为多期次、多阶段成矿,吉首碳沥青矿的成矿时代为(435±11)Ma,很好地限制了控矿构造为加里东期。北东向断裂为流体运移提供了通道,并为流体成矿提供了赋存空间。闪锌矿、黄铁矿、有机质 Re - Os 同位素分析表明,主成矿期介于 78～62Ma 之间,由于太平洋板块向欧亚板块俯冲,使得区域上成矿流体向盆地发生运移,在流体运移的过程中富集了沉积地层中的 Pb、Zn 等成矿元素,从而证明沥青 Re - Os 同位素分析有望成为 MVT 型铅锌矿年代学研究中一种有力的工具。

以浙江长兴"金钉子"灰岩为对象,建立灰岩 Re - Os 同位素定年技术方法并验证其可行性,通过浙江长兴"金钉子"P—T 界线层的系统取样分析,获得了 1～16 层 Re - Os 等时线年龄为(255.6±3.9)Ma、18～22 层 Re - Os 等时线年龄为(252.4±7.3)Ma、23～24 层 Re - Os 等时线年龄为(251.9±3.4)Ma。该年龄与用锆石 U - Pb 法得出的年龄在误差范围内完全吻合,所得 Os 同位素初始比值与当时海水的 Os 同位素初始比值也基本吻合。这也验证了 Re - Os 同位素法对灰岩年龄厘定和古环境反演的可行性与准确性。

通过对采集贵州铜仁、遵义地区下古生界下寒武统保存比较完整的黑色页岩样品进行 Re - Os 同位素定年研究,获得了黑色页岩的沉积时代为(522±6)Ma,并与国际上所获得的同时期黑色页岩 Re - Os数据进行比对,从海水中 Os 的来源看,陆源风化带入的放射性 Os 占主要部分,可能也有少量的热水或者热液带入的低放射成因 Os,在两者共同影响下形成了筇竹寺期海水中具有高放射性 Os 的特征(图 4 - 3、图 4 - 4)。

建立了 ^{10}Be -^{26}Al 宇宙核素对龙门山断裂带阶地组成物的暴露年代学研究方法。通过 DY、HH、YA、NB 共 4 条剖面样品宇宙核素(^{10}Be、^{26}Al)定年技术定量分析,得到的年龄数据补充了目前各研究区域的同位素年龄。由宇宙核素定年技术的限制所造成的年龄数据误差,可能会出现与其他年龄数据出现冲突,但亦可起到参考作用。综合 4 个剖面的年龄数据,龙门山断裂的中央断裂北段、前陆盆地及龙泉山断裂自中更新世以来,一直都有活动,且一直持续到全新世。同时 DY 剖面数据也反映了成都平原在距今 25 万年时的气候特点,这对我们认识成都平原古气候变化特点及环境演化过程起到了积极的作用。

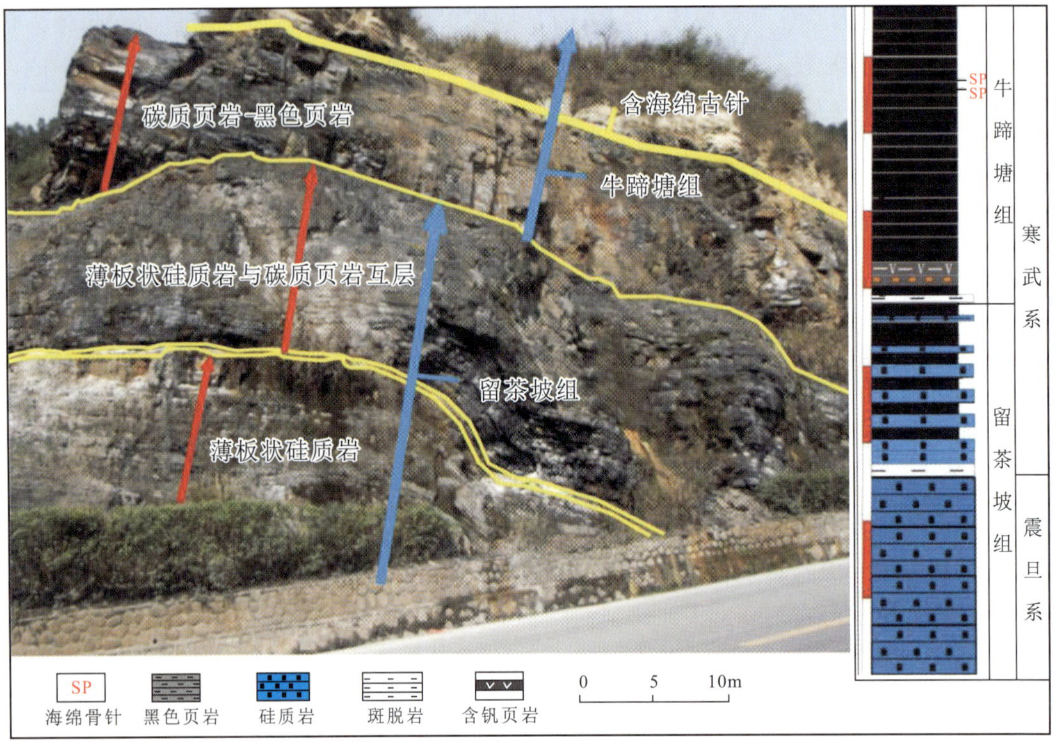

图 4-3　贵州铜仁坝黄震旦系—寒武系界线地层剖面图

图 4-4　遵义地区松林镇中南村震旦系—寒武系转换地层剖面

粉晶衍射与结构精修技术在锰银矿石物相与元素赋存状态中的应用

提交单位:国家地质实验测试中心

项目负责人:范晨子

档案号:1223

工作周期:2013—2015 年

主要成果:

(1)稀散元素碲及含碲矿物的赋存状态研究。

通过系统收集并总结了山东归来庄金矿田和河南小秦岭地区金矿等典型的碲化物型金矿床的岩石学及有关微细矿物研究的文献和资料,采集了山东归来庄矿田中祝家庄、归来庄金矿区不同矿体的多个样品和小秦岭矿田小秦岭中部含金石英脉的不同矿体的多个采矿坑道石英脉样品,开展了矿石的主要化学成分(化学分析和 X 射线荧光分析)和碲含量分析(原子吸收光谱)、岩矿鉴定、X 射线衍射分析等工作。

在此基础上,选择山东归来庄矿田中卓家庄、归来庄金矿区中的典型样品磨制光片,用扫描电镜形貌、背散射电子像分析(BSE)和 X 射线能谱仪 EDS - Mapping 等方法对光片进行形貌和元素像分析。同时用微区 X 射线能谱分析对光片中金属类微细矿物进行精确成分分析,得到典型含碲微细矿物及其围岩的矿物共生组合规律和分布特征,建立了表征含碲金矿中元素分布、含碲矿物形貌、成分及赋存状态研究新方法。

通过研究得到山东归来庄金矿田含碲矿物主要种类有单质碲矿、PbTe、FeTe2、AgAu2Te6、Cux-Ag1 - xAu2Te6,其中后两种矿物为本研究首次发现;本区碲金银矿中普遍含铜,形成本地区特色;含碲矿物以浸染状他形镶嵌分布于主矿物之间,颗粒大小极不均匀,大小在十几微米到几百微米之间,颗粒之间相互伴生。该地区含碲金矿的碲化物赋存状态对碲化物的选矿增加了难度。

(2)建立了含碲金矿 X 射线衍射全谱拟合(Rietveld)定量分析方法。

为了建立含碲金矿区常见矿物 X 射线衍射全谱拟合(Rietveld)定量分析方法,项目组在归来庄金矿富矿区所采集的隐爆角砾岩样品中进行筛选,根据化学成分分析结果选择碲含量具较高代表性样品 4 个,分别为 GL - 11、GL - 52、ZJ - 3、ZH - b1,用粉末法进行 X 射线衍射全谱拟合(Rietveld)分析,调整精修步骤和参数得到最佳的拟合效果,建立一套精修方法。同时用同一样品进行 X 射线能谱成分分析,将测定的元素定量结果与全谱拟合(Rietveld)矿物定量分析结果换算成的元素含量进行比对,考察全谱拟合(Rietveld)定量分析法定量的准确性。

X 射线衍射全谱拟合(Rietveld)定量分析软件采用通用的 JADE 6.0,利用 WPF Refinement 功能,首先将定性分析得到的矿物分别在 ICSD 晶体结构数据库中寻找相应的模型,得到对应的.cif 文件。对于归来庄金矿区黏土矿物种类和含量多的特点,在背底扣除、初始模型中晶胞参数修改和择优取向选择等各个环节都要重视。在精修参数 R 因子无法收敛的情况下,适当初始化会达到较好的效果。可以看出各样品间矿物含量差异较大,但主矿物总体还是以石英、长石和云母为主,最突出的是云母含量均很高,主要为后期蚀变产物。少量矿物高岭石、萤石、石膏和赤铁矿较普遍,均为后期蚀变产物。为了验证全谱拟合(Rietveld)定量分析方法的准确性和可靠性,采用 X 射线能谱仪对样品进行了精确成分测定，将测定的元素定量结果与全谱拟合(Rietveld)矿物定量分析结果换算成元素含量进行比对。用两种方法计算的结果基本吻合，尤其是主元素，说明用X射线衍射全谱拟合(Rietveld)法进行矿物定量计算准确性高，适用性较广，对层状黏土矿物含量高的样品也一样能达到理想的效果。

本次研究首次尝试直接用光片样品进行X射线衍射定性和定量分析，旨在考察与粉末样品的差别，为后期研究进行方法学探讨。光片法与粉末法计算结果相比较可明显看出两者的矿物含量差别较大，这可能与岩石光片制作过程中受冷却水的冲洗，硬度差的样品容易剥蚀。在光片的表面肉眼可直接观察到较多的孔洞，基本推断为剥蚀掉硬度小的黏土矿物后留下的孔洞。因此可以确定，用岩石光片制备X射线衍射分析样品对黏土矿物含量高的样品不太适用，除非在制备过程中加强保护硬度小的矿物。

(3)建立了一套含碲微细矿物聚焦离子束(FIB)快速定位制样方法及高分辨透射电镜分析微结构研究方法。

本项目通过聚焦离子束(FIB)扫描电镜分析并制备含碲矿物TEM样品，然后对含碲矿物进行STEM像分析和高分辨透射电镜(HRTEM)选区电子衍射分析。本次研究建立了一套含碲微细矿物聚焦离子束(FIB)快速定位制样方法及高分辨透射电镜分析微结构的方法，方法的主要步骤如下：

第一步，通过聚焦离子束(FIB)扫描电镜的背散射(BSE)功能进行快速大面积的筛选，由于本区含碲矿物原子量明显高于基质石英、长石和云母，根据亮度找到金属类矿物，再用微区X射线能谱对不同类型金属类矿物根据成分进行细分，得到目标矿物位置，再用聚焦离子束(FIB)切割、减薄制样。

第二步，对制备的含碲矿物样品进行STEM像分析，用高分辨的晶格像分析和微区能谱成分分析判断矿物的单一性，观察各物相之间的关系。在超高分辨率条件下观察原子的排列，测量主要晶面的间距等结构参数。

第三步，高分辨透射电镜(HRTEM)观察，从单个晶体的不同方向观察原子排列规律，测量主要晶面的间距。选择3个晶带轴方向进行选区电子衍射，根据衍射花样及晶面间距等参数判断可能的物相，在国际衍射数据中心(ICDD)提供的PDF数据库中检索。在锁定化学成分条件下对照标准卡片电子衍射花样和结构参数信息，最终确定含碲矿物的成分和结构。

化探样品分析及质量信息管理平台研发及推广

提交单位:国家地质实验测试中心

项目负责人:罗代洪

档案号:1226

工作周期:2014—2015年

主要成果:

一、搭建了软件平台框架

底层数据库采用SQL server 2005，Web服务器采用Tomcat，客户端采用Java语言在Eclipse平台开发完成(图4-5)。

图 4-5　实验室业务服务平台界面

二、完成了以下功能模块的开发

(1)系统管理员维护功能模块：用户账户管理；实验室编码表的建立与维护；项目承担单位编码表的建立与维护；质量控制样品信息的建立与维护；质量控制考核结果查询；地调样品检测资格信息的查询；专家信息查询；样品流向信息查询。

(2)实验室用户维护功能模块：送样单位基本信息的建立、编辑与查询；实验室信息的编辑与查询；本单位质量控制数据导入与导出；样品分析方案信息导入；质量控制数据的导入、导出和查询。

(3)专家审核功能模块：按项目单位查询承担样品检测的实验室；按实验室查询地质调查样品送样单位；外部质量控制信息查询；样品检测合同查询；样品检测合同审核；实验室样品检测编码表审核；实验室检测质量审核。

(4)主管部门监督检查功能模块：查询送样单位(样品从哪里来)、查询样品检测单位(样品到哪里去)、查询分析方案(用什么技术分析)、查询实验室质量控制信息(实验室资格)、查询样品分析质量统计、查询完成时间(样品检测的及时率)，全面了解样品检测进度(图 4-6)。

图 4－6　化探样品检测质量监控功能模块界面

南方稀土矿产开发环境问题遥感调查

提交单位：中国地质科学院矿产资源研究所

项目负责人：代晶晶

档案号：1247

工作周期：2015 年

主要成果：

(1)以广东省作为调研地区，开展历年南方稀土矿区遥感调查的资料收集与整理工作。项目组收集到的广东省矿山监测成果主要包括：广东省 2014 年稀土矿山占地图、广东省稀土采矿权与探矿权分布图、广东省稀土矿点分布图、广东省 2014 年地质灾害分布图、广东省 2014 年恢复治理(复绿)区划图、广东省矿产开发与保护规划图、广东省环境保护与治理恢复规划图，以及广东省有关稀土的相关报告、图件及典型照片等。根据收集到的矿山资料进行整理工作，得到稀土矿山开发占地、稀土矿山环境恢复治理以及稀土矿山地质灾害等数据，并编制了广东省稀土矿产开发环境现状图。根据收集整理得到的资料可知，广东省稀土矿区主要分布在河源市北部、梅州市西北部平远地区以及清远市的东部地区，占地类型主要包括采场（正在开采及废弃）、中转场地（废弃）、固体废弃物（正在开采及废弃）、矿山建筑物（正在开采）等；环境恢复治理区主要分布在清远市东部地区；主要环境问题包括泥石流和水体污染，其中泥石流3处，水体污染1处，分布在清远市、梅州市和肇庆市。

（2）以江西省定南县、寻乌县，广东省平远县、和平县等地区为重点区，针对稀土矿产开发过程中的环境问题，以2015年收集的高分一号数据为主要数据源，开展研究区10 000km^{2}矿山环境遥感调查工作。通过图像处理及分析，建立矿山解译标志，进行矿山占地、矿山环境污染、矿山地质灾害及矿山地质环境恢复治理等信息的提取及野外验证工作，编制典型矿区矿产开发环境问题遥感调查图。根据遥感调查结果，2015年间重点区占地面积最大的为开采区，占地面积为41.79km^2；主要环境污染问题是土地荒漠化及水体污染，其中土地荒漠化面积达到41.79km^2，仍然是目前稀土矿区内最严重的环境问题；水体污染区域为15处，面积达到0.36km^2，其中江西寻乌河流域水土污染情况最为严重；稀土矿山的主要地质灾害为滑坡，在重点区内地质灾害点共20个，且多为小型滑坡，远离城镇，危害较小；矿山环境恢复治理方面，2015年间重点区内恢复治理面积为0.16km^2，恢复治理情况较差（图4-7）。

图4-7 滑坡高分一号遥感影像（左）与野外实地（右）对比图

（3）以江西省寻乌县为环境问题区，开展1∶5万环境地质调查，结合稀土矿的成矿及采矿特点，对环境问题区内的风化壳及水体进行了详细的野外采样工作，并送实验室进行了15种稀土元素的浓度和Cu、Gd、Pb、Zn等重金属含量的测试分析，测试结果显示风化壳内的Cu、Gd、Pb、Zn含量均在国家标准以内，但部分水体样品的Cd、Pb超出了国家标准，表明稀土在开采过程中会造成水体污染。

第五章　综合研究类

钦杭西南段及邻区古特提斯造山区区域地质调查

提交单位:中国地质科学院地质研究所

项目负责人:向忠金

档案号:1157

工作周期:2013—2015 年

主要成果:

(1)通过系统的沉积学调查研究,查明了钦杭带西南段 7 个三叠纪盆地的沉积相组合、充填序列和物源区性质,恢复了盆地构造原型。

系统的剖面测量查明,麻栗坡三叠纪盆地充填物为一套深水盆地相沉积,一系列晚古生代碳酸盐岩和基性—超基性岩块体构造就位其中,代表了一套与俯冲相关的混杂带沉积。那坡盆地沉积充填自北向南由三角洲相、浊积扇相向深水盆地相过渡,呈现出水体逐渐变深的沉积环境变化特征,物源区分析结果表明碎屑主要来自盆地北侧二叠纪乐平世末至中三叠世弧火山岩,少量源自湖润志留纪花岗岩和越南 Cao Bang 杂岩,为一套弧前盆地沉积。南盘江盆地下三叠统为潮坪—潟湖—潮下带滨浅海沉积、中三叠统以浊积扇相—深水盆地相沉积为主,上三叠统为三角洲相海陆过渡沉积,自下而上沉积相呈连续过渡关系,沉积相空间分布特征显示在坡脚—百色一带和西林平用—八桥—剥隘—阳圩一带存在两条近东西向展布的深水带,盆地物源分析表明早—中三叠世盆地南侧弧火山岩为其提供了大量碎屑,中—晚三叠世盆地不仅接受了弧火山岩的碎屑供给,还充填了大量来自盆地周缘前寒武系和古生界碎屑,盆地内部碳酸盐岩高地也是重要的物源区,早—中三叠世南盘江盆地(百色-隆林断裂以南)为弧后盆地,晚三叠世属于弧后前陆盆地。富宁皈朝盆地中三叠统主要为一套浊积扇相和深水盆地相沉积,盆地边部发育少量三角洲相,物源区分析显示它们为一套与弧相关沉积,野外发现这套三叠系沉积于两套弧火山岩之间,可能代表了一套弧内(间)盆地沉积。凭祥三叠纪盆地充填物包括深水盆地相、浊积扇相和三角洲相 3 种不同环境的沉积物,发育多套碎屑流沉积,与活动陆缘环境下盆地充填特征类似,碎屑物源分析显示物源区与酸性岛弧密切相关,主要来自再旋回造山带,是一个被强烈改造的残余弧前盆地。与上述三叠纪盆地充填海相细碎屑岩不同,地州-渠洋盆地充填一套局限台地-潟湖相碳酸盐岩沉积,是伴随晚古生代洋壳俯冲消减引起的局部抬升形成的局限海盆。

(2)通过锆石 U - Pb 年代学研究,确定了钦杭西南段及邻区晚古生代末至早中生代岩浆岩确切的形成时代。

通过 SHRIMP 锆石 U－Pb 定年分析，获得八布竜林基性—超基性岩中变辉长岩的年龄为(278±4)Ma，与前人测得这套杂岩中斜长角闪岩的 SHRIMP 锆石 U－Pb 年龄(272±2)Ma(张斌辉等，2013)在误差范围内一致，表明竜林基性—超基性岩形成于二叠纪船山世。测得富宁—那坡一带中基性火山岩 3 组锆石 U－Pb 年龄，分别为(253±3)Ma、(245±2)Ma 和(246±2)Ma，表明这套中基性火山岩形成于二叠纪乐平世末至中三叠世。

获得那坡百都一带侵入二叠纪灰岩的高 Ti 基性岩墙锆石 U－Pb 年龄为(257±3)Ma，代表其于二叠纪乐平世就位。本次工作还对那坡板腊一带基性岩墙和富宁县城南闪长岩开展了锆石 U－Pb 定年工作，结果显示两件样品都具有两组集中年龄，最年轻加权年龄值分别为(253±4)Ma 和(263±2)Ma，属于二叠纪乐平世，但野外观察到这两套岩体都侵入到下三叠统中，因此上述锆石 U－Pb 年龄都是捕获锆石结晶年龄，岩体就位时代应该是早三叠世之后。此外，在那隆附近侵入下三叠统的基性岩墙中获得 219Ma(n＝2)的年龄(SHRIMP 锆石 U－Pb，闫全人，未发表)与最新报道的富宁者桑附近辉绿岩时代[(215±2)Ma，皮桥辉等，2016]大致相同，表明富宁—那坡一带基性岩墙可能是两期岩浆活动的产物。此外，获得百色八渡附近辉绿岩斜锆石年龄为(269±4)Ma，代表了岩体形成时代，表明南盘江盆地二叠纪阳新世已处于拉张背景。

(3)通过系统的岩相学、地球化学和同位素地球化学研究，确定了钦杭带西南段及邻区晚古生代末至早中生代岩浆岩的成因及构造属性。

大比例尺地质填图和剖面调查查明，八布竜林基性—超基性岩包括变橄辉岩、蛇纹岩、辉石岩、变辉长岩、枕状玄武岩和基性岩墙等岩石类型，与目前普遍认同的典型蛇绿岩套较为相近(Dilek and Furnes，2011)，因此岩石组合上竜林基性—超基性岩符合蛇绿岩的范畴。全岩地球化学分析结果显示，它们具有与 N－MORB 相似的地球化学特征，Re－Os 同位素组成与现代大洋地幔橄榄岩(亏损地幔源区 DMM)的值较为接近，进一步表明竜林超基性岩主要来自亏损地幔源区，与 N－MORB 源区相似。综上所述，本次工作认为八布竜林基性—超基性岩代表了工作区内的二叠纪船山世洋壳残片。

富宁—那坡一带中基性岩浆岩包括玄武岩、玄武安山岩、辉长岩、辉长辉绿岩、辉绿岩和闪长岩，根据 TiO_2 含量分为低 Ti 和高 Ti 两组。低 Ti 组包括火山岩、闪长岩和部分辉绿岩，这组岩石 LREE 轻微富集，弱的 Eu 负异常，显著的 Nb－Ta 和 Ti 负异常，具有与岛弧火山岩相似的地球化学特征，构造源区判别图上这组岩石全部落入火山弧玄武岩区和活动大陆边缘区，表明它们形成于与俯冲相关的岩浆弧环境。高 Ti 组为基性岩墙，显著富集 LREE，轻重稀土分异明显，大离子亲石元素(LILE)和高场强元素均呈现富集特征，无 Nb－Ta 的负异常，具有与洋岛玄武岩(OIB)相似的地球化学特征，表明它们形成于板内拉张环境，源自类似 OIB 的富集地幔源区。

南盘江盆地内百色八渡附近辉绿岩轻稀土显著富集，轻重稀土分异明显，Nb－Ta 和 LILE 相对富集，具有与洋岛玄武岩(OIB)相似的地球化学特征。前人测得百色一带基性熔岩和侵入岩的形成时代为 260～250Ma，地球化学研究结果也显示与 OIB 类似的地球化学特征(范蔚茗等，2004)。南盘江盆地内部基性岩浆活动表明，盆地从二叠纪阳新世开始已处于拉张背景，持续到中三叠世。

(4)通过关键地区大比例尺填图和剖面调查，修订了一批地质体的野外接触关系和构造属性。

①通过详细的剖面调查，确定麻栗坡盆地三叠系与泥盆系和二叠系之间为断层接触，而不是 1∶20万地质图所示的不整合接触。在铜厂杨万附近发现一系列古生界碳酸盐岩飞来峰逆冲推覆于三叠系泥岩之上。

②通过走廊地质填图和剖面实测相结合，确定出露于那坡盆地百南—炭院一带的三叠系为一套 Broken Formation，主体为强片理化的泥岩、粉砂岩夹剪切拉长的砂岩、灰岩透镜体，代表了与俯冲相关的沉积，并非原 1∶20 万地质图定义的沉积混杂带。同时，在那坡盆地清华—者兵一带识别出一套

块体流(滑塌)堆积,由玄武岩和碳酸盐岩砾岩构成,堆积于火山弧的斜坡底部和盆地边缘。

③野外地质填图发现,沿富宁高邦至皈朝一线原 1∶20 万地质图划定的辉绿岩体实际为中基性熔岩和火山角砾岩,发育典型枕状构造,表明水下喷发就位。同时,在皈朝以北沿里呼—孟村—渭独一线发现断断续续都有中基性火山岩发育,岩相学、形成时代和地球化学特征与皈朝附近火山岩基本一致,可能暗示火山弧发生了裂解。

④研究确定出露于那坡那隆—那桑一带原 1∶20 万地质图划定为中二叠统的碳酸盐岩实际为一套以碳酸盐岩碎屑为主的砾岩、含砾砂岩和粗砂岩沉积。野外调查发现,其中的古生物化石,包括蜓类和珊瑚等大都出现在砾石中,表明其为再搬运沉积,地层时代应该晚于化石时代。碎屑锆石 U-Pb 年代学分析结果显示,粗碎屑沉积中含有大量早—中三叠世锆石,同时它们被约 219Ma(SHRIMP 锆石 U-Pb,闫全人等,未发表)的基性岩墙侵入,表明这套沉积的形成时代不是 1∶20 万地质图中划定的中二叠世,应为二叠纪乐平世,且早于 219Ma。碎屑组成和重矿物分析表明,其物源区复杂,含有大量富宁-那坡弧火山岩的碎屑,代表了俯冲闭合后逆冲席顶盆地磨拉石沉积。

(5)重新厘定了钦杭西南段及邻区晚古生代末至早中生代构造单元,探讨了区域构造演化过程,提出中越边界一带二叠纪乐平世末至中三叠世存在向北的洋盆俯冲消减过程。

通过对钦杭西南段及邻区晚古生代末至早中生代盆地沉积充填特征、盆地构造原型、岩浆岩形成时代和构造属性的系统研究,结合区域已有研究成果,本次在研究区识别出俯冲混杂带(竜林-Cao Bang 蛇绿混杂带)、岩浆弧(富宁-那坡和凭祥弧)、弧前盆地(那坡和凭祥盆地)、弧后盆地(南盘江早—中三叠世盆地)、弧内(间)盆地(富宁皈朝盆地)、逆冲席顶盆地(那坡那隆—那桑碳酸盐岩磨拉石沉积)以及前陆盆地(南盘江晚三叠世盆地)等大地构造相单元。工作区构造演化大致分为 4 个阶段。

①晚石炭世—二叠纪船山世(330～300Ma),华南板块与印支地块之间被古特提斯分支洋盆隔开(Faure et al, 2014;Halpin et al,2016),本项目工作区位于华南板块的南缘,处于拉张背景。

②二叠纪阳新世—二叠纪乐平世(280～260Ma),古特提斯分支洋盆向西俯冲于印支地块之下,形成 Song Ma 蛇绿混杂带(Lepvrier et al,2011;Faure et al,2014;Halpin et al,2016)。华南板块南缘因受到西南向俯冲板片的拉扯(或峨眉山地幔柱上升?)处于强烈的拉伸背景下,在现今中越边界一带(主要是越南东北部)发生有限的海底扩张,越北地体和扬子地块之间形成一个有限小洋盆,具有类似 N-MORB 地球化学特征的麻栗坡八布竜林和越北 Cao Bang 一带基性—超基性岩(Halpin et al,2016)代表了这一时期形成的新生洋壳。那坡一带具有类似 OIB 特征的高 Ti 组基性岩墙,以及南盘江盆地内百色八渡等地具有 OIB 特征辉绿岩墙和玄武岩(范蔚茗等,2004)也是这一时期区域伸展的产物。

③二叠纪乐平世末至中三叠世(255～240Ma),古特提斯分支洋盆继续向印支地块下俯冲,俯冲带向北增生后退至 Song Chay 一线,形成 Song Chay 蛇绿混杂带(Lepvrier et al,2011;Faure et al,2014),同时发育大量中酸性侵入岩;中越边界一带的小洋盆向北消减于华南板块之下,在中国境内发育相配套的弧-盆体系,包括那坡和凭祥弧前盆地、富宁-那坡和凭祥岩浆弧、富宁皈朝弧内(间)盆地和南盘江盆地(尤其是百色-隆林断裂以南部分)弧后盆地。同时,在弧后伸展区形成一些基性火山岩或侵入岩(如湖润玄武岩,Qin et al,2011)。

④晚三叠世,洋盆闭合,印支地块与华南板块发生碰撞,代表洋壳残片的基性—超基性岩块(竜林和 Cao Bang)构造就位于三叠系复理石中(Wu et al,1999),形成八布-Cao Bang 蛇绿混杂带,同时在越南东北部发育一系列向北逆冲的推覆体(Lepvrier et al,2011)。那坡—富宁一带抬升遭受剥蚀,那隆—那桑发育相关的逆冲席顶盆地碳酸盐岩磨拉石沉积,南盘江盆地不仅沉积大量来自南侧岩浆弧的碎屑供给,同时充填了大量来自盆地北缘被动陆缘前寒武纪基底和古生代地层碎屑,属于前陆

盆地。

(6)通过对典型矿床成矿特征详细解剖，总结了区域成果规律和不同构造单元成矿专属性。

通过典型矿床成矿特征调查研究，确定区内铜矿成矿作用主要生成于3个不同构造环境：蛇绿混杂带(麻栗坡杨万铜矿)、造山后伸展环境(那坡盆地西缘和北缘与镁铁质岩浆活动有关铜矿化点)以及矽卡岩型铜矿化(钦甲铜矿)。金矿及伴生的锑矿主要产于南盘江盆地中，严格受断裂控制，赋矿围岩主要是海相浊积岩，属于产于弧后盆地环境中的造山型金矿，控制造山型金矿成矿的岩浆活动可能主要是晚期辉绿岩浆活动，可能是南盘江弧后盆地张开的产物。锰矿主要产于桂西南大新县下雷至胡润一带的上古生界碳酸盐岩中，属沉积型锰矿。铝土矿属风化淋滤成因的红土型铝土矿，主要产于石炭系—二叠系碳酸盐岩地层的风化淋滤界面中，赋矿原岩形成于被动陆缘的碳酸盐岩台地环境，是古特提斯分支洋盆俯冲闭合过程中从扬子地块南缘拉裂出来的大陆块体，其北侧为南盘江弧后盆地。钨、锡、锌、铅等金属矿主要产于麻栗坡县与马关县交界的志留纪勐洞花岗岩体及其与围岩接触部位。勐洞花岗岩体延入越南境内，越南称为宋差(Song Chay)岩体，时代为428Ma，是早古生代末的同造山花岗岩，这些钨、锡、锌、铅等金属矿形成于同造山过程中。

中南地区整装勘查跟踪综合与动态评估

提交单位：中国地质调查局武汉地质调查中心

项目负责人：魏道芳

档案号：1159

工作周期：2012—2015年

主要成果：

(1)中南地区分三批设立了18个国家级整装勘查区。根据中南地区成矿地质条件、矿产勘查成果、找矿潜力分析，协助各省国土资源厅开展整装勘查区选区论证。在第一批仅3个整装勘查区的基础上，第二批设立了9个，第三批设立了6个。该工作成果为中南地区找矿突破提供了有力的保障。

(2)通过进展跟踪，动态评估，促进了各整装勘查区基础性地质工作优先安排，经过近5年的努力，第一、第二批整装勘查区1∶5万区域地质调查及物化探测量工作已全部完成，各整装勘查区地质工作程度得到了全面提高。

(3)系统地总结了中南地区区域成矿地质背景、重要成矿区带成矿规律、主要矿种矿产资源特征及勘查新成果；全面分析了各整装勘查区成矿地质条件，矿产勘查成果与进展，研究提出了下一步工作建议。

(4)完成了中南地区重点矿种三年、五年目标完成情况的评估工作。2011—2015年，中南地区找矿取得了显著成果，主要矿种累计新增资源量(333及以上)：铜179.23×10^4t、铅锌1 483.86×10^4t、钨137.71×10^4t、锡46.75×10^4t、金392.16t、银11 983.72t，(333+334_1)锰矿石23 447.48×10^4t、铝土矿61 506.64×10^4t、钾盐2.25×10^8t。新增大中型矿产地170处，其中大型53处。

(5)完成了中南地区12个整装勘查区的科技问题疏理，有针对性地开展了广东新寮岽铜多金属矿等5个矿区的野外调研与样品采集。

(6)组织召开了“广东阳春整装勘查区成果交流与下一步找矿方向”现场会、“湖南万古金矿成果交流”现场会；参与完成了《全国锰矿勘查工作部署方案》和《全国锡矿勘查工作部署方案》的编制。

珠江上游金属硫化物矿集区地球化学调查与耕地生态风险评价

提交单位:中国地质科学院矿产资源研究所

项目负责人:曹殿华

档案号:1168

工作周期:2015 年

主要成果:

(1)在广西大厂锡多金属矿集区开展了 1∶5 万土壤地球化学调查 80km²,查明了矿区表、深层土壤中 As、Cd 等 54 种元素或指标的含量及空间分布特征,为进行矿区风险评价积累了丰富资料。

①对研究区表层 322 件和深层 92 件土壤样品的原始数据,剔除异常后的正态分布数据和对数正态分布数据进行含量统计特征分析,发现表层土壤样品和深层土壤样品的 Ag、F、Mn、Sb、Sc、Ti、W 等元素存在异常高值和异常低值,离散程度较大。重金属元素中 Cr 和 Ni 的变异系数在表、深层样品中都较小,空间变异和离散程度较小;Cu、Hg 在表层土壤中离散程度较大,而在深层土壤中离散程度较小;As、Cd、Pb、Zn 在表、深层中都有较大的变异系数和标准差,离散程度较大。氧化物在表、深层的含量范围变化不大。根据剔除异常后的正态分布数据和对数正态分布数据统计,表层土壤样品和深层土壤样品分布均更趋向于对数正态分布。

②采用半变异函数对研究区表深层土壤样品进行空间结构特征分析,主要利用 3 种模型进行拟合,即指数模型(exponential)、球形模型(spherical)和高斯模型(gauss),表层样品中 Cl、S、P 等 34 个指标采用指数模型,Na_2O、MgO、SiO_2 等 14 个指标采用球形模型,Al_2O_3、Sr、Ag 等 6 个指标采用高斯模型,拟合效果较好。且所有元素都具有中等或强的自相关性,8 种重金属元素都具有明显的块金效应,显示小尺度的空间变化较大,空间自相关性中等,自相关范围广。而在深层样品中 MgO、CaO、Ba 等 15 个指标采用指数模型,S、Na_2O、Al_2O_3 等 23 个指标采用球形模型,Cl、SiO_2、K_2O、Cr 等 16 个指标采用高斯模型,拟合效果较好。MgO、P、CaO 等多数元素表现出强的自相关性,剩余其他元素具有中等自相关程度。重金属元素的拟合效果与表层类似,除 Cr 和 Ni 外都表现强的自相关性,且空间自相关范围很大。

③对研究区表、深层土壤中 8 种有害重金属元素 As、Cd、Cr、Cu、Hg、Ni、Pb、Zn,6 种典型元素(化合物)Al_2O_3、CaO、Fe_2O_3、Mn、P、S 以及影响元素分布的理化性质 pH 和有机碳的含量的空间分布特征进行分析,表层土壤中 As、Cd、Cu、Hg、Pb、Zn 在高峰锡矿和铜坑矿周边的含量都较高,但富集中心与矿山位置并不完全一致,Ni 主要富集在拉么矿附近,Cr 在车河镇地区含量升高。同一种元素在表、深层的富集位置并不完全相同,随着深度增加,元素含量有升高也有降低,表明表、深层对重金属元素的影响因子不同。由于研究区的矿业活动影响,表、深层土壤 80%以上处于酸性环境中,但矿山所在区域并不是酸度最大的位置,而有机碳的含量随着深度的增加明显减少。6 种典型元素(化合物)除 CaO 外,在表、深层土壤中的分布范围相对一致,且氧化物在表、深层土壤的含量无明显变化。

(2)对矿区表、深层土壤中主要成矿元素及伴生元素含量和空间分布变化进行了对比,圈定了元素组合异常并预测了潜在矿化新区 1 处。

将各元素异常等值线进行叠加显示,参考元素地球化学分类和研究区元素因子分析结果,选择元素异常组合与相对应的因子得分图进行对比,制作元素综合异常图。矿区土壤地球化学调查研究中成矿元素与相关的伴生元素组合的确定，特别是元素组合与矿体分布的关系研究是重要的工作内容，因子分析的结果与相应元素异常的空间分布结果要互相验证，最终确定元素组合。根据深层和表层土壤测试数据的因子分析结果，表层与成矿元素有关的主因子对应的元素组合为 Sn－Zn－Pb－Cu－Ag－Au－Cd－Hg－Sb－As－Bi；深层与成矿元素有关的主因子对应的元素组合为 Sn－Zn－Pb－Cu－Cd－Ag－Au－Sb－As。表层土壤元素组合与已查明矿体的分布一致，反映了矿床的开采活动对于表层土壤的影响比较明显。深层土壤元素组合整体上与已知矿体一致，但出现了一处土壤异常区，表现为 Zn－Pb－Cd－Au－Ag－As－Sb 元素组合，但是表层未显示异常，说明异常的成因为深部来源，根据原生晕元素分带模型，元素组合为中低温带，反映了其深部可能存在矿化体。

(3)选取矿集区深层土壤元素平均值为标准，采用污染指数法、地累积指数法和潜在生态危害评价法对矿集区表层土壤的 As、Cd 等 8 种重金属元素进行了污染程度评价，结果显示研究区重金属污染严重，潜在风险较高。

3 种方法的结果分析具有一定的契合性，研究区 Cr 和 Ni 的污染程度相对较低，其他 6 种元素均存在不同程度但相对较高的环境危害，尤其是 Cd 的污染面积最大，且污染较高的区域均位于矿业活动比较频繁的地区。

(4)开展了矿床地质研究工作，初步构建了矿床潜在生态风险评价指标体系，并简析了大厂矿集区的潜在生态风险。

大厂矿集区的潜在生态风险评价，是通过分析影响大厂矿集区潜在生态风险的矿床地质因素、人类生产因素、自然环境因素来对矿集区的潜在生态风险进行初步的评估。大厂矿集区矿床地质特征决定了其矿石中的硫化物矿物易被氧化导致酸的产生和金属元素的溶解；同时大厂矿集区大规模、高强度的矿业开采造成了大量的酸性废水和重金属污染物进入到生态环境中；矿集区为亚热带湿润多雨气候，区内多为喀斯特地貌，河流水系发育易于重金属元素的远距离迁移。这样多方面的因素相互作用导致大量的酸性废水和有害重金属元素随着河流进入到珠江的中下游流域中。由于大厂矿集区处于山区，人口耕地非常少，其生态危害比较有限，但是下游为我国经济发达、人口众多的珠江中下游流域，这样对于中下游流域的生态系统危害非常大。所以大厂矿集区的潜在生态风险是比较大的，应该对大厂矿集区的矿业生产进行相应的治理来降低大厂矿集区的潜在生态风险。

湘桂黔地区重要变质地层的构造成因与形成时限研究

提交单位：中国地质科学院矿产资源研究所

项目负责人：王宗起

档案号：1194

工作周期：2014—2015 年

主要成果：

(1)本次工作以湘桂黔地区为重点，较系统地调查和梳理了整个江南造山带中西段的变质地层(湖南冷家溪群，贵州梵净山群和下江群，广西四堡群、丹洲群、天堂山岩群、云开岩群和鹰扬关岩群，江西双桥山群、张村群以及安徽溪口群)的区域分布、对比关系、岩石组成及时代。

(2)通过路线地质调查，认为梵净山群和四堡群为典型混杂岩，其基质为火山喷发和陆源碎屑沉积的深海浊积扇组合，主要包括由石英、长石和火山碎屑组成不同粒度的碎屑岩。岩块主要包括辉橄岩、枕状玄武岩、辉绿岩、硅质岩、大理岩等,构成蛇绿混杂岩组合。岩块呈块状、透镜体状和断续的条带状展布,与基质为构造接触。岩块和基质的物质组成特征、沉积相分析及古水流向均显示其形成于与岛弧相关的弧后盆地环境。结合前人及本次工作数据,梵净山和四堡混杂岩的形成时代推断为新元古代—早古生代。

(3)确定桂北三江—通道—龙胜地区的丹州群为一套俯冲增生杂岩。基质为碎屑岩,主要由石英、长石和火山碎屑组成,是深海扇和火山溢流-喷发沉积,古水流指向南;岩块包括枕状玄武岩、流纹岩、辉绿岩、辉长岩、硅质岩、白云岩等不同岩性的块体。基性岩的地球化学特征显示与岛弧和 E-MORB 相似的双重特点,硅质岩和白云岩常与玄武岩相伴生,显示形成于热水成因。构造变形表现为一系列倾向西北的褶皱和逆冲断层。空间上,自西向东变形变质程度增加,基质的碎屑锆石由西向东呈逐渐年轻的趋势。复理石基质、不同成因块体、向西的逆冲作用和碎屑锆石的变化趋势表明其可能形成于洋板块俯冲刮削拼贴。三门街枕状熔岩和基性岩块获得 458～430Ma 的年龄,乐江地区碎屑岩的碎屑锆石最年轻的年龄峰值为 500Ma,据此认为龙胜混杂岩的形成时代为早古生代。

(4)通过沉积环境分析,确定梵净山地区板溪群为滨浅海相沉积,黔东南地区的下江群为斜坡相沉积,龙胜地区丹洲群为深水沉积。盆地西高东低,从梵净山到龙胜应该存在一个由浅海、斜坡到深水区的沉积相带变化。盆地中心位于龙胜一带,发育大量枕状和块状基性熔岩,沿盆地中心发育自北向南的轴向水流,盆地缺少东侧的边缘相。古流体系和碎屑锆石结果表明板溪群/下江群/丹洲群盆地的物源来自扬子北缘,属于扬子陆块区,而非华夏地块。这可能暗示此时扬子陆块与华夏地块之间可能存在一个古大洋,二者尚未拼合在一起。

通过盆地古地理、沉积物源分析,推测板溪群/下江群/丹洲群是一套近初始岛弧的楔顶盆地沉积。根据在三江和龙胜拐江原丹州群沉积岩与火山岩和碎屑锆石分别获得奥陶纪化石和锆石 U-Pb 年龄为(486±8.5)Ma 和(433.7±7.4)Ma 的谐和年龄,认为其形成时代为古生代。

(5)通过沉积岩物源分析表明,龙胜地区的南华系含砾砂岩与丹洲群具有相似的碎屑矿物和锆石 U-Pb 年龄组成,表明其基本维持了前期的盆地格局。与下伏地层相比,寒武系碎屑岩、火山碎屑岩大量减少,主要由石英、长石和少量云母组成;碎屑锆石 U-Pb 年龄谱内出现许多 1.3～1.0Ga 的年龄,具有亲华夏地块特征。这表明华夏地块寒武纪早期在本区东部开始发生俯冲作用并形成岛弧,提供物源。

(6)云开地块的天堂山岩群和云开岩群中存在一系列早古生代(440Ma 左右)中基性火山岩岩块,其地球化学特征表明存在 N-MORB、E-MORB 和 IAB 3 种类型的中基性火山岩,可能是早古生代(早志留世)古洋盆俯冲-消减过程的地质记录;鹰扬关群和赣南青白口系库里组火山岩中获得大量晚古生代年龄,地球化学特征反映这些火山岩形成于俯冲-消减作用形成的岛弧环境,证明钦杭结合带西南段古生代时期的构造背景是大洋板块俯冲-消减作用形成的增生造山带,而不是陆内造山带。

湖北省区域地质志

提交单位:湖北省地质调查院

项目负责人:马元

档案号:1198

工作周期:2013—2015 年

主要成果：

一、地层研究方面

(1)跟进现代地层学研究进展，对省内地层资料进行了系统梳理，参照指南要求，将省内地层分为常规地层单位和非常规地层单位两大类，修订了湖北省岩石地层序列表，划分出常规(岩石)地层单位174个(其中群4个，组170个)，非常规地层单位21个(其中岩群4个，岩组17个)。统一了地层单位类型与命名，基本上消除了近几十年来地层类型划分和命名上的混乱局面。

(2)根据沉积环境与沉积建造组合特征的差异，结合不同时期区域构造格局，建立了全省动态地层区划方案。分为古元古代以前、中元古代—青白口纪、南华纪—三叠纪、侏罗纪—第四纪共4个阶段，概述了不同阶段地层区划与地层发育主要特点，反映了省内地层发育与区域构造演化的相互关系。地层区划研究表明，在扬子克拉通盖层沉积演化过程中，沉积古地理单元总体呈近东西向展布，并不存在上、下扬子重大沉积地层差异。中生代侏罗纪后，上、下扬子在沉积地层及岩浆活动上出现明显不同。改变了以往一直将扬子盖层划分为上、下扬子地层分区的传统观点；以中生代统一大陆形成期构造格局为主体，建立了全省综合区划方案。划分为华北和华南2个一级地层大区，进一步划分为3个地层区、7个地层分区。

(3)前寒武纪地层工作取得重大进展。在前寒武纪变质地层中识别、划分出不同时代的变质侵入岩，进一步厘清了中深变质地层组成与分布特征；划分出了中—新太古代野马洞岩组和木子店岩组，丰富了湖北省地壳发展演化的历史。

在黄陵、大别地区中深变质地层分布区，取得了大量高精度同位素测年资料，修订了前南华纪地层时空格架。在黄陵地区，识别并划分出了“庙湾岩组”“力耳坪岩组”等具有地块拼合增生标志的混杂地层体，拓展了地层学研究范畴。在扬子区发现了哥伦比亚超大陆、罗迪尼亚超大陆汇聚的地层学记录，将原青白口纪白竹坪组改归为古元古代，其底界代表了古元古代末期构造运动形成的不整合界面。

取得了湖北省内中—新元古代地层研究的大量新资料和新认识。原冷家溪群改归为青白口纪(Qb*L*)，并划分为小木坪组、大药姑组，取消原平原组。原武当群(随县群)改归为南华纪。原红安群改称为红安岩群(Pt_3HA)，形成时代大体为青白口纪—震旦纪(早古生代)。

更新了神农架群序列与地层划分，取消原马槽园群，改归为中元古代神农架群，并入大岩坪岩楔；恢复并修订了原打鼓石群定义。补充古元古代秦岭岩群，中—新元古代龟山岩组，古生代歪头山、张家大庄、大栗树、刘山岩岩组、肖家庙岩组，晚古生代南湾岩组等地层单位。

在大洪山地区解体原花山群，将其划分为具俯冲增生杂岩带特征的大洪山岩群、岛弧火山岩性质的土门岩组和具造山后磨拉石建造特征的茶棚组，并在大洪山岩群、土门岩组中取得大量高精度同位素测年资料。

这些新的资料，极大地改变了对扬子基底形成演化的认识。

(4)结合区域上古生物、同位素研究成果，对全省南华纪以来盖层地层的形成时代、构造背景进行了全面修订和系统分析。归纳了不同时期盆地沉积演化与古地理格局，总结了沉积作用与沉积型矿产的相互关系。

二、岩石学研究方面

(1)全面地搜集了省内岩浆岩新的测年资料，系统地建立了省内岩浆岩时空演化格架。分析了岩浆活动的构造背景，划分了省内岩浆岩岩石构造组合，从岩浆岩角度，归纳分析了湖北省内重大区域构造事件。将湖北省内划分为 5 个构造岩浆旋回，分别对应湖北省陆核形成、克拉通结晶基底、褶皱基底形成、统一大陆形成和陆内演化发展阶段，归纳了不同发展阶段岩浆活动与时间分布特征。

(2)在系统研究已有成果资料的基础上，厘定出湖北省内不同时期的洋板地层系统，按新的理论和方法，归纳分析湖北省内蛇绿岩及 OPS 分类、特征及演化过程。并以大洪山地区为重点，详细研究了洋板块岩石类型、形成时代与背景、产出分布特征、判别标志，较为系统地总结了洋陆转换造山过程与岩石构造组合的空间配置特征，为今后湖北省内的洋陆转换造山研究提供了典型范例。

(3)对一些关键岩石构造组合的划分研究，为湖北省内一些重大地质问题的解决提供了岩石学方面的证据和进一步研究方向。如三里岗岩浆弧、大别弧盆系岩浆岩岩石构造组合的划分厘定，提出了大洪山洋盆向北俯冲、早期扬子陆块与南秦岭-大别陆块汇聚的新观点；南华纪后造山双峰式侵入岩与火山岩组合的划分厘定，初步解决了鄂北南华纪构造背景的争议。

(4)总结了不同时期区域变质作用与变质岩分布，揭示了区域变质作用与区域构造运动相互关系。而一些特征变质岩石的产出分布，为区域构造演化提供了变质岩方面的证据。

三、地球物理深部构造研究方面

(1)全面系统地收集了波速、密度、磁性、电性等地球物理参数，获取了较翔实的深部地球物理基础资料。通过研究湖北省岩石圈速度结构、重磁场特征、电性结构、热结构及岩石圈应力场特征等，构建了湖北省岩石圈三维结构，解决了诸多重大基础地质问题，为进一步深化深部地质研究提供了依据。

(2)应用区域重力调查和区域航空磁测资料，对秦岭-大别造山带深部结构和构造演化进行了深入研究，取得了一些新认识。研究认为，湖北省布格重力异常变化，受近南北向大兴安岭—太行山—武陵山(十堰—保康—五峰重力梯度带)强大重力梯级带严格控制，并在北西向桐柏—新洲—浠水及近东西向洪湖—咸宁—广济两个次级重力梯级带的夹持下，湖北省内的重力场被分割为不同的区块。其中位于湖北省西部的大兴安岭—太行山—武陵山重力梯级带，水平梯度变化达 $0.8\times10^{-5}\,m/s^2$，为地壳乃至岩石圈厚度的陡变带。该梯级带西部，地壳厚度最深达 43km，岩石圈厚度达 100km 以上，为大陆型岩石圈；东部地壳厚度最浅为 28km，岩石圈厚度一般小于 80km，为大陆—海洋过渡型岩石圈。

十堰—保康—五峰重力梯度带以西地区重力高区为结晶基底隆起形成，重力低区为上地壳盖层增厚形成。十堰—保康—五峰重力梯度带是新构造运动的产物，是地壳均衡调整的结果，是华夏系第三隆起带的东部边界。东部重力低主要为印支造山带及后期陆内俯冲带引起的地壳增生增厚、岩浆侵位所形成；重力高主要为地壳变薄、莫霍面隆起引起。

全省三大重力梯级带是岩石圈断裂的显示，分别对应五峰-保康断裂、桐柏-新洲-浠水断裂、监利-嘉鱼-阳新断裂。

通过重力异常小波多尺度分析技术，提出了东秦岭地区(处于鄂西北地区)扬子板块与秦岭微板块碰撞对接的位置，沿襄樊—石花镇—大木厂—得胜镇方向，向西延伸进入陕西省内。从浅部到深部，存在一条岩性突变带，应是“勉略随南缝合带”深部隐伏位置。这一新观点为造山带构造演化研究提供了新思路。

地球物理资料显示的深部结构，反映了鄂西北地区岩石圈结构呈现所谓的“立交桥式”双层结构，即浅部的造山带近东西向延伸的构造与深部的地壳-岩石圈地幔南北向伸展的构造呈垂直相交的特征。

全省均衡重力异常特征，大致以东经113°为界，以东以武汉市为中心地区，均衡重力异常值变化平缓，异常绝对值一般小于$(20\sim30)\times10^{-5}m/s^2$，地壳处于均衡状态。以西地区均衡重力异常值变化幅值大，对应神农架地区，异常值最高达$90\times10^{-5}m/s^2$，而相邻的长江三峡库区巴东县—秭归县一带，异常值降低至$-60\times10^{-5}m/s^2$。相邻地区均衡重力异常有如此巨大的差异，说明鄂西地区地壳处于严重失衡状态，地壳均衡调整远未结束。地壳均衡调整是引起地震的原因之一，因此该区是湖北省地震多发区，近年来在三峡水库区发生的地震多与此有关。

四、地质构造方面

(1)以活动论的观点为指导，将湖北省地质构造演化划分为4个阶段，由早至晚划分为吕梁旋回、晋宁旋回、加里东旋回、印支旋回、燕山旋回和喜马拉雅旋回共6个构造旋回。分析了不同构造演化阶段、旋回的板块构造格局，建立了湖北省动态构造单元划分方案。以印支期统一大陆形成为主构造期，结合造山前基底特征、造山后上叠构造特征，建立了湖北省综合构造单元划分方案，划分出2个一级构造单元、3个二级构造单元和15个三级构造单元。阐述了各构造单元主要特征，反映了省内地壳发展演化的主要历程。

(2)在总结归纳构造变形资料的基础上，阐述了陆块区和造山带构造变形特征，建立了湖北省区域构造变形序列，以断裂体系为线索，详细阐述了省内不同时期和不同性质断裂的区域分布、几何学和运动学特征、形成背景以及变形机制等。

(3)以不同时期洋盆地层系统和洋陆转换过程中的特殊岩石构造组合的研究为切入点，在鄂北大洪山地区厘定出青白口纪拼合带、在黄陵地区厘定出吕梁期(力耳坪蛇绿混杂岩)和晋宁期(庙湾蛇绿混杂岩)拼合带，改变了对扬子克拉通基底形成演化的传统认识。

(4)总结了构造活动与沉积成矿作用和内生成矿作用的关系。从构造控盆、盆控沉积的角度，分别阐述了新元古代、早古生代、晚古生代—中三叠世、晚三叠世—侏罗纪等阶段构造活动对沉积成矿作用的控制。从构造阶段与内生成矿作用时代、构造背景与内生成矿作用分带、构造体制与内生成矿作用强度、构造形变与内生成矿作用定位等角度，阐述了构造活动对内生成矿作用的控制。

五、第四系研究进展

(1)首次对全省第四纪岩石地层单位进行了系统的划分，建立了湖北省第四纪岩石地层序列。同时开展了多重地层划分对比研究，对第四纪岩石地层单位、磁性地层单位、地层年代单位、生物地层单位开展了对比研究。

(2)全面归纳了湖北省第四纪地貌类型及分布。总结了第四系沉积成因类型，分析了湖北省内新构造运动及对地质环境的制约与影响，阐述了湖北省内地震活动特点与新构造运动关系。

六、地壳发展演化

采用活动论观点，归纳了湖北省地壳发展演化的基本特征。太古宙为洋内俯冲、陆核形成阶段，地壳以垂向增生为主导。古元古代，陆核固化，刚性陆块形成，进入到板块构造体制，并通过陆块汇聚增生，形成了扬子陆块结晶基底；中—新元古代，南北秦岭分化。南秦岭与扬子汇聚、江南弧盆系增生于扬子南缘，奠定了湖北省南陆北洋格局，南部统一的扬子克拉通基底形成和北部北秦岭过渡性基底形成，商丹古洋形成；古生代—中生代，先后经历了北秦岭增生于华北南缘、扬子与华北对接碰撞造山，湖北省统一陆块形成。其后滨太平洋活动陆缘带演化，形成现今轮廓。

广西区域地质调查片区总结与服务产品开发

提交单位:广西壮族自治区地质矿产开发局
项目负责人:王汉荣
档案号:1203
工作周期:2013—2015 年
主要成果:

一、地层方面

(1)在《广西壮族自治区岩石地层》(1997)的基础上,对广西地层分区及岩石地层序列做了进一步的清理和补充,确定采用岩石地层单位 176 个,含群级单位 7 个、组级单位 164 个、构造岩地层单位 3 个、非正式岩石地层单位 2 个。阐述了各岩石地层单位的创名人、原始定义、沿革、现在定义、层型剖面或引用外省的岩石地层单位在广西地区的次层型剖面、地质年代和区域分布特征,对地质填图和地质编图具有较高的实用价值。

(2)加强了生物地层和年代地层的研究。广西地质工作者及中外古生物学家,在广西建立了显生宙各时代的主导化石门类和重要化石门类的化石带,选择演化快、分布广、特征明显的浮游生物和微体化石作为年代地层单位界线层型的定义。在广西建立了桂林南边村泥盆系/石炭系界线副层型、柳州碰冲杜内阶/维宪阶界线层型、来宾蓬莱滩瓜德鲁普统/乐平统界线层型。

(3)根据《阳春-容县地质构造综合大剖面研究》《1∶25 万玉林幅区域地质调查报告》,以及其他专题研究成果,确认云开地区变质表壳岩具双层结构,下伏深层次结晶基底为天堂山岩群,其中的石榴辉石岩 SHRIMP 锆石 $^{207}Pb/^{206}Pb$ 年龄为(1817±36)Ma,属古元古代;上覆浅层次褶皱基底为云开群,其中的斜长角闪岩 SHRIMP 锆石 $^{207}Pb/^{206}Pb$ 年龄为(1462±28)Ma,时代定为中—新元古代。

(4)依据近期发表的一系列 SHRIMP 锆石 U－Pb 数据和《中国区域地质志工作指南》建议,将四堡群地质时代厘定为青白口纪中晚期(870～820Ma),丹洲群厘定为青白口纪晚期(820～780Ma)。

(5)根据岩性组合和精确测年资料,将贺州大宁地区原定为震旦系的鹰扬关组、下龙组修正为青白口系;将鹰扬关—大瑶山一带原定为寒武系的培地组修正为震旦系;下龙组之上,培地组之下的一套长石石英砂岩、杂砂岩夹紫红色泥岩、粉砂岩,偶夹含砾泥岩的碎屑岩系定为南华系,并按湘东南岩石地层单位划分为泗洲山组、天子地组、正园岭组,代表新元古代华夏地块陆缘斜坡—深水盆地沉积。

(6)根据 1∶20 万上林幅武鸣山窑剖面,下奥陶统黄隘组底部有一层厚 45m 的火山碎屑杂砾岩、砂质砾岩,砾岩之上 60m 的黑色页岩中产苔藓笔石、枝笔石、海氏笔石、对笔石、反称笔石等早奥陶世化石,砾岩之下 50m 的页岩中产寒武纪原始海绵,因此将该层火山碎屑杂砾岩作为奥陶系底界。此层火山碎屑杂砾岩广泛分布于临桂大佑坪、兴安华江街、全州楼底塘、灌阳盘家、桃花及恭城观音、牛眼塘等地,其下 300～500m 才是“白洞灰岩”。鉴于火山碎屑杂砾岩代表一次火山事件,可能与郁南运动相关,层位稳定,而灰岩夹层多为不稳定的透镜体,故以火山碎屑杂砾岩作为奥陶系底界,将“白洞灰岩”作为非正式岩石地层单位置于上寒武统边溪组上部。

(7)经追索证实防城平旺、灵山旧城等地下中泥盆统小董组与下伏下泥盆统钦州组为角度不整合,不整合面有厚 20m 左右的砾岩。不整合面代表广西运动的结束,其时限可据钦州组所有的剖面采到的最晚带化石——尖锐塔节石(*Nowakia acuaria*)确定为布拉格早期。小董组底砾岩代表广西运动后新一轮海侵的开始,其时限应等于或略早于莲花山组沉积期底界。

(8)近年来1∶25万、1∶5万区域地质调查和专题研究成果表明,原认为钦防地区上二叠统彭久组与下伏地层为角度不整合,钦防海槽在东吴运动褶皱回返的认识是不正确的。在小董镇三炮岭剖面可见彭久组砾岩与硅质岩互层,在该剖面及石梯水库剖面上砾岩之下的硅质岩产晚二叠世牙形刺和放射虫,可见砾岩和部分硅质岩同为晚二叠世沉积,彭久组底部砾岩是海平面快速下降期的低水位扇沉积。

(9)为了更准确地反映不同沉积盆地的岩性组合特征,在《广西壮族自治区岩石地层》(1997)的基础上,新增了部分岩石地层单位,如泥盆系丹林组、坛河组、谷闭组、石梯水库组;石炭系船埠头组、隆安组、壶天组;二叠系礁灰岩、梁山组;三叠系陈刘组、大冶组、安顺组、坡段组、垄头组、黑苗湾组;白垩系白石山组、瓦窑村组;古近系凤凰山组、南湖组、里彩组、北湖组、大闸组;新近系宁明组、二子塘组;第四系湛江组、石峁岭组、湖光岩组等。

二、岩浆岩方面

岩浆岩研究综合是以板块构造学说为指导,以时间为主线,从洋陆转换、壳幔循环的角度,总结岩浆岩组合、空间分布与构造的关系,探讨岩浆岩成因、演化与陆块聚散旋回的关系。30多年来地质大调查和各科研院校的专题研究成果,特别是大量锆石精确测年数据和同位素资料,为研究岩浆作用及其与矿产的关系,提供了基础理论和技术方法保障,主要成果有:

(1)获得一批SHRIMP法、LA-ICP-MS法、TIMS化学法和TIMS蒸发法锆石U-Pb年龄数据及云母类Ar-Ar法年龄数据,修正了部分侵入岩和火山岩的形成时代(将三防、元宝山岩体修正为四堡晚期,鹰扬关基性火山岩修正为丹洲期,金鸡—自良一带中酸性火山岩修正为早白垩世),多数岩体时代精确划分到"世",结合岩体接触关系进一步细到"期""次",重新建立了广西岩浆活动的年代格架。

(2)依据岩石的矿物学、岩石学等特征,将广西岩浆岩成因类型划分为S型、I型、A型3种类型,进一步细分为9个成因亚类型。与第一代地质志划分方案比较,变化较大的有:将原定为交代型的古桑、白马、岭头田、六靖、宁潭等复式岩体,修正为壳源重熔型(S型);原定为幔源分异型的本洞、洞马、龙有等复式岩体,修正为同熔型(I型);原定为重熔型的旺冲、六陈、花山、姑婆山、广平、长岗顶等复式岩体,修正为A型。

(3)通过岩浆岩岩石构造组合、岩石地化特征,识别出广西侵入岩(包括火山岩)构造环境的多样性:洋中脊扩张环境(天堂山岩群中的石榴辉石岩、云开群斜长角闪岩),洋岛环境(崇左晚二叠世枕状玄武岩),陆缘裂谷环境(三门街组、鹰扬关组),岛弧环境(四堡早期第二次侵入岩、岑溪市中奥陶世基性熔岩、早志留世玄武质火山角砾岩),活动大陆边缘弧环境(四堡期本洞、洞马、龙有等岩体;加里东期大宁、古龙、成马塘等TTG组合),后碰撞环境(四堡期三防、元宝山、平英、田朋二长花岗岩;加里东期黎村、六扬、扶新、宁潭片麻状花岗岩;猫儿山、越城岭、海洋山、钦甲二长花岗岩;印支期大容山、六万大山、旧州、台马二长花岗岩和碎斑熔岩),后造山-陆内造山后伸展环境(印支早期旺冲、六陈正长花岗岩、栗木锂白云母钠长花岗岩,燕山期西山、花山、姑婆山、大塝、广平、长岗顶二长花岗岩和花岗闪长岩,陆川、米场、油麻坡、昆仑关、大厂、英桥二长花岗岩和花岗斑岩),大陆裂谷环境(回龙、新地辉长岩-英云闪长岩,马山、清湖、南渡、罗容岩浆杂岩、官塘,柏桠二长闪长岩,马其岗石英二长斑岩,喜马拉雅期马练苦橄玢岩、橄榄玄武岩、合浦新圩、涠洲岛橄榄玄武岩等)。岩浆岩形成环境的判别为研究广西大地构造单元划分、性质和演化提供了新资料。

(4)以时间为主线,以块体聚散和构造演化为背景,重新划分了岩浆演化旋回。广西岩浆活动可分为前四堡岩浆旋回、四堡岩浆旋回、丹洲-加里东岩浆旋回、海西-印支岩浆旋回、燕山岩浆旋回、喜马拉雅岩浆旋回。除前四堡(吕梁)旋回和喜马拉雅旋回外,每个岩浆旋回均从陆缘裂谷岩浆岩开始,过渡为与俯冲作用相关的大陆弧岩浆、岛弧岩浆,最后是陆-陆碰撞(后碰撞)岩浆岩、后造山岩浆岩。

(5)依据岩浆岩岩石构造组合的空间分布和广西大地构造单元区划,将广西岩浆带划分为上扬子陆块岩浆带和武夷-云开造山系岩浆带。前者又进一步划分为四堡古弧盆系岩浆亚带、湘桂裂陷盆地岩浆亚带、右江裂谷盆地岩浆亚带;后者细分为云开岛弧岩浆亚带和钦州残余盆地岩浆亚带。

三、变质岩方面

(1)依据近年来区域地质调查和地质科研资料,将云开地区变质岩系分解为变质表壳岩和变质深成岩。变质表壳岩具双层结构特征:组成深层次结晶基底的表壳岩变质程度较深,多为角闪岩相,局部达麻粒岩相,并发育混合岩化,称天堂山岩群;组成浅层次褶皱基底表壳岩变质程度较浅,多为绿片岩相,称为云开群。

(2)通过对云开地区片麻状花岗岩石成因的深入研究,按照程裕淇(1987)的概念,高级变质岩区随着温、压的增大,变质岩中相当于花岗质且富含水的低熔组分产生部分熔融,重熔岩浆的位态变化,是区分混合作用与岩浆侵入作用在成因上的根本标志。部分熔融并原地成岩的是混合岩,重熔岩浆经过迁移,重新就位后成岩的为花岗岩。据此,将云开地区原划分为条带状混合岩、条纹状混合岩、条痕状混合岩、眼球状混合岩、均质混合岩的岩石,修正为片麻状花岗岩、眼球状花岗岩。它们与围岩之间可见侵入接触关系,岩石中的片麻状构造是成岩过程中,受到伸展性质的韧性剪切作用的结果。

(3)动力变质岩中的糜棱岩系列是近年来变质地质学受到普遍重视一种岩类,是一种中深层次塑性状态下变形变质的产物,因此被视为研究地壳中深层物质状况和构造特征的窗口。糜棱岩系列与岩石的韧性剪切变形有关,可以形成于碰撞挤压、上隆拉伸及走滑等构造环境,如古桑、黎村、宁潭等岩体,桂北的三防、清明山、越城岭、大宁、大容山等岩体;形成于逆冲断裂或推覆构造上盘糜棱岩带,如四堡断裂、资源断裂、灵山-容县-三堡断裂、陆川-筋竹断裂及其分支佛子冲断裂;分布于右江盆地的孤立台地边缘断裂带上的钙质糜棱岩等。

四、地质构造方面

(1)本次地质修编的指导思想是板块构造理论,板块运动的动力来自地幔对流和海底扩张作用,板块的相互运动控制沉积作用、岩浆活动、构造运动和成矿作用的环境,不同构造环境产生不同的岩石构造组合。因此,对不同时期的岩石构造组合和构造样式进行综合研究,就可以获得研究区大地构造属性和演化的正确认识。根据广西地壳各块体的沉积岩、火山岩、侵入岩、变质岩岩石构造组合,大型变形构造,精确测年数据,地质体的接触关系和物探、化探资料,将广西地质发展历史划分为前四堡-四堡构造旋回、雪峰-加里东构造旋回、海西-印支构造旋回、燕山-喜马拉雅构造旋回。前 2 个构造旋回为基底形成、洋陆转换阶段,后 2 个构造旋回主要为陆内演化、造山阶段。在综合研究地壳各块体的物质组成、构造组合、地球物理和地球化学场,以及由上述特征显示的地质演化历史的基础上,将广西大地构造单元划分为上扬子陆块和武夷-云开造山系 2 个二级构造单元,下分 6 个三级构造单元,14 个四级构造单元,局部再细分为若干个五级构造单元。

(2)广西是研究华南大地构造属性及其演化的窗口,30 多年来的区域地质调查、科研成果主要有:查明云开隆起变质表壳岩具双层结构,深层次结晶基底为天堂山岩群、浅层次褶皱基底为云开群,两者之间为滑脱型韧性剪切带接触(游振东,1994;彭少梅,1995;1∶25万玉林幅区域地质调查报告,2004),云开地块是华夏移置地块群的组成部分(潘桂棠,2012)。桂北四堡地区岩浆活动频繁,其中文通组的基性—超基性火山岩(基性火山角砾岩、玄武质科马提岩、枕状玄武岩、凝灰岩、火山射气沉积岩等)及与其伴生的、仅侵入文通组的超基性—基性岩株,少数为中性岩床,形成于裂谷环境;四堡中期既侵入文通组,又侵入鱼西组的中性—基性岩株、岩脉,以及本洞、龙有等TTG组合是俯冲环境的岩浆组合;四堡晚期三防、元宝山复式岩体属后碰撞花岗岩。龙胜三门街组及贺州鹰扬关组基性—超基性火山岩及其伴生的层状、似层状侵入岩为陆缘裂谷型双峰式岩浆岩组合,成岩年龄分别是(761±8)Ma(葛文春,2001)和(819±11)Ma(周汉文,1998),为丹洲期陆缘裂谷作用最强时地幔岩浆上涌的产物。1∶5万新地幅、糯垌幅区域地质调查发现的油茶林场基性熔岩、白板-大爽中基性火山角砾岩,经证实是形成于俯冲带上的蛇绿岩,大瑶山东南侧大宁复式岩体,古龙、夏郢等小岩株,被确定为具TTG特征的深熔花岗杂岩带,形成时代为中奥陶世—早志留世(李继亮,2004;彭松柏,2006;潘桂棠,2008;覃小峰,2013)。上述研究成果证明,在上扬子陆块和华夏地块群之间存在早古生代洋盆和俯冲-增生碰撞造山带。

近年来的研究成果表明,十万大山两侧存在泥盆纪—二叠纪放射虫硅质岩、含锰泥岩等远洋沉积,部分放射虫硅质岩可延续到晚二叠世长兴期;钦防地区中二叠统硅质岩(板城组)与上二叠统砂砾岩(彭久组)常呈互层产出,实为连续沉积;在凭祥夏石、崇左板董发现晚二叠世洋岛玄武岩,在靖西湖润有二叠纪洋中脊玄武岩,说明广西运动之后,在钦防地区和十万大山南段有晚古生代洋盆存在,直至中三叠世印支运动才最终闭合。遵照李廷栋院士提出的"识别洋陆转换的岩石学思路",在肖庆辉、潘桂棠、陆松年等专家的直接指导下,集上述成果之大成,可以得出广西地壳经历了3次洋陆转换的认识:第一次为四堡运动,主要见于桂北地区,形成四堡-雪峰岛造山带,但华南洋没有闭合;第二次为加里东运动,主要发生在桂东南,形成武夷-云开造山带,在钦防地区还存在一个残留洋盆,属于古特提斯洋东支的一部分;第三次为中三叠世末的印支运动,前期存在的残留洋盆最终关闭。

(3)"广西山字型构造"是20世纪40年代李四光、赵金科、张文佑提出的地质构造概念,形象地反映了广西构造格架的基本特征,这一构造特征是印支运动定型的。用构造筛分法对各类构造形迹进行系统的资料搜集和综合研究,就会发现不同构造旋回的主要样式存在明显的差异:四堡构造旋回,其构造线方向为近东西向,发育紧闭线状褶皱和同斜褶皱;雪峰-加里东期褶皱轴走向也是近东西向,说明广西在前泥盆纪南北向的构造应力起到控制作用,唯桂东北地区由于宜山-全南断裂左行走滑,形成北北东向的叠瓦状构造;海西-印支构造旋回,由于受到扬子陆块(四堡-雪峰岛弧造山带)、太平洋板块和特提斯洋板块三向挤压,形成广西构造线方向东部为北东向,西部呈北西向,中部近南北向的山字型构造。印支运动后统一的中国大陆壳格架已经形成,但由于地球自转、公转速率变化导致地块的拉张力和挤压力,以及地球内部"高热能库"是永恒的,因此晚三叠世以来,沿着深大断裂带形成断裂盆地、岩浆侵入和喷发;喜马拉雅旋回,由于青藏高原隆升和挤出构造远程效应,控制了广西地壳在总体抬升的背景下,出现河流下切,差异升降,形成多级阶地、夷平面和多层溶洞。

五、成矿作用方面

成矿作用是地质作用的重要组成部分,大地构造属性及其演化控制区域成矿过程,矿产的时空分布与各构造旋回的地质环境密切相关。广西处于钦杭成矿带、南岭成矿带的西段、右江成矿区的东南部,矿产资源丰富,具有构造单元控矿、边界成矿、转换成矿、叠加改造成矿的特点。

1. 大地构造单元成矿作用

不同的构造单元具有不同的成矿地质构造环境,因而造就不同的成矿系列。

(1)四堡古弧盆系:与四堡期基性—超基性火山岩和层状侵入岩相关的岩浆熔离型铜镍钴矿,与岛弧型基性—超基性岩岩株相关的次生蚀变型石棉矿、蛇纹石矿,与后碰撞花岗岩相关的锡多金属矿。在罗城-环江碳酸盐岩台地上有下石炭统、上二叠统煤、页岩气,中泥盆统层控黄铁矿、铅锌矿。

(2)湘桂裂陷盆地:在龙胜、鹰扬关陆缘裂谷盆地产出的与双峰式火山岩、基性—超基性层状侵入岩相关的铜镍矿、滑石矿、火山沉积变质型磁赤铁矿。在资源、大瑶山被动陆源盆地产出的与寒武系碳硅泥质岩建造相关的沉积型钒、铀、石煤、重晶石、磷矿,破碎带型金矿,以及寒武系—奥陶系复理石建造中的碳酸盐岩夹层热液型重晶石、铅锌矿床。在桂中-桂东北碳酸盐岩台地相中产出的泥盆系沉积型赤铁矿、中温热液型铅锌矿;上二叠统滨岸-陆棚相煤矿、铝土矿、褐铁矿;在台盆相中产出的碳酸锰矿、风化淋滤型氧化锰矿;与中生代后造山花岗岩相关的矽卡岩型、高中温热液型、斑岩型和砂矿型钨锡多金属矿、铀矿、金矿等。

(3)黔桂裂谷盆地:以右江断裂、凭祥-南宁断裂为界细分为南盘江-右江裂谷盆地、富宁-那坡被动陆缘盆地、十万大山断陷盆地3个四级构造单元,是晚古生代—中三叠世长期处于拉张环境的板内裂谷盆地。盆地内部以深水槽盆硅泥质、复理石建造为主,碳酸盐岩孤立台地散布其中,盆地南缘碳酸盐岩台地大面积分布,台沟相深水沉积穿插其间。晚二叠世碱性玄武岩及同源侵入岩广泛分布,而泥盆纪—石炭纪裂谷型基性火山岩,以及三叠纪岛弧型基性—中酸性火山岩主要分布于那坡—崇左一带,后碰撞花岗岩大面积分布于大容山—十万大山一带。据物化探资料,在右江盆地深部有多处隐伏花岗岩体存在。裂谷盆地的横向扩张和强烈凹陷使幔源岩浆上侵,带来了丰富的矿源和热能,造就了丰富的矿产。在盆地中主要矿产有锰、磷、页岩气,在台地上有铝土矿、黄铁矿、煤、褐铁矿,在台缘断裂带、不整合面及盆地中的小背斜上有微粒金矿、锑矿、汞矿,在基性岩体及其接触带有钛铁砂矿、玉石矿,在酸性(隐伏)岩体外接触带有钨锡多金属矿、水晶砂矿。

(4)云开岛弧:该区在元古宙时是华夏移置地块群的组成部分,加里东运动时华南洋向云开地块俯冲,大量岩浆上涌使其转化为岛弧。强烈的变形变质和深熔剪切作用,使成矿作用也十分复杂。主要矿产有:云开群钙质层与花岗岩接触带矽卡岩型钨锡多金属矿床,如北流市六靖-白马钨锡矿点、望天洞含银金铅锌矿;产于片麻状花岗岩韧性剪切带上的金银矿,如博白金山金坑、中苏铅锌汞金银矿;变质岩中的稀土矿物、钛铁矿等经风化富集而成的独居石-磷钇矿砂矿床、钛铁砂矿、金红石砂矿点等。

(5)钦杭结合带:包括小董-藤县-鹰扬关断裂和陆州-岑溪(筋竹)断裂夹持的博白-岑溪俯冲增生杂岩带、六万大山岩浆弧、罗宵(梧州)岩浆弧和钦防残留洋盆4个四级构造单元。陆川-岑溪断裂、灵山-三堡断裂、小董-藤县断裂分别是郁南运动、北流运动和印支运动华南残洋向云开地块的俯冲带,后两条断裂在梧州附近汇合成梧州-鹰扬关断裂。沉积相多变,岩浆活动频繁,地质构造复杂,矿产丰富。内生矿产有分布于梧州—鹰扬关一带与大陆缘弧岩浆杂岩有关的加里东期斑岩-矽卡岩-石英脉型钨钼铜金成矿系列,如龙水金矿,张公岭金矿、铅锌矿,古龙—夏郢一带的社垌、贺村、武界钨钼矿等;与燕山期后造山花岗岩有关的斑岩型-破碎带蚀变岩型钼钨银金多金属成矿系列有六岑-桃花-古袍金矿、大桂山钨矿、大黎钼矿等;在灵山-藤县断裂带上,产于印支期俯冲-后碰撞花岗岩外接触带铜铅锌锑重晶石成矿系列,主要有东兴—防城一带的锑矿、汞矿、萤石矿,陆屋—寨圩一带的铜锡矿、新华铅锌矿、北市萤石矿;沿陆川-岑溪断裂分布的与燕山期后造山花岗岩相关的三叉冲、油麻坡、安垌钨钼多金属矿,蟠龙、佛子冲、广平等铅锌矿、黄铁矿,以及与富钾花岗岩相关的稀土矿、铀矿等。

2. 构造单元边界成矿作用

大地构造单元边界是地壳块体离散、汇聚、碰撞造山首要地带,是构造运动、岩浆活动和变质作用最活跃的地带,它可能是成矿流体的通道,也可能是成矿流体的屏障,因而也是成矿作用最强烈的地带。三级、四级构造单元边界多为长期活动的深大断裂，控制了晚古生代台间海槽的展布，是重要的沉积相转换面，同时控制了燕山期后造山岩浆活动，因而形成了沉积型、裂谷喷流沉积型、层控热液型、风化淋滤型矿产。如大厂-芒场层控-热液型锡多金属矿、大明山-昆仑关与燕山期后造山花岗岩有关的钨矿、大瑶山西侧层控热液型铅锌矿；产于台间海槽（裂谷盆地）沉积-喷流沉积型含锰硅质岩、碳酸锰矿床，风化后成氧化锰矿床的有下雷锰矿、木圭锰矿、来宾凤凰锰矿、荔浦锰矿、大直锰矿等。

3. 上叠盆地成矿作用

燕山-喜马拉雅构造旋回，由于古太平洋和特提斯洋向华南板块俯冲，使广西地壳出现间歇性拉张、挤压环境，除引发后造山岩浆的侵入和喷溢，形成丰富的内生矿床外，沿深大断裂还出现一系列断陷盆地和拉分盆地。与之相关的外生矿产有褐煤、泥炭、石油、油页岩、膨润土、高岭土等。

远安动物群与三叠纪海生爬行动物进化古生态学研究

提交单位：中国地质调查局武汉地质调查中心

项目负责人：程龙

档案号：1205

工作周期：2014—2015 年

主要成果：

（1）通过剖面测量、化石发掘和详细野外调查，首次正式命名了“南漳-远安动物群”。“南漳-远安动物群”系指分布在南漳与远安交界地区早三叠世奥伦尼克期晚期以湖北鳄类-鳍龙类-鱼龙类等早期海生爬行动物为主要特色的生物群落。

（2）通过对远安张家湾、南漳松树沟和南漳古井三叠系嘉陵江组剖面的实测、路线调查及化石发掘，认为远安动物群分布在嘉陵江组三段顶部纹层状灰岩中，脊椎动物化石层厚度达 30m，以上覆的火山凝灰岩层为标志。通过与邻区大龙坪嘉陵江组岩石地层对比，认为远安动物群的时代为早三叠世奥伦尼克期晚期。

（3）通过对海生爬行动物生态特征分析，认为大型鳍龙类及游泳能力较强的鱼龙类处于食物链的顶端，而不发育牙齿的湖北鳄类为次级消费者，小型鳍龙类可能为食腐动物，初级消费者可能为软体动物，生产者为大量繁盛的菌藻类。

（4）发现了湖北鳄 3 个新属种：长形似湖北鳄、短颈始湖北鳄及卡罗董氏扇桨龙。通过对一保存近完整的湖北鳄类化石的详细研究，其骨骼特征与以往发现的其他属种存在较大的差别，而且骨骼特征较为特殊，对研究早三叠世海生爬行动物复苏具有重要意义，并在此基础上初步建立了湖北鳄类内群演化关系。通过对一保存完整的小个体湖北鳄类化石的详细研究，发现其颈椎仅 6 节，而且其头骨结构及肩带特征与以往发现的湖北鳄类其他属种存在较大的差别。通过对 2 个保存较完整的湖北鳄类化石研究，发现其与长形似湖北鳄较为接近，但是背椎数远少于后者，所以建立了卡罗董氏扇桨龙新属种。并在此基础上进一步完善了湖北鳄类内群系统发育关系（图 5-1～图 5-3）。

（5）重新厘定了孙氏南漳龙的骨骼特征，并建立了湖北鳄类与其他海生爬行动物的演化关系。通过对一南漳龙新材料的详细研究，以及与正型标本的系统对比，充实了孙氏南漳龙的骨骼特征，并在此基础上，进行了支序系统学研究，建立了湖北鳄类在海生爬行动物中演化关系，认为湖北鳄类与鱼龙类具有较近的亲缘关系。

图 5 - 1 长形似湖北鳄正型标本(WGSC 26005)

图 5 - 2 短颈始湖北鳄正型标本(WGSC V26003)

图 5 - 3 卡罗董氏扇桨龙正型标本

(6)通过对一湖北鳄类头骨结构,尤其是吻部特征分析,解释了湖北鳄类食性生态特征。

(7)在取得上述研究成果的基础上,积极协助南漳县地方政府完成了国家重要化石保护集中产地的申报及规划建设工程,促进了地方科普教育与经济发展。

应对全球气候变化地质调查信息系统

提交单位：中国地质科学院岩溶地质研究所

项目负责人：周立新

档案号：1211

工作周期：2013 年

主要成果：

(1)编写了地质碳汇调查数据库工作技术要求，为地质碳汇调查项目数据库建设提供了依据，保证了数据库建设的规范性、一致性、完整性和实用性。

(2)收集整理了各工作项目的信息数据，分类分析了数据类型并统计了数据量，检查了数据内容和属性，充实了数据库内容。

(3)更新了 1∶400 万中国岩溶发育程度数据，利用空间分析功能定量评价了岩溶发育强度，为碳汇潜力综合评价提供了基础数据。

(4)开发的地质碳汇野外调查卡片管理系统(图 5－4)，已为相关工作项目数据录入所使用，提高了调查工作的效率和信息化工作程度，为数据库建设提供了平台。

图 5－4　地质碳汇野外调查卡片管理系统主界面

(5)更新了专题数据，制作的多张工作部署图，为计划项目的实施提供服务。

中国南方典型洞穴区域地质专项调查

提交单位：中国科学院古脊椎动物与古人类研究所

项目负责人：金昌柱

档案号：1225

工作周期：2012—2014 年

主要成果：

一、广西左江流域早更新世巨猿动物群的系统研究

对广西崇左地区 4 处早更新世不同时期的巨猿动物群进行了系统的生物地层学和古地磁年代学研究表明，广西左江流域早更新世巨猿动物群的演化可分为早、中、晚 3 个发展阶段：早更新世早期(2.6～1.8Ma)巨猿动物群的主要成员如巨猿、大熊猫、貘类等动物体型均较小；中期(1.8～1.2Ma)上

述种类呈现逐渐变大的趋势;早更新世晚期(1.2～0.8Ma)巨猿、大熊猫、貘类等臼齿增大趋势非常显著,并频繁发生属种演替的生物事件(如 *Ailuropoda microta—Ailuropoda wulingshanensis—Ailuropoda baconi*);广西地区很可能是步氏巨猿演化和扩散的中心。

二、广西崇左合江洞距今 40～32 万年步氏巨猿研究新进展

系统研究了广西崇左中更新世合江洞迄今最晚的巨猿化石,并采用 micro－CT 的方法对早、中更新世各个地点的巨猿牙齿进行了 EDJ(釉质齿质界面)形态学和釉质层厚度分布研究后发现以下 3 个特点。

(1)巨猿牙齿 EDJ 形态从早到晚趋于复杂化,尤其是上前臼齿最为明显,这可能是步氏巨猿在灭绝之前对环境变化所做出的反应。

(2)步氏巨猿的平均釉质层厚度分布与早期人类和现代人相差无几。

(3)巨猿在华南生存的时代可以延续至中更新世晚期(32 万年),并可能在这一时期灭绝。

三、步氏巨猿牙齿从小到大的演化趋势再次得到印证

先前的研究认为步氏巨猿牙齿大小的性别差异非常明显,并且认为其演化趋势是随时间逐渐增大的。这些研究是建立在发现于 20 世纪 90 年代之前的 700 多枚步氏巨猿牙齿的测量数据基础之上的。这 700 多枚牙齿不仅包括了产自柳城巨猿洞、大新、武鸣、巴马和建始 5 个地点的有确切层位的标本,还包括了 100 多枚收购自两广地区和鄂西地区的地层和年代不详的标本。此后,又有 12 个步氏巨猿的化石地点和数百枚步氏巨猿牙齿被发现,并且多数地点都有生物年代学或者绝对年代测定结果的年代支撑。鉴于步氏巨猿新材料的补充以及对其时代分布的新认识,研究人员将我国全部 14 个地点按照年代顺序分为 3 组,并对目前所发现的步氏巨猿的 1218 枚前臼齿和臼齿进行了重新测量和统计学分析。针对不同组别的 3 个测量值的方差分析以及 Tukey 的 HSD 检验的结果表明,基本 5 个分组中所有两两分组间的均值不相等都是有意义的,进而印证按时代顺序排列前 3 个分组的前臼齿和臼齿的面积均值呈递增趋势,代表了从小到大的演化趋势。

四、第 4 件步氏巨猿下颌骨的发现

项目组于广西扶绥县岩亮洞发现了迄今为止除广西柳城巨猿洞所发现的 3 件步氏巨猿下颌之外的第 4 件步氏巨猿下颌骨以及 25 件牙齿化石。通过对比研究发现,这件下颌骨的形态与柳城 3 号下颌形态非常相似。此外,新发现的下颌骨也与柳城 3 号下颌具有同样的臼齿和前臼齿磨蚀模式。并且新发现的步氏巨猿下颌骨右侧第 2 臼齿的齿槽已经愈合,说明其生前已经丢失这枚牙齿。这也是生前牙齿丢失现象在步氏巨猿中的首次发现。上前臼齿的 EDJ 形态对比表明,岩亮洞的步氏巨猿上前臼齿 EDJ 形态与其他早更新世地点的相似,而与中更新世合江洞的形态有所差别。

五、广西左江流域第四纪灵长类动物群研究进展

通过对广西左江流域第四纪 14 个洞穴地点约 3600 件灵长类牙齿的初步研究,发现该地区更新世期间的灵长类化石包括人猿超科 4 属和猴科 5 属。除 *Homo* 之外,其他属均已在早更新世出现;除 *Procynocephalus* 和 *Gigantopithecus* 之外,大多数属一直在该地区生存至更新世末期。*Gigantopithecus* 在早更新世的灵长类动物群中占主导地位,但到中更新世末期可能就消失了。另外,*Pongo* 的牙齿在更新世期间有变小的趋势,而且明显是受各种外部环境因素的影响才导致了 *Pongo* 的牙齿大小在空间和时间上的异质性变化。上述研究已经呈现了广西崇左地区更新世期间灵长类动物群的

面貌，并已触及到灵长类动物群在更新世期间的变迁与环境因素之间的耦合关系等关键问题。

六、第四纪中华乳齿象的系统研究

对第四纪中华乳齿象化石进行了系统研究：建立一新种——*Sinomastodon jiangnanensis* sp. nov.，材料包括成年个体的头骨、下颌骨、臼齿列及幼年个体的下颌骨和乳臼齿等，这是中华乳齿象头骨化石在我国第四纪地层中的首次发现，江南中华乳齿象是该属第四纪最原始的种类，在成年和幼年个体上均反映了中华乳齿象从新近纪向第四纪演化在形态特征上的过渡性。此外，还系统修订了扬子中华乳齿象的种征，将我国第四纪中华乳齿象的演化划分为3个阶段，这为华南第四纪生物地层学研究提供了重要依据。

七、早更新世巨颏虎演化的研究进展

巨颏虎（*Megantereon*）是一种广布型的剑齿虎，分布在非洲、欧亚大陆和北美上新世—更新世的地层中。广西扶绥早更新世（2.0Ma）岩亮洞中发现了与巨猿共生的巨颏虎化石（图5-5），从个体大小上来看，它代表了迄今为止在东亚地区发现的巨颏虎中体型最小的一个种，依下颌颏突巨大、下门齿着生位置显著抬升、p3缺失、p4双齿根等特征表明，该种属于起源于非洲并扩散到欧洲且扩散范围最广的 *Megantereon whitei*。这是该种在亚洲的首次发现，为探讨巨颏虎的扩散历史和系统演化提供了新的材料。

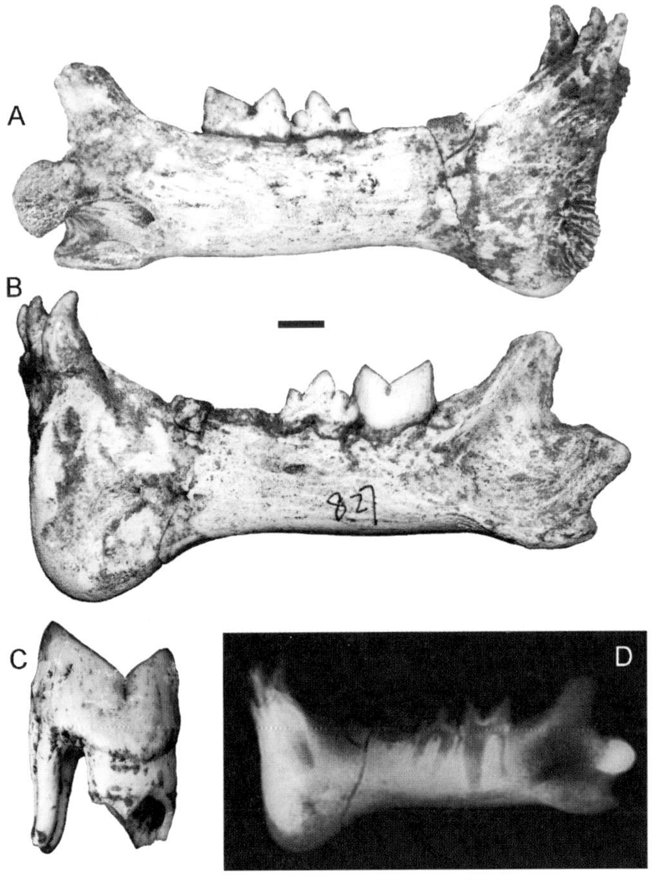

图5-5　崇左岩亮洞发现的小种巨颏虎化石

八、有蹄类(独角犀和水牛)的研究进展

对产自早更新世广西扶绥岩亮洞(2.0Ma),与巨猿共生、丰富的独角犀化石进行了系统分类学研究,建立一新种——*Rhinoceros fusuiensis* sp. nov. ,被认为是现生爪哇犀(*R. sondaicus*)的祖先类型。扶绥犀是华南早更新世巨猿——中华乳齿象动物群的典型成员,对华南第四纪生物地层学研究有重要意义。新种的发现表明独角犀属很可能在第四纪初期迁徙到华南地区,然后沿中国—马来西亚线路向东南亚地区扩散。此外,本次工作还对上述独角犀化石的年龄结构进行了分析,结果表明该地点化石共代表了 54 只个体,其中幼年个体最多,而且其比例远高于自然死亡下所形成的化石群,其死亡原因为灾害死亡。广西崇左缺缺洞出土的 100 万年前的水牛化石以其角心较短、较细而不同于其他已知的水牛化石,因此订立为周氏短角水牛新亚种(*Bubalus brevicornis chowi* sub sp. nov.)。缺缺洞水牛化石的发现把水牛化石的最早记录提前到 100 万年,并支持水牛起源于半牛(*Hemibos*)的观点。

九、古环境学研究进展

通过对广西崇左缺缺洞早更新世(1.0Ma)洞穴堆积物的孢粉分析,获得了缺缺洞早更新世晚期的古植被和古环境概况。非化石层植被类型为温带到暖温带落叶阔叶与常绿阔叶混交林,而化石层反映的气候则更为温暖,植被类型为暖温带到亚热带落叶阔叶与常绿阔叶混交林;采用共存分析法获得了早更新世晚期古气候参数,化石层(年均温为 12.6～18.6℃;年均降水量为 784.7～1 523.1mm)较非化石层(年均温为 11.3～15.4℃;年均降水量为 601.1～1 076.1mm)温暖湿润,反映的气候类型与定量分析结果一致;通过与现今该地区气候参数对比,反映出早更新世晚期该地区气候较现今干燥凉爽。

十、野猪古 DNA 的研究进展

猪的起源驯化一直是人们关注的科学问题,古 DNA 技术可为家猪起源驯化研究提供实时而连续的分子证据。本次工作系统收集了广西地区 3 个不同地点的 30 个猪科动物化石样品,测定了这些化石样品的线粒体 DNA 细胞色素 b 基因的核苷酸序列。结合现代不同品种家猪、野猪 DNA 同源序列信息,构建 network 网络结构图,进一步证实了家猪多地独立起源学说。并且发现广西地区古代猪对该地区现代家猪可能没有遗传贡献,对考古形态学研究中关于广西地区家猪独立起源的推测提出了质疑,为中国广西地区家猪的起源驯化研究提供了新的科学佐证。

湘江下游典型地区土壤重金属地球化学成因与风险评价研究

提交单位:北京大学

项目负责人:马文军

档案号:1244

工作周期:2015—2016 年

主要成果:

(1)暴露组血镉、尿镉、发镉和发砷含量均显著高于对照组,差异有统计学意义,提示暴露区人群

镉健康风险较高，需重点关注。

（2）以尿镉为暴露指标，以当地居民镉接触肾功能和骨骼损伤典型症状发生率、肾功能损伤为效应指标计算得出的 RfD 分别为 1.81μg/g Cr 和 3.34μg/g Cr。

（3）以血铅为暴露指标，以当地居民铅健康效应典型症状（头晕、乏力、四肢麻木、腹痛等）发生率、氧化应激损伤指标和尿 δ - ALA 为效应指标计算得出的 RfD 分别为 10.37μg/L、23.74μg/L 和 37.71μg/L。

（4）以发砷为暴露指标，以当地居民砷健康效应典型症状（四肢麻木、皮肤色素沉着、过度角化等）发生率和氧化应激损伤指标为效应指标计算得出的 RfD 分别为 0.046μg/g 和 0.114μg/g。

（5）暴露组膳食镉暴露水平超过 FAO/WHO 食品添加剂联合专家委员会（JECFA）规定的每人每日允许摄入量（PTDI）。暴露组居民镉的致癌风险和非致癌危害指数均超过可接受限值，提示镉为暴露组居民最主要的健康影响因素。

第六章　境外地质类

非洲西部及东北部重要矿床地质背景、成矿作用和找矿潜力研究

提交单位:中国地质调查局武汉地质调查中心

项目负责人:王建雄

档案号:1190

工作周期:2012—2015 年

主要成果:

(1)系统开展了资料收集、整理与翻译工作。系统收集了非洲西部及东北部地区主要国家地质、矿产和综合研究资料,收集资料内容涵盖地质、矿产、地质矿产综合资料及矿业开发法律、政策、法规、矿权设置等各个方面。目前已收集到 1∶500 万非洲地质图(8 幅)、1∶1000 万非洲地质图(1 幅全开);工作区内多数国家 1∶200 万～1∶50 万地质、矿产图;收集了部分国家 1∶25 万～1∶20 万地质矿产图和不同比例尺的物化探图件,以及各类地质矿产勘查报告、专著、文献共 600 余份。完成部分地质矿产报告、专著、文献翻译约 50 万字,对部分图件进行了数字化。

(2)图件编制。编制了埃塞俄比亚、苏丹、厄立特利亚、几内亚、塞拉利昂、利比里亚、加纳、布基纳法索、喀麦隆、塞内加尔等国家的 1∶100 万地质矿产图;东北非地区 1∶250 万地质矿产图、构造演浆岩图、成矿规律及成矿区划图;西非克拉通南西部马恩-莱奥地盾区 1∶200 万成矿规律图;西非地区 1∶500万地质矿产图。

(3)总结了研究区地质背景,划分了构造单元。基于研究区特有的地质构造背景、矿产特征及地质、构造在不同地区或地带的差异性,在综合研究的基础上,按照板块构造理论,参照国内资源潜力评价有关划分原则,以目前较公认的对非洲大地构造的认识为基础,将非洲西部及东北部地区划分为 2 个一级构造单元、8 个二级构造单元和 24 个三级级构造单元。在构造单元划分的基础上对研究区主要二级、三级构造单元区域地质特征及地质演化进行了总结,为该地区矿产形成提供了区域成矿依据。

(4)总结了研究区矿产分布、成矿特征、矿床类型、资源规模、找矿前景等方面内容,系统开展了典型矿床解剖及成矿规律研究。

在对非洲西部及东北部地区金、铁、铜、铝、金刚石、铀等优势矿产资源概况及成矿特征总结的基础上,提出了研究区优势矿产资源的主要成因类型为:①火山成因块状硫化物铜、金多金属矿床(VMS);②造山型金矿(Orgenic)金矿床;③条带状铁矿床(BIF);④红土型(Laterite)铝土矿。并在区域地质背景和典型矿床研究的基础上,结合已有的区域成矿资料,对研究区优势矿种成矿规律进行了总结。

对研究区主要成因类型的代表性矿床开展了典型矿床解剖，重点对阿斯马拉成矿带的埃博戴豪(Emba Derho)矿床和戴博瓦(Debarwa)矿床进行了原生矿石、次生富集矿石和氧化矿石的矿石物质组成研究，以及流体成矿作用和稳定同位素研究；对苏丹哈马迪金矿进行了流体成矿作用研究，包括蚀变岩中石英细脉和石英大脉，特别是对丰富的碳质流体成因及其与成矿的关系进行了详尽的探讨，并进行了稳定同位素研究。

依据对成矿地质背景、区域成矿特征分析，结合前人研究成果，对非洲西部及东北部成矿带进行了划分，共划分出2个Ⅰ级成矿单元(成矿域)，8个Ⅱ级成矿单元(成矿省/带)，17个Ⅲ级成矿单元(成矿区/带)，28个Ⅳ级成矿单元(成矿亚区/带)。并对研究区主要成矿单元特征进行了初步分析，总结了主要成矿区(带)的区域控矿条件，对成矿作用进行了分析，总结了区域成矿规律，提高了区域成矿规律研究程度。

(5)在优势矿产资源潜力分析的基础上，划分了成矿远景区，分析了成矿远景区的资源潜力。根据研究区主要世界级超大型矿床和矿集区特征与分布，结合区内优势矿产资源时空分布规律、控矿因素和成矿条件，在非洲西部及东北部地区划分5个最具潜力的世界级重点成矿区：①世界级的金、铜多金属成矿区——努比亚地盾金、铜多金属成矿区；②世界级的金矿成矿区——莱奥地盾金矿成矿区；③世界级的铁矿成矿区——马恩地盾铁矿成矿区；④世界级的铝土矿成矿区——富贾塔隆高原红土型铝土矿成矿区；⑤世界级的金刚石成矿区——几内亚金迪亚金刚石成矿区。

依据对研究区成矿规律的认识，结合资料综合分析及典型矿床成矿规律研究以及不同成矿区(带)主要控矿因素，以Ⅲ级、Ⅳ级成矿单元为基础，根据研究区优势矿种和世界级重点成矿区，共圈定了15个多金属成矿远景区(带)，23个金成矿远景区(带)，10个铁成矿远景区(带)，1个红土型铝土矿成矿远景区和1个金刚石成矿远景区，在分析各成矿远景区成矿特征的基础上，分析了各成矿远景区的资源潜力。

(6)苏丹卡萨拉地区地球化学工作取得新进展。通过路线地质调查、地质修测等工作，大致查明了苏丹卡萨拉地区岩石地层种类、分布及其接触关系；大致查明了研究区地质构造和矿产分布特征。在工作过程中，对新发现的矿化蚀变岩石进行了采样，新发现具有一定规模的铜矿化带2条，石英脉型金矿点1处。

通过水系沉积物调查工作，在苏丹卡萨拉地区共圈定综合异常12处，其中经初步评序评定甲1类1处，乙2类3处、乙3类2处，丙类4处，丁类1处。

根据成矿地质条件、化探异常分布特征，综合工作区矿床、矿(化)点及矿化带空间分布特征，充分分析地质背景，结合成矿地质条件等因素，在苏丹卡萨拉地区初步划分了3个成矿远景区。

为苏丹培训地质师22人，促成苏丹3名地质师来中国攻读硕士学位。通过培训和交流，技术水平提高的同时也增进了双方的友谊。

(7)人才培养、团队建设与国际合作。本项目实施过程中已在非洲西部及东北部地区多个国家开展地质调查与研究工作，与苏丹、摩洛哥、乍得、利比里亚、几内亚等国开展了或正在开展地质矿产领域相关合作，收集了丰富的基础地质和矿产资料，培养了一批境外地质矿产工作人员，已形成20余人境外地质矿产工作研究团队，初步构建以学术交流、信息交流、人员交流、合作研究与合作调查为目的的“中国地质调查局西非北非地学研究中心”。

中国与东南亚地区岩溶地质系列图编制

提交单位:中国地质科学院岩溶研究所
项目负责人:张发旺
档案号:1214
工作周期:2014—2015 年
主要成果:

一、建立了中国—东盟岩溶地质编图国际合作专家网络

通过组织召开中国—东盟矿业合作论坛、地质环境保护论坛、项目交流会,出访交流会,与来自泰国、马来西亚、印度尼西亚、越南、老挝、缅甸、柬埔寨、菲律宾的相关专家针对东南亚地区环境地质问题和编图开展了交流与研讨,并签署了合作会议纪要,建立了较好的合作关系,为共同编制中国与东南亚地区岩溶地质系列图件及开展后续研究奠定了合作基础。

二、收集了一批境外地质资料

通过局属单位开展国际交流,收集了"一带一路"基础地质、水文地质、环境地质相关图件,东南亚地区岩溶地质调查成果报告,东南亚地区地理地质图书资料,这些资料为本项目编图工作提供了数据基础,同时也为建设全球岩溶地质数据库补充了资料,便于后续开展相关研究。

三、在泰国开展了中国与中南半岛岩溶地质对比研究

与泰国自然资源与环境部地下水资源厅合作,在泰国中西部典型岩溶区开展了岩溶水文地质调查与碳循环监测、地球物理探测技术应用试验与研究工作;建立了 2 个地下水与碳循环监测站,并对比中泰岩溶形态组合特征与发育环境差异,初步评估了泰国岩溶作用与碳循环强度。

四、合作编制了岩溶地质系列图件

通过综合分析中国与东南亚国家相关地质资料,与东南亚国家相关专家合作编制了中国南部及东南亚地区岩溶分布特征图、中国南部及东南亚地区水文地质图。图件主要内容包括中国南部及东南亚地质地理、碳酸盐岩发育分区、典型岩溶特征点、地下水赋存特征、地下水水质等。并在编图过程中对岩溶发育程度分级体系、地下水分类分级体系进行了完善。

五、编写了东南亚综述研究报告

通过分析相关文献资料,研究东南亚各国人文、社会、经济等情况,并形成了针对东南亚国家的综述研究报告,为研究地质环境与社会经济状况相互关系奠定了基础。

六、参与"一带一路"重要图集编制

中国地质调查局组织全局力量进行"一带一路"重要图集编制工作,本单位与相关单位共同编制

了图集中的《“一带一路”地下水资源图》《“一带一路”地热资源图》，该图集提交中央相关部门审阅，获得了认可与批示，为服务国家决策提供了科学依据。

东北非低密度地球化学填图

提交单位：中国地质调查局武汉地质调查中心
项目负责人：向文帅
档案号：1240
工作周期：2015 年
主要成果：

一、通过中厄合作助力国家战略

（1）本项目的实施，加深了中厄双方地质调查局之间的友好合作关系，履行了部局与厄方签订的合作谅解备忘录，促进了中国与厄立特里亚的传统友谊。

（2）本项目实施，是落实国家“一带一路”倡议和“中非合作”战略的举措，为我国在全球矿产资源的战略性布局以及为中国企业“走出去”提供了技术支撑。

二、为化学地球大科学计划添砖加瓦

（1）完成了厄立特里亚陆域全境 $9.65\times10^4 km^2$ 地球化学填图采样工作，以及厄立特里亚区域内的全球地球化学基准样的采集。

（2）完成了 300 件地球化学样品的 69 种元素（化合物）测试分析工作。

（3）完成了厄立特里亚地球化学填图样品点位分布图等中间性图件的编制。

三、扩大了中国地质调查局的国际影响

（1）完成了对厄立特里亚地质技术人员的地球化学采样工作方法培训。

（2）为中国地质矿业公司驻厄特分公司、厄中矿业合资公司、中闻资源公司、湖北地质矿业公司等我国驻厄矿业公司提供了技术咨询服务。

四、深化了东北非区域地学认识

（1）收集了大量厄立特里亚最新地质矿产资料。

（2）对厄立特里亚的区域成矿地质背景进行了总结，对矿产类型进行了划分，并对主要矿种典型矿床地质特征进行了总结论述（图 6－1、图 6－2）。

图6-1　厄立特里亚低密度地球化学采样收集

图6-2　厄立特里亚低密度地球化学采样照片

非洲东北部地区优势矿产资源成矿规律研究与资源潜力综合分析

提交单位：中国地质调查局武汉地质调查中心
项目负责人：王建雄
档案号：1254
工作周期：2011—2013年
主要成果：

一、资料收集

系统收集了资料，为我国在东北非地区开展地质勘查工作奠定了良好的基础。

(1)系统收集了东非地区苏丹、埃塞俄比亚、厄立特里亚等国的地质、矿产和综合研究资料，资料内容涵盖了地质、矿产及矿业开发法律、政策、法规、矿权设置等各方面(图6-3)。

(2)对收集的资料进行了分类编目整理，对部分地质图进行了数字化，编制了矿产地目录登记表。这些资料的收集为完成项目任务打下了基础，为我国企业在这些国家开展地学研究及矿业开发提供了基础资料。

二、成矿地质背景研究

总结了东北非地区成矿地质背景的研究成果，划分了大地构造单元，为进一步研究区域成矿背景提供了依据。

东北非地区跨多个构造单元，地质构造复杂，通过探讨各单元地质演化特征，总结区域成矿地质背景，从而为该地区主要矿床成矿作用的研究提供了基础地质及理论依据。

(1)认为新元古代泛非运动奠定了东北非地区的构造格局。在研究东北非地区成矿地质背景的基础上，对东北非地区进行了构造单元的划分。划分的一级构造单元为东撒哈拉变克拉通、刚果克拉

图 6-3　东北非工作区位置示意图

通及 Oubanguidies 造山带和东非造山带。其中东撒哈拉变克拉通为受新元古代变形影响的地块，分别划分出利比亚-埃及中新生代凹陷、乍得新生代凹陷、尼罗河新生代凹陷及达尔富尔-努巴山隆起等次级单元；东非造山带划分为阿拉伯-努比亚地盾、莫桑比克活动带、东非裂谷（东支）和欧加登-索马里中新生代凹陷，其中在努比亚地盾识别出多条弧陆和弧弧缝合带，将其三级构造单元划分为Keraf-kabus-sekerr 缝合带、红海山-Kurmuk 多岛弧带、Bisha-Adola 弧间（后）盆地。

（2）对埃塞俄比亚西部 Asosa-Gimbi 地区 Baraka-Tulu Dimtu 缝合带研究认为，泛非构造期历经了大陆裂解及海底扩张、大洋消减闭合、弧弧碰撞、走滑伸展 4 个阶段，不同阶段都有其特征的物质记录、变形特征、岩浆作用、变质作用及成矿作用，研究揭示 Baraka-Tulu Dimtu 缝合带在泛非期经历了从大陆裂解及海底扩张、大洋消减闭合、碰撞到走滑伸展的完整构造旋回，该构造旋回的时限为(845.1±6.1)～(550.4±9.2)Ma。

三、区域成矿规律研究

系统开展了东北非地区成矿特征解析、优势矿产资源矿床类型划分、典型矿床解剖及成矿规律研究等工作，提高了该地区区域成矿规律研究的程度。

（1）在对东北非地区埃塞俄比亚、厄立特里亚、苏丹等国矿产资源概况及成矿特征总结和研究的基础上，提出东北非地区优势矿产资源为 Au、Cu、铂族元素及稀土元素矿产，其主要成因类型有以火山-沉积变质岩为容岩的块状硫化物铜金多金属矿床(VMS)、造山型(Orgenic)金矿床、与碱性岩有关的稀有金属矿床及与超基性岩有关的铂族元素矿床 4 类。

（2）剖析了典型矿床，对各类典型矿床进行了概略性研究，重点对造山型金矿的代表矿床——哈马迪金矿床进行了研究，在金矿石中发现显微自然金和碳质流体包裹体，确定自然金形成晚于晚期黄铁矿,与热液活动形成的碳酸盐矿物、石英共生;对碳质流体包裹体的研究认为,该类型矿床为受剪切作用控制的变质热液金矿床,金矿化发生在变质峰期之后的退变质作用晚期,为造山型金矿。

(3)在区域成矿地质背景研究及区域成矿特征分析的基础上,对埃塞俄比亚、苏丹、厄立特里亚等国家进行了成矿区(带)划分,共划分出12个Ⅲ级成矿区(带)。以Ⅲ级成矿区(带)为基础对其特征进行了初步分析,总结了主要成矿区(带)的区域控矿条件、分析了主要矿床的成矿作用、总结了区域成矿规律,从而提高了本地区区域成矿规律研究的程度。

四、成矿远景区的圈定

在优势矿产资源潜力分析的基础上,圈定了成矿远景区,分析了成矿远景区的资源潜力,为中国企业在东北非地区开展矿业投资提供了选区建议。

(1)依据对东北非地区成矿规律的认识,结合资料综合分析及典型矿床成矿规律研究,在国别图件上以Ⅲ级成矿单元为基础,共圈定了15个成矿远景区,并根据各成矿远景区的成矿特征对其资源潜力进行了分析。

(2)在对区域成矿特征解析、典型矿床解剖、成矿规律研究以及成矿区(带)划分的基础上编制了埃塞俄比亚、厄立特里亚、苏丹等国的1∶100万和东北非地区1∶250万地质矿产图、构造岩浆岩图和成矿规律图等系列图件,建立了东北非地区矿产地数据库。

五、矿业政策和投资环境分析成果的转化

开展东北非各主要国家的矿业政策、投资环境的解析、评述与分析,为中国企业在该区的矿业投资提出了建议。

(1)依据所圈定成矿远景区成矿地质条件、成矿带和矿种的重要性、已发现矿床(点)的矿床特征、成矿潜力分析的结果及矿产勘查的程度,将在东北非地区圈定的15个成矿远景区分为A类成矿远景区和B类成矿远景区两个级别,并初步确定A类成矿远景区8处,B类成矿远景区7处。

(2)对埃塞俄比亚、苏丹、厄立特里亚等东非各国的矿业政策和投资环境进行了解析、评述与分析,结合所圈定的成矿远景区和各远景区勘查条件,给出了中国企业在东北非地区各主要国家进行矿业投资的建议。

六、项目研究成果转化

协助中国企业在东北非地区的国家登记了矿权,为多家单位提供了地质矿产资料,实现了项目研究成果的转化。

(1)项目工作期间为重庆市地质矿产勘查开发局在埃塞俄比亚注册的南凯矿业公司提供了4个可供进一步开展工作的选区,并协助该公司在埃塞俄比亚登记了4处矿权,推进了中国地质调查局武汉地质调查中心与重庆市地质矿产勘查开发局在东非地区的进一步合作。

(2)在项目工作期间为多家中国企业或勘查单位(湖北地质矿产勘查开发局物勘院及中非华勘投资有限公司、河南地质矿产勘查开发局水文二队)在东北非地区的埃塞俄比亚、苏丹、厄立特里亚等国开展地质勘查项目提供了地质矿产资料,为它们在东北非地区登记矿权搭建了平台。

主要参考文献

曹殿华，张爽，唐源壑，等. 珠江上游金属硫化物矿集区地球化学调查与耕地生态风险评价成果报告[R]. 2016，10.

陈凯，陈可忠，张宏辉，等. 广东南岭成矿带 1∶5 万洽水圩、横石圩幅区域地质矿产调查[R]. 2017，7.

陈志文，蒋臣，王帅君，等. 湖北竹溪地区矿产地质调查报告[R]. 2016，10.

谌后成，李明高，曹志明，等. 广东凡口铅锌银多金属矿整装勘查区专项填图与技术应用示范报告[R]. 2016，7.

程刚，李彧磊，韦东，等. 武汉都市圈东南部沿江产业带地质环境综合调查[R]. 2018，6.

程龙，陈孝红. 远安动物群与三叠纪海生爬行进化古生态学研究成果报告[R]. 2016，11.

代晶晶，倪善芹，吴亚楠，等. 南方稀土矿产开发环境问题遥感调查成果报告[R]. 2016，9.

戴雪灵，赵志坚，唐代文，等. 湖南省冷水江市锡矿山锑矿接替资源勘查报告[R]. 2016，6.

杜远生，王萍. 中上扬子南缘锰矿成矿构造环境研究报告[R]. 2016，6.

范晨子，王广，许虹，等. 粉晶衍射与结构精修技术在锰银矿石物相与元素赋存状态中的应用研究[R]. 2016，8.

付胜波，魏灵巧，黄瑞成，等. 湖北云应地区膏盐矿分析方法与技术体系研究[R]. 2016，9.

甘伏平，刘伟，陈贻祥，等. 岩溶塌陷地球物理勘探试验成果报告[R]. 2016，10.

郭兰萱，黄红亮，余伟，等. 广东韶关凡口地区矿产地质调查成果报告[R]. 2016，12.

贺凯，冯振，李滨，等. 乌江流域特大地质灾害调查成果报告[R]. 2016，10.

洪运胜，龙胜实，周亚男，等. 黔中经济区猫跳河流域 1∶5 万水文地质调查成果报告[R]. 2016，10.

侯宁，封余勇，李荣志，等. 广西田东—德保地区矿产地质调查成果报告[R]. 2016，9.

胡正祥，毛新武，邓乾忠，等. 湖北省区域地质志[R]. 2017，6.

黄红亮，郭兰萱，赵剑波，等. 广东省韶关市凡口铅锌矿接替资源勘查报告[R]. 2016，7.

黄洪，陈宇，韩雪，等. 广东广宁地区矿产地质调查成果报告[R]. 2016，11.

黄敬军，缪世贤，武鑫，等. 徐州地区岩溶塌陷调查综合评价报告[R]. 2016，10.

简耀光，夏柳静，黄桂强，等. 广西天等县天等锰矿接替资源勘查报告[R]. 2016，5.

江为民，胡尚军，姜志勇，等. 湖北省建始—松滋地区煤炭资源调查评价报告[R]. 2017，12.

金昌柱，王元，严亚玲. 中国南方典型洞穴区域地质专项调查成果报告[R]. 2016，8.

乐琪浪，孙莹洁，张俊义，等. 三峡库区巫山段危岩体调查成果报告[R]. 2016，11.

黎前，翟铮，李奇华，等. 湖南省永兴县高亭司煤矿接替资源勘查报告[R]. 2015，12.

李超. 高精度热表面电离质谱在花垣凤凰铅锌矿和冈底斯成矿带 Re-Os 测定中的分析报告[R]. 2016，7.

李海涛，涂婧，刘长宪，等. 武汉市岩溶塌陷调查成果报告[R]. 2016，11.

李厚民，李延河，段超，等. 河南舞阳-新蔡与赣中整装勘查区铁矿成矿地质条件与找矿方法技术研究成果报告[R]. 2016，12，31.

李江山，许国强，王春晓，等. 海南省东方市不磨金矿接替资源勘查总结报告[R]. 2016，4.

李社宏，苑鸿庆，严松，等. 云南重点岩溶区 1∶5 万水文地质调查(阿舍大寨幅、鸣就幅)成果报告[R]. 2016，4.

李时谦，周双，汪林峰，等. 湖南省桂阳县黄沙坪铅锌矿接替资源勘查报告[R]. 2016，5.

李双应，程成，柴广路，等. 桐柏-大别造山带北侧新元古代—古生代地层、沉积与构造演化成果报告[R]. 2016，8.

[注]：参考文献中提及的报告属内部资料，均已存档于中国地质调查局武汉地质调查中心。

李智民，卞学军，梁晓艳，等. 鄂北丘陵山区严重缺水地区随县、应城市(北部)水文地质调查成果报告[R]. 2016,10.

梁健，何天喜，曾亮，等. 广西郁江流域中游横县段 1：5 万水文地质环境地质调查报告[R]. 2016,10.

梁靖，罗树文，揭江，等. 环北部湾南宁、北海、湛江 1：5 万环境地质调查——雷州半岛西北部环境地质调查报告(青平幅)[R]. 2017,10.

廖青海，朱炳光，赵子令，等. 广西大新县土湖锰矿接替资源勘查成果报告[R]. 2016,5.

林杰藩，张忠进，丁培华，等. 广东北市地区矿产地质调查成果报告[R]. 2016,11.

林小明，李宏卫，林杰春，等. 广东 1：5 万周陂公社、隆街公社、新丰县、马头幅区域地质矿产调查[R]. 2016,10.

刘成林，王春连，徐海明，等. 湖北荆州江陵凹陷中南部深层富钾卤水整装勘查区专项填图与技术应用示范成果报告[R]. 2016. 10.

刘红战，姚明波，李俊东，等. 云南重点岩溶区 1：5 万水文地质调查(三台寺幅、鸡街幅、打庄幅、个旧幅)成果报告[R]. 2015,11.

刘辉东，唐福贵，李龙，等. 广东 1：5 万大成圩、马贵圩、长坡圩、双滘圩幅区域地质矿产调查[R]. 2017,3.

吕杰堂，陈亮，刘秋强，等. 重庆小江流域地质灾害调查成果报告[R]. 2017,5.

吕玉香，郭传道，王佳，等. 云南蒙自幅、新安幅岩溶区 1：5 万水文地质调查报告[R]. 2016,4.

罗代洪. 化探样品分析及质量信息管理平台研发及推广[R]. 2016,8.

罗伟权，戴建玲，雷明堂，等. 桂中地区岩溶塌陷调查报告[R]. 2016,12.

罗小川，黄俊平，江俊杰，等. 江西大埠—盘古山地区矿产地质调查成果报告[R]. 2016,10.

马黎春，苏奎，伯英，等. 湖北荆州江陵凹陷中南部深层富钾卤水调查成果报告[R]. 2016,12.

马文华，何大芳，巩书华，等. 湖南省双峰县洪山殿矿区南塘向斜深部煤炭资源战略性勘查报告[R]. 2015,12.

马文军，明迪尧，谷一硕，等. 湘江下游典型地区土壤重金属地球化学成因与风险评价研究成果报告[R]. 2016,10.

潘罗忠，谭建政，李江，等. 广西区域地质调查片区总结与服务产品开发[R]. 2017,12.

彭桥梁，郑时干. 湖南省新邵县龙山金锑矿接替资源勘查报告[R]. 2016,6.

秦志军，贺华明，彭为学，等. 湖北三稀资源现状和潜力分析报告[R]. 2017,9.

阮明，文健，张东强，等. 海南国际旅游岛水文地质工程地质调查评价报告(海口-文昌片区)[R]. 2016,10.

苏仕强，秦克章，李光明，等. 广东省北部矿集区找矿预测报告[R]. 2017,12.

田野，祝新友，周双，等. 湖南省桂阳-郴州矿集区找矿预测成果报告[R]. 2016,7.

屠江海，周新，史锡理，等. 湖北广水—大悟地区矿产地质调查成果报告[R]. 2018,1.

王耿明，朱俊凤，陈捷，等. 广东省矿产资源开发环境遥感监测成果报告[R]. 2016,9.

王建雄，向鹏，徐九华，等. 非洲西部及东北部重要矿床地质背景、成矿作用和找矿潜力研究成果报[R]. 2016,12.

王建雄，姚华舟，陈开旭，等. 非洲东北部地区优势矿产资源成矿规律研究与资源潜力综合分析成果报告[R]. 2013,8.

王力，罗洪林，梁振旺，等. 海南省昌江县石碌矿山密集区深部铁多金属矿战略性勘查报告[R]. 2016,6.

王汝成，陆建军. 钦杭成矿带西段资源远景调查评价成果报告[R]. 2016,9.

王翔，邓佳良，徐文武，等. 安徽省宿松地区矿产地质调查报告[R]. 2016,8.

王小龙，周宁，吴慈，等. 湖北重点岩溶流域水文地质及环境地质调查(唐家村幅、沙道沟幅)成果报告[R]. 2016,11.

王宗起，宫江华，马收先，等. 湘桂黔地区重要变质地层的构造成因与形成时限研究成果报告[R]. 2016,12.

魏昌欣，周进波，袁海军，等. 海南 1：5 万东方县、感城幅、板桥幅、莺歌海幅区域地质调查项目成果报告[R]. 2017,8.

魏道芳，邹先武，谢新泉. 中南地区整装勘查跟踪综合与动态评估报告[R]. 2016,8.

魏源，刘前进，封林波，等. 江西 1：5 万九江幅(H50E014008)、湖口县幅(H50E014009)、太平关幅(H50E014010)、复兴幅(H50E013010)环境地质调查遥感环境地质特征解译小结[R]. 2016,1.

吴付新，黎建英，赵正云，等. 广西河池-象州矿集区找预测成果报告[R]. 2016,6.

吴刚，韦运良，李建良，等. 广西壮族自治区凤山县金牙金矿接替资源勘查报告[R]. 2016，5.

吴海陆，罗强，唐铿，等. 广东省韶关市大宝山矿山密集区深部铜金钼矿战略性勘查成果报告[R]. 2016，12.

向文帅，赵凯，雷义均. 东北非低密度地球化学填图成果报告[R]. 2017，11.

向忠金，闫全人，夏文静，等. 钦杭西南段及邻区古特提斯造山区区域地质调查成果报告[R]. 2016，12.

肖惠良，陈乐柱，范飞，等. 江西全南—广东始兴地区钨锡、稀有、稀土金属矿产调查评价成果报告[R]. 2016，12.

肖昱，郝玉军，段建良，等. 江西省安远地区铜铅锌多金属矿远景调查报告[R]. 2016，10.

肖元贵，赵剑波，许文祥，等. 广东省凡口地区矿山密集铅锌矿战略性勘查报告[R]. 2016，7.

谢振东，方俊华，罗晛，等. 西南岩溶地区 1∶5 万水文地质环境地质调查成果报告[R]. 2016，7.

徐高海，焦杰松，徐海峰，等. 重庆重点岩溶流域水文地质及环境地质调查石家河幅成果报告[R]. 2016，10.

颜伦明，王核，朱沛云，等. 广东莲花山断裂带南西段锡铜多金属矿整装勘查区专项填图与技术应用示范报告[R]. 2016，8.

杨荣康，杨元丽，罗炳佳，等. 黔中地区岩溶塌陷调查（安顺市幅、补郎幅）综合评价报告[R]. 2016，6.

杨永革，赵毅斌，付检根，等. 鄱阳湖生态经济区环境地质综合调查报告[R]. 2015，12.

姚书振，宫勇军，周宗桂，等. 中上扬子地块周缘成矿系统演化与铅锌多金属矿床时空分布规律研究成果报告[R]. 2016，8.

易连兴，夏日元，王喆，等. 西南典型岩溶地下河调查与动态评价研究报告[R]. 2016，10.

袁远，吴国富，林喜养，等. 广西南丹县大厂矿山密集区深部锡多金属矿战略性勘查报告[R]. 2016，7.

曾威，冉书明，司马献章，等. 武当-桐柏-大别成矿带（河南段）成矿规律及选区研究成果报告[R]. 2016，9.

曾小华，刘嘉，鲁显松，等. 湖北麻城福田河—白果镇地区矿产地质调查报告[R]. 2017，8.

张发旺，许琦，章程，等. 中国与东南亚地区岩溶质系列图编制成果报告[R]. 2016，10.

张晋喆，沈仕豪，管后春，等. 安徽 1∶5 万姚李镇、苏家埠、张家店、舒城县、金牛镇幅区域地质矿产调查成果报告[R]. 2017，2.

张均，刘文浩，王健，等. 中上扬子西南缘大型铅锌矿床定位规律研究成果报告[R]. 2016，8.

张俊义，李刚，罗靖筠，等. 三峡库区巫山地质灾害调查监测成果报告[R]. 2016，11.

张献河，许冠军，杨伟彬，等. 广东 1∶5 万单水口镇、三江、台山县、斗门镇幅区域地质调查成果报告[R]. 2016，12.

赵洪波，郭强，何远信，等. 以钻代槽勘查技术研究与应用示范成果报告[R]. 2016，11.

赵军，何玉生，张俊岭，等. 海南昌江—东方地区金矿整装勘查专项填图与技术应用示范报告[R]. 2016，8.

赵朋，卢崇海，吕东霖，等. 广东信宜贵子地区矿产地质调查[R]. 2016，2.

赵一，李衍青，劳文科，等. 南洞地下河流域水文地质综合调查成果报告[R]. 2016，12.

郑建平，平先权，李一鹤，等. 扬子地块北部大陆增生再造过程及其成矿背景成果报告[R]. 2016，5.

周立新，杨象鹏，毕奔腾，等. 应对全球气候变化地质调查信息系统成果报告[R]. 2016，10.

周双，田旭峰，李时谦，等. 湖南省桂阳-郴州矿集区找矿预测报告[R]. 2016，8.

周文武，李书华，卢进延，等. 广东省雪山嶂整装勘查 1∶5 万区域地质综合调查成果报告[R]. 2016，9.

朱浩锋，吴堑虹，李晖，等. 湖南茶陵锡田锡铅锌多金属矿整装勘查区专项填图与技术应用示范报告[R]. 2016，11.

朱鑫，罗思亮，黎旭荣，等. 广东阳江—茂名地区多目标地球化学调查成果报告[R]. 2016，11.